# MANUEL

DE

# PHYSIOLOGIE

VÉGÉTALE.

DE L'IMPRIMERIE DE CRAPELET,
rue de Vaugirard, n° 9.

# MANUEL

DE

# PHYSIOLOGIE

VÉGÉTALE,

DE PHYSIQUE, DE CHIMIE

ET DE MINÉRALOGIE,

APPLIQUÉES A LA CULTURE;



PAR M. BOITARD,

MEMBRE DE PLUSIEURS SOCIÉTÉS SAVANTES, SECRÉTAIRE ET RÉDACTEUR PRINCIPAL DE LA SOCIÉTÉ D'AGRONOMIE DE PARIS.



PARIS,

RORET, LIBRAIRE, RUE HAUTEFEUILLE,

AU COIN DE CELLE DU BATTOIR.

1829.

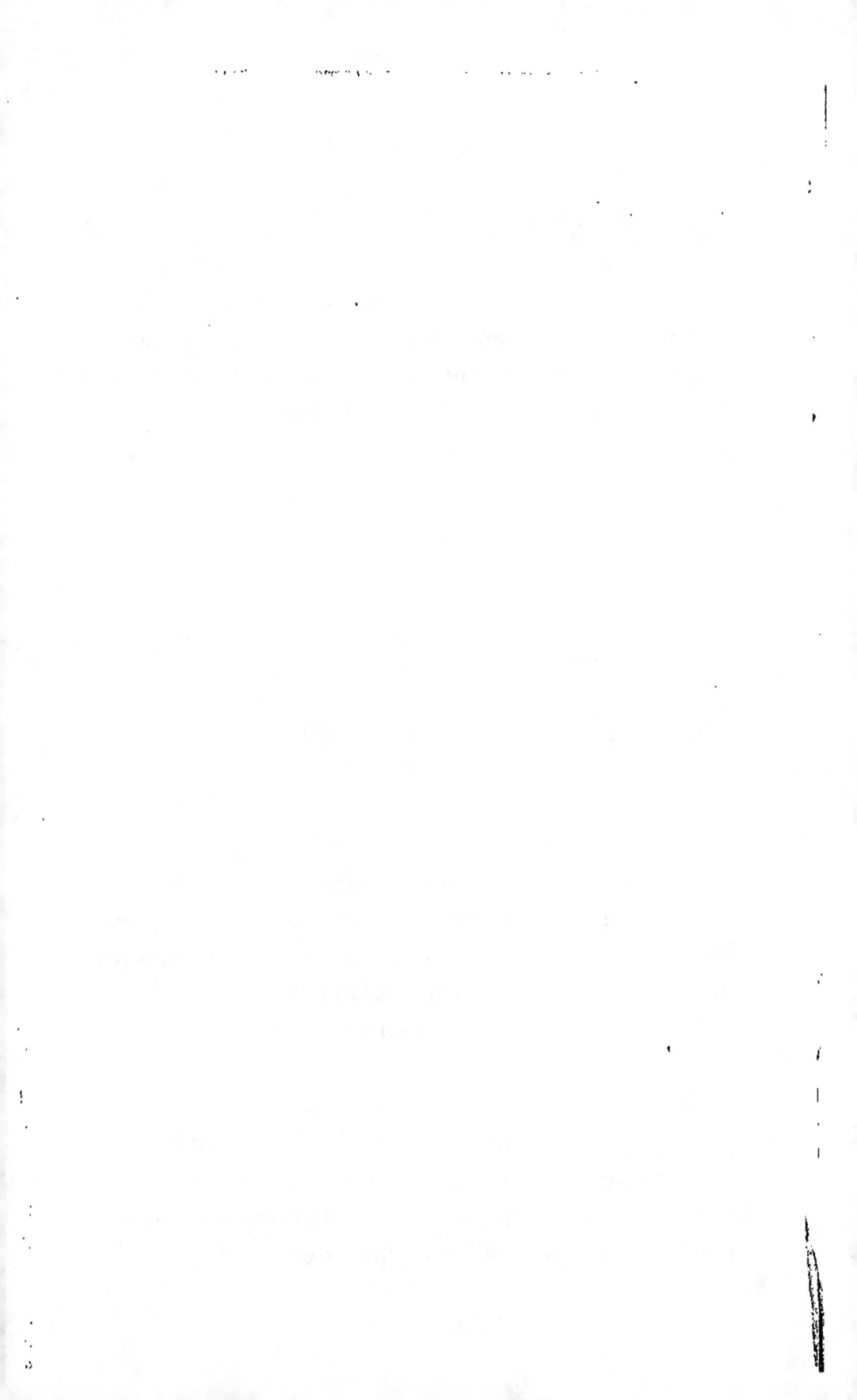

A MONSIEUR

# LE COMTE DE COUTARD,

LIEUTENANT-GÉNÉRAL, COMMANDANT LA PREMIÈRE DIVISION MILITAIRE, GENTILHOMME DE LA CHAMBRE DU ROI, GRAND'CROIX DE L'ORDRE ROYAL ET MILITAIRE DE SAINT-LOUIS, GRAND OFFICIER DE L'ORDRE ROYAL DE LA LÉGION-D'HONNEUR, etc.

Monsieur le Comte,

On sait qu'à ces brillantes qualités militaires et civiles qui vous font admirer, qu'à cette affabilité, à cette bonté de cœur qui vous font aimer de toutes les personnes assez heureuses pour vous approcher, vous joignez un goût éclairé pour ce qui est bon et utile, et un zèle infatigable pour tout ce qui peut augmenter la prospérité de notre patrie; en acceptant l'hommage de mon livre, en me permettant de placer votre nom sur la première page, vous l'avez donc recommandé à l'attention du public instruit.

Dans cette dédicace, je n'irai pas suivre le fade usage de quelques auteurs, et faire une longue énumération de toutes les vertus que vous avez montrées dans votre vie publique et privée : personne ne les ignore; je ne parlerai pas même de cette faveur signalée que vous venez d'accorder à la plus utile des sciences, à l'agriculture, en vous plaçant à la tête des fondateurs de la Société d'Agronomie de Paris, en leur accordant votre active protection, enfin en leur sacrifiant le peu de liberté que vous laissent vos hautes fonctions. Je ne veux parler ici qu'à l'homme instruit, au protecteur de la science, et je dois lui rendre compte des raisons qui m'ont déterminé à publier cet ouvrage.

Jusqu'à ce jour le plus grand nombre des hommes qui se sont occupés à perfectionner l'agriculture, n'ont envisagé cette science que sous le rapport de sa mécanique, si je puis me servir de cette expression. Les auteurs ont entassé dans leurs livres un grand nombre de faits, ils ont enseigné des méthodes *de faire*, des procédés, et enfin toutes les pratiques, bonnes ou mauvaises, que l'usage et la routine avaient consacrées depuis de longues années; ils ont prescrit des règles (quelquefois, il est vrai, établies sur l'observation et l'expérience) restreintes à la seule manipulation, parce qu'ils ignoraient les lois physiologiques les plus simples de la végétation. Il en est résulté que leurs préceptes ne peuvent recevoir leur entière application que dans les climats, ou même les simples localités, où l'auteur a pu faire ses observations. Ceci est si vrai que je défie de mettre en pratique dans le midi de la France les leçons données par un auteur écrivant à Paris, quand même on chercherait ces leçons dans le meilleur ouvrage sur cette matière. Mais ce serait bien autre chose encore si un habitant de nos colonies, ou de tout autre climat rapproché de l'équateur, s'amusait à feuilleter les douze ou quinze cents volumes publiés sur l'agriculture : j'ai la conviction qu'il n'y trouverait pas un seul précepte dont il pût faire une application avantageuse !

Quelques personnes ont sans doute senti avant moi les inconvéniens que je viens de vous signaler, inconvéniens auxquels il faut attribuer le peu de progrès qu'a fait l'agriculture, malgré les encouragemens qui ont été prodigués depuis plusieurs années par le gouvernement, et malgré les louables efforts d'un grand nombre de sociétés savantes. Ces personnes ont pensé qu'une plante cultivée étant un être organisé soumis à l'éducation, il fallait, pour que cette éducation fût avantageuse, la calculer sur l'organisation de l'être que l'on avait arraché à la nature pour le soumettre à un genre de vie tout-à-fait nouveau pour lui. Dès-lors des savans se sont livrés à l'étude de la physique végétale, et ils ont fait faire des progrès étonnans à cette science absolument neuve.

Mais, par une fatalité inconcevable, il semble que, dès les premiers pas faits dans ce vaste champ si fertile en découvertes intéressantes, on oublia le but qu'on s'était d'abord proposé comme le plus utile ; on négligea d'appliquer à la culture les nouvelles connaissances que l'on acquérait sur les lois invariables de la végétation, et la physique végétale n'étant plus envisagée que sous son point de vue philosophique, se trouva reléguée dans les ouvrages de botanique.

Tandis que la physique végétale naissait, d'autres sciences physiques, par exemple la chimie, la minéralogie, la météorologie, faisaient des progrès rapides. La médecine et quelques arts libéraux en profitèrent, mais l'agriculture fut encore oubliée dans les applications que l'on fit de ces sciences. Le comte Chaptal, seul, voulut faire une part à cette dernière des nouvelles découvertes faites dans une branche des sciences dont lui-même avait contribué à avancer les progrès, et il donna au public son livre de la *Chimie appliquée à l'Agriculture.* Deux ou trois autres auteurs ont publié quelques articles épars dans des ouvrages plus ou moins volumineux, sur quatre ou cinq questions de physiologie végétale appliquée à la culture, et c'est tout ce que nous avons sur ce sujet.

Livré depuis mon enfance à l'étude des sciences naturelles et de l'agriculture, cette lacune a dû me frapper d'autant plus que, dès mon début, je rencontrai des difficultés presque insurmontables, faute de trouver des ouvrages dans lesquels j'aurais pu puiser des conseils, et éclairer la pratique par une saine théorie. Placé sous un climat plus chaud que celui de Paris, sur un sol tout-à-fait différent, dès mes premiers essais je m'aperçus que, avec une méthode semblable de culture et des soins égaux, telle plante qui réussissait très bien dans les environs de la capitale, refusait de croître ou de prospérer dans mon pays, et, dans le plus grand nombre de circonstances, il ne me fut plus possible de m'en rapporter à mes livres. Je compris alors, pour la première fois, que les véritables principes de l'agriculture n'étaient pas dans la manipulation, mais dans la connaissance des phénomènes de la végétation, de l'organisation des plantes, en un mot de la physique végétale, parce que ses lois sont immuables sous tous les climats et dans tous les temps.

Vainement j'ai attendu qu'un homme plus instruit que moi publiât quelque chose sur cette matière : mes vœux ont constamment été déçus, et ce n'est qu'après vingt années d'attente que je me suis hasardé à donner au public le fruit de mes études, de mes réflexions, et des observations que j'ai eu la facilité de faire chez les premiers cultivateurs de Paris et de la province.

Ma tâche était d'autant plus difficile que j'avais moins de matériaux, et que j'ai été forcé de créer, pour ainsi dire, une science absolument neuve, au moins dans beaucoup de ses parties. Je suis loin de croire mon livre sans erreurs : il doit en contenir beaucoup; mais je n'en ai pas moins la certitude, monsieur le comte, que vous me saurez gré d'avoir osé le premier ouvrir une carrière que je regarde comme indispensable à parcourir, si l'on veut que l'agriculture, qui nous nourrit, qui nous procure les seules véritables richesses, marche de front, dans ses progrès, avec les autres sciences. Peut-être que mon exemple engagera quelques uns de nos savans à marcher dans la même voie. En perfectionnant mon plan, en profitant de ce que j'ai dit de bon et réfutant les opinions erronées que j'ai pu avancer, surtout en joignant leurs observations à celles qui existent déjà, ils finiront, j'en suis persuadé, par faire un des livres les plus utiles que l'on puisse publier.

Mon plus ardent désir, monsieur le comte, est que vous accueilliez mon ouvrage avec cette indulgence et cette bonté qui vous sont ordinaires, et que vous daigniez en considérer l'hommage comme une preuve de mon sincère attachement et de mon profond respect.

J'ai l'honneur d'être,

MONSIEUR LE COMTE,

votre très humble et très obéissant serviteur,

BOITARD.

# MANUEL
DE
# PHYSIOLOGIE
VÉGÉTALE,
# DE CHIMIE ET DE PHYSIQUE,
APPLIQUÉES A LA CULTURE.

## PREMIÈRE PARTIE.

### CONNAISSANCES PRÉLIMINAIRES.

La culture est l'art d'élever, de soigner, de diriger les végétaux, de manière à en obtenir des récoltes meilleures et plus abondantes que si on les laissait abandonnés aux seuls soins de la nature; elle consiste encore à forcer une plante à végéter et prospérer dans un climat autre que celui où la nature semblait l'avoir condamnée à vivre exclusivement, ou à donner ses produits dans une autre saison que celle où elle les donnerait si elle était laissée à ses habitudes.

L'art de cultiver se divise en deux branches distinctes : la première, et la plus importante, a été nommée AGRICULTURE (*agrorum cultus*), et la seconde HORTICULTURE (*hortorum cultus*).

L'agriculture proprement dite, ou grande culture, consiste dans l'art de cultiver les champs, de les ensemencer, de les récolter, et dans celui de faire valoir les propriétés rurales. « Elle est la mère de toutes les sciences, dit Gérardin (1), la tige unique d'où sortent toutes les branches de l'économie politique; elle est une source inépuisable de laquelle jaillissent la prospérité et le bonheur des empires. Le premier coup de bêche donné à la terre par l'homme sauvage fut le premier acte de sa civilisation. A la première modification qu'il sut donner aux produits de la culture, au premier échange qu'il en fit, naquirent l'industrie manufacturière, le commerce, et tous les arts qui leur appartiennent. Aussi les peuples de la plus haute antiquité ont-ils témoigné une profonde vénération, une reconnaissance sans bornes envers ceux qui leur avaient enseigné l'art de fertiliser la terre. »

L'horticulture, petite culture ou jardinage, étant l'art de cultiver les petits enclos et les jardins placés auprès de l'habitation de l'homme, a dû commencer avant l'agriculture; du reste, le goût qui s'est généralement répandu depuis une soixantaine d'années pour les jardins paysagers, a mis tellement en contact l'agriculture et l'horticulture, que tout ce qu'on a dit de celle-ci peut s'appliquer à celle-là.

---

(1) Selon l'opinion de quelques personnes, l'agriculture ne serait point la mère de toutes les sciences, mais elle en serait, au contraire, l'application. Elles ajoutent : « L'agriculture n'est « même pas une science, car les préceptes dont elle se compose « embrassent la presque universalité des phénomènes physiques, « et ne fait qu'appliquer les données que lui fournissent les « diverses branches des connaissances humaines. Sous ce rapport « c'est un art, mais un art qui varie dans ses préceptes, dans « chaque localité, dans chaque partie de la terre. » De là elles concluent qu'il sera toujours impossible de donner à cet art des bases générales positives. Si je partageais cette opinion, mon livre serait en contradiction avec ma pensée. Je crois que l'agriculture a des principes invariables, applicables dans tous les pays, sous tous les climats. Mais il ne faut pas confondre ces principes, établis sur les lois invariables de la nature, avec les opérations manuelles que nécessite leur application, qui peuvent et doivent varier selon les localités, et que l'on a confondues jusqu'à ce jour avec la science elle-même.

Si la culture est l'art d'élever les végétaux pour en obtenir un résultat calculé, si ce résultat consiste dans une certaine modification que l'on fait éprouver à la nature des plantes, il serait peu raisonnable d'espérer un grand succès si on ne commençait pas d'abord par étudier cette nature. En effet, comment concevoir que l'on puisse élever, multiplier, conserver des êtres dont on ignore les besoins. Or, comme leurs besoins résultent toujours de leur organisation, il faudra donc connaître cette organisation.

Mais toutes les plantes n'ont pas les mêmes besoins ni la même organisation; par conséquent nous serons obligés de grouper ensemble celles qui auront le plus grand nombre d'analogies. Afin de les reconnaître plus facilement, nous remarquerons quelque caractère qui leur soit commun; puis d'autres caractères moins généraux nous aideront à séparer des groupes moins nombreux, et nous parviendrons ainsi de divisions en divisions à reconnaître un seul individu, à le retrouver au milieu de quarante à cinquante mille végétaux connus. Pour atteindre ce but, nous étudierons les formes extérieures des plantes, et leur classification botanique.

Une fois que nous serons parvenus à déterminer les caractères extérieurs des végétaux, nous apprendrons leur anatomie, puis les fonctions de chaque organe, et alors seulement nous pourrons voir les besoins de chaque espèce et les satisfaire.

Nous verrons que dans les plantes comme dans tous les êtres organisés, les conditions de la vie et de la conservation sont: la nutrition, la respiration et la génération. Chacun de ces phénomènes sera étudié dans toutes ses modifications. Quand nous les connaîtrons tous, nous saurons ce que c'est que la végétation, et c'est alors seulement que nous pourrons, en la modifiant et dirigeant selon ces vrais principes, nous dire véritablement cultivateurs. C'est alors que, cessant de nous traîner sur de vieilles et aveugles routines, nous ferons faire des pas de géant à la plus utile des sciences, à l'agriculture.

Si nous suivions rigoureusement une marche analytique et naturelle, nous commencerions par définir la plante, par marquer la place qu'elle occupe dans la chaîne immense des êtres; nous étudierions d'abord ses principes chimiques; puis nous arriverions ensuite à décrire ses formes extérieures, etc. Mais, pour me faire mieux comprendre, je crois devoir adopter un autre ordre ; je vais en conséquence commencer à familiariser mon lecteur avec les termes techniques que je serai obligé d'employer souvent, et, en même temps, je vais lui faire connaître les principales parties des végétaux. Je n'ai pas besoin de dire que je ne traiterai que des choses qui ont un rapport direct avec mon sujet, et que, par la même raison, j'éviterai toute discussion purement botanique.

# BOTANIQUE.

## *Terminologie.*

On nomme VÉGÉTAL, PLANTE (*planta*), un être organisé, vivant, irritable, mais paraissant manquer de sensibilité, n'ayant pas comme les animaux la faculté de changer de place. Toute plante provient d'une *graine*. (1)

---

(1) *Omnis nascitur ab ovo*. Tout ce qui a vie naît d'un œuf, et la graine n'est que l'œuf végétal renfermant, sous une enveloppe simple, des ovules fécondés ou embryons, destinés à reproduire plus tard le végétal qui leur a donné naissance. Il n'y a point de graines nues : elles sont toujours enveloppées d'un épicarpe, mais, parfois, si mince qu'il semble confondu avec la graine, et c'est ce qui avait fait dire à Linné que certaines graines étaient nues, telles que celles des cypéracées, des ombellifères, etc. La graine est encore formée de deux parties, l'*épisperme* ou tégument propre, et l'amande. La base de la graine, ou le hile, ou l'ombilic, est le point par où elle s'insère à la paroi interne du péricarpe. Quelquefois le hile est presque indiscernable ; quelquefois, au contraire, il est très large ; ainsi, en prenant un marron d'Inde pour exemple, l'épisperme est d'un rouge brillant, tandis que le hile est cette large partie blanche, sans éclat, qui occupe une grande portion de la surface. On appelle *omphalode* une très petite ouverture par laquelle les vaisseaux nourriciers du péricarpe s'ouvrent dans la graine. Le *raphé* ou *vasiducte* est la ligne saillante que forment ces mêmes vaisseaux lorsqu'ils rampent entre les deux feuillets de l'épisperme. La *chalaze*, ou l'ombilic interne, est le point par lequel le raphé perce l'épisperme. La *micropyle* de M. Turpin est une deuxième ouverture percée dans le voisinage du hile, et on croit que c'est par elle que le fluide fécondant arrive dans les ovules. C'est vers cette ouverture que viennent aboutir les vaisseaux nommés *cordons pistillaires*.

M. Dutrochet a remarqué que l'embryon ne se montrait pas

La GRAINE, pl. I^re, fig. 1, est une espèce d'œuf végétal renfermant l'embryon d'une plante toujours semblable à celle qui l'a produite, au moins dans ses caractères spécifiques et génériques. Lorsque la graine germe, un haricot, par exemple, on voit paraître deux premières feuilles (Pl. 1, fig. 2, *a*, *a*), qui n'ont jamais les mêmes formes que celles qui les suivront avec le développement général de la plante; ce sont les *cotylédons*. Au-dessus, et entre les cotylédons, se trouve le premier rudiment de la tige, et on lui donne le nom de *plumule* (id. *b*); elle s'élève toujours verticalement. Directement au-dessous est la *radicule* (id. *c*) ou premier rudiment de la racine; elle tend constamment à s'enfoncer plus ou moins verticalement dans la terre. (1)

A mesure que le végétal prend du développement, la plumule s'allonge; elle porte d'abord le nom de *tigelle*; puis, lorsqu'elle a acquis une certaine longueur, celui de *tige*. La racine croît dans les mêmes proportions.

---

immédiatement après la fécondation, et qu'on ne le distinguait quelquefois que trente ou quarante jours après ce temps. L'embryon se développe sous forme d'une petite vésicule, qu'enveloppe une masse comme celluleuse qui disparaît quelquefois, mais qui, le plus souvent, forme autour de lui un corps particulier nommé *endosperme*, et destiné à le nourrir. M. Dutrochet considère l'endosperme, quand l'embryon est interne, comme une enveloppe séminale particulière, dont les parois sont devenues parenchymateuses; quand l'embryon est extérieur, l'endosperme est souvent formé par un organe nommé *hypostate*, et tantôt par un *placenta*; de sorte que l'endosperme est loin d'être identique dans toutes les plantes. L'endosperme est le périsperme de Jussieu, et l'albumen de Gærtner.

(1) Lorsqu'une plante, en germant, se développe, la tige monte dans l'air, et la racine descend en bas; ces effets, si simples en apparence, ont été attribués à l'influence de l'humidité, de la lumière ou de l'air, suivant les opinions embrassées par tel ou tel naturaliste. Il résulte, d'assez nombreuses expériences faites avec le plus grand soin par M. Dutrochet, que c'est par un principe intérieur que les parties des végétaux se dirigent ainsi, et que ce phénomène ne doit pas être attribué à l'attraction des corps vers lesquels elles sont portées naturellement. C'est encore au principe interne que sont dues les torsions des feuilles et des tiges vers la lumière. *Note de l'éditeur.*

Les COTYLÉDONS, aussi nommés *lobes séminaux*, *feuilles séminales*, n'existent pas dans toutes les graines : quelques unes en sont entièrement dépourvues, et les plantes prennent le nom d'*acotylédones ;* d'autres n'en ont qu'un, ce sont les *monocotylédones ;* le plus grand nombre en a deux, les *dicotylédones ;* celles qui en ont davantage, ce qui est extrêmement rare, s'appellent *polycotylédones.* Il arrive assez fréquemment que les deux feuilles qui suivent les cotylédons ont aussi une forme particulière, n'ayant aucun rapport avec celles qui naîtront par la suite sur les branches et les rameaux : ce sont les *feuilles primordiales.* (Pl. I, fig. 2, *b.*)

Entre la plumule et la radicule, précisément à l'attache des cotylédons, est un petit renflement souvent très peu apparent (id. *d*), qui se nomme le *collet.* Cette partie conserve le même nom dans les végétaux développés, et quelques botanistes, qui lui ont attribué plus d'importance qu'elle n'en a réellement, lui ont donné le nom de *nœud vital* ou *mésophyte.*

La TIGE est le corps principal du plus grand nombre des plantes. Ordinairement elle s'élève au-dessus de terre en sens inverse des racines ; elle produit et porte toutes les autres parties du végétal. Il y a plusieurs sortes de tiges qui, en raison de leur modification, ont chacune un nom particulier.

1°. Le *tronc ;* tige des plantes dicotylédones, ligneuse, insensiblement amincie au sommet, ramifiée. Par exemple, le poirier, le peuplier.

2°. Le *stipe ;* tige des arbres monocotylédons, fibreuse, d'un diamètre à peu près égal partout et souvent plus grand au sommet, rarement ramifiée, ordinairement terminée par un faisceau de feuilles, portant sur toute sa longueur les impressions des feuilles qui n'existent plus. Les palmiers, yuca.

3°. La *hampe* est une espèce de pédoncule radical ; elle part immédiatement de la racine, s'élève droit, sans feuilles ni ramification ; elle est de nature herbacée. Les tulipes, pissenlits, jacinthes.

4°. Le *chaume* est une tige articulée ou noueuse, ordinairement fistuleuse, portant des feuilles engaînantes. Le blé, la canne à sucre, toutes les plantes graminées.

5°. La *tige* proprement dite. On conserve ce nom à toutes

celles qui ne peuvent se rapporter à aucune des quatre précédentes.

Les tiges n'ont pas toutes la même durée. Les unes périssent chaque année, et sont par conséquent *annuelles*. Les autres sont *bisannuelles*, c'est-à-dire qu'elles durent deux ans ; les autres persistent pendant un nombre d'années plus ou moins considérable, et sont nommées *vivaces*. Ceci est absolument indépendant des racines, car telle plante a ces dernières vivaces, tandis que les tiges périssent tous les ans.

Quelquefois les tiges sont *herbacées*, c'est-à-dire d'une nature molle et aqueuse comme de l'herbe; d'autres fois elles sont *charnues*, *succulentes*; enfin dans les arbres et arbrisseaux elles sont *ligneuses*. Leur direction varie aussi beaucoup; tantôt elles s'élancent verticalement, d'autres fois elles sont *rampantes* ou *grimpantes*. Elles varient aussi beaucoup dans leurs formes.

Les tiges se ramifient en *branches*, ou membres primaires; celles-ci en *rameaux*, ou membres secondaires; ces derniers en *ramilles*, ou membres *tertiaires*. Les uns et les autres peuvent être armés d'*épines* ou d'*aiguillons*. Les épines sont un prolongement des fibres ligneuses du tronc; les *aiguillons* n'appartiennent qu'à l'écorce, et ne touchent point au bois; par exemple, le poirier sauvageon a des épines; le rosier a des aiguillons.

Quelquefois les tiges grimpantes sont munies d'espèces de filets qui leur servent à s'attacher aux corps environnans, et que l'on nomme *vrilles* ou *cirrhes*.

La RACINE est, comme nous l'avons vu, la radicule développée. Comme les tiges, elle peut être annuelle, bisannuelle et vivace. Pour indiquer la durée d'une plante, les botanistes ont imaginé ces signes : ⊙ annuelle; ♂ bisannuelle; ♃ vivace et herbacée; ♄ vivace et ligneuse.

Mais il est arrivé ce qui arrivera toujours toutes les fois que l'on voudra se hâter d'établir des règles avant de connaître parfaitement la nature des choses. Tout le monde est persuadé que ces divisions sont d'une grande justesse, parce qu'on s'en est toujours servi sans se donner la peine d'y réfléchir : et cependant elles ne peuvent pas subir le moindre examen philosophique sans se montrer d'une application tout-à-fait fausse.

Une plante annuelle, pour me servir de la définition

adoptée par les botanistes et les cultivateurs, est celle que l'on sème, qui atteint tout son développement, et qui produit son fruit dans l'espace d'une année. Le seigle, l'orge, le froment, sont des plantes annuelles. Mais si je sème ces graines dans de certains climats, elles remplissent toutes ces conditions dans l'espace de trois mois, elles sont donc moins qu'annuelles, en Sibérie, par exemple. Si, au contraire, je les sème au printemps sur des montagnes élevées, que je les fasse paître par des moutons pendant tout l'été, elles ne fructifieront que dans l'été de l'année suivante, et alors elles auront vécu quinze à seize mois : elles seront donc plus qu'annuelles (1). La capucine est annuelle chez nous, elle est vivace au Pérou; la courge est annuelle chez nous, elle est vivace dans l'Inde; le bananier est bisannuel à Bourbon, il vit plusieurs années chez nous, etc.

Quelle différence y a-t-il entre une plante annuelle et une plante bisannuelle? Je n'en vois aucune. La plante bisannuelle, disent les cultivateurs et les botanistes, est celle qui se sème, se développe et mûrit ses graines, dans le cours de deux années; la rose trémière, la carotte, la betterave, par exemple. Ils n'ont pas voulu voir que ces plantes ne durent deux ans chez nous que parce que le froid vient interrompre leur végétation, et par conséquent la retarder. Rien n'est aussi facile, à l'aide d'une serre, que de rendre annuelles les plantes réputées bisannuelles, et *vice versâ*. Le bananier et l'ananas sont des plantes bisannuelles dans les climats brûlans. Cependant j'ai vu un des premiers se conserver treize ans dans les serres chaudes de M. Fulchiron, à Passy, et je possède depuis cinq ans un pied d'ananas. C'est donc purement la température qui fait les plantes bisannuelles : ce n'est pas, chez elles, le résultat d'une organisation particulière, mais simplement d'un accident de localité.

Mais quand nous venons à faire l'application de la troisième division, celle des plantes vivaces, nous retombons plus que jamais dans le vague, l'incertitude, et même la

---

(1) J'ai conservé une plante de froment pendant deux ans, en employant, pour retarder sa végétation, des moyens que le hasard peut employer de même dans certains climats.

contradiction. « Plantes vivaces, *plantæ perennes*. On donne « ce nom aux végétaux qui subsistent au-delà de trois ans, « soit qu'ils perdent ou non de leurs feuilles ou de leurs « tiges, chaque année, aux approches de l'hiver. » Telle est la définition adoptée généralement (1). Il faut, pour qu'une plante soit vivace, qu'elle vive plus de trois ans. Voici qui nous fera croire qu'il y a encore une quatrième division de plantes considérées quant à leur durée : ce serait celle des triennales ou trisannuelles ; et en effet, les cultivateurs en reconnaissent de telles, mais les botanistes les ont répudiées.

La rose trémière est-elle une plante vivace ? Non, me répondra-t-on, elle est bisannuelle ; et cependant, au moyen des boutures ou des œilletons, on peut conserver une variété de rose trémière pendant plusieurs années. Le pandanus est-il vivace ? Oui, et cependant il ne fructifie qu'une fois, et périt ensuite. Le palma-christi est-il annuel ? Oui, en Europe ; non, dans l'Inde, etc. Pour ne pas allonger trop cette digression, je me bornerai ici à la citation de ce petit nombre de contradictions.

Voyons comment on aurait dû classer les plantes relativement à leur durée, en suivant les véritables indications de la nature. Nous observons que plusieurs végétaux naissent, se développent, produisent leurs fruits une fois seulement, et meurent. Ceux-ci ne sont jamais munis de gemmes ou bourgeons; ils ne peuvent par conséquent se multiplier que de graines, jamais de boutures ni de marcottes. Voici des caractères qui conviennent parfaitement au blé, à l'orge, et à un grand nombre de plantes que l'on nomme annuelles ; mais nous ne pouvons pas donner ce nom à toutes, parce que beaucoup vivent plus d'une année, et quelques unes même un demi-siècle ; cinq ou six palmiers offrent des exemples de ce dernier cas. Si donc on eût suivi les analogies naturelles (et l'agriculture y eût beaucoup gagnée), on aurait fait de ces végétaux une classe que l'on aurait pu nommer, par exemple, *unipares*. Ceux qui produisent plusieurs récoltes successives de fruits, soit d'année en année, soit à de plus

(1) *Dictionnaire raisonné de Botanique*, par Gérardin et Desvaux.

longs intervalles, sont toujours munis de gemmes, comme par exemple les pommiers, poiriers, etc.; on aurait pu les nommer *multipares*.

Citons encore deux exemples pour prouver la fausseté d'application des trois divisions établies par les botanistes. La tulipe et la jacinthe doivent-elles être placées, selon leur système, parmi les plantes vivaces où ils les ont mises? Si nous faisons un emploi rigoureux de leurs définitions, nous serons fort embarrassés; car ces deux plantes perdent également chaque année leurs tiges et leurs racines; un gemme seul, nommé ognon, se conserve et développe annuellement une nouvelle plante. Le même gemme dure huit ans, et fleurit cinq ou six fois, pendant ce laps de temps, dans la jacinthe; cette plante est donc réellement vivace. Mais en est-il de même dans la tulipe? Un ognon ne fleurit qu'une fois, et il périt; seulement, pendant l'année de la floraison, il émet à son collet un autre gemme, qui, à son tour, ne fleurira qu'une fois et mourra ensuite. Le collet de l'ognon de tulipe agit positivement comme le collet d'une rose trémière ou de toute autre plante bisannuelle. Celle-ci émet également, non pas des caïeux, mais des œilletons qui fleurissent de la même manière l'année qui suit leur naissance. Si la rose trémière est bisannuelle, pourquoi la tulipe, la pomme de terre, sont-elles vivaces?

Il s'en faut de beaucoup que je veuille m'ériger en réformateur de la science; mais comme la matière que je traite est extrêmement difficile, comme nul autre avant moi ne s'est ouvert, à ma connaissance, la carrière neuve que je vais tâcher de parcourir, je me crois en droit de prendre tous les moyens qui me paraissent nécessaires pour mettre dans mon ouvrage de la précision et de la clarté. En conséquence, j'emploierai toutes les fois que je le croirai nécessaire, les épithètes de *multipare* et *unipare* dans le sens que je viens de leur assigner.

Revenons aux racines. Sous le rapport de leur substance, elles peuvent être *charnues* ou *ligneuses*. Dans leur direction, on les dit *pivotantes* lorsqu'elles s'enfoncent verticalement dans la terre; *horizontales* quand elles courent entre deux terres. Dans ce dernier cas, elles peuvent être *rampantes*, quand elles émettent çà et là des ramifications radicales et des tiges.

Mais c'est surtout sous le rapport des formes qu'elles varient beaucoup. Comme c'est un des principaux organes de la plante, quand on étudie cette dernière sous le rapport de la botanique appliquée à l'agriculture, nous allons entrer dans quelques détails indispensables à savoir. Une racine peut être *simple*, sans divisions (Pl. I, fig. 3); *rameuse*, subdivisée en branches et en rameaux (Pl. I, fig. 4); *fasciculée*, divisée jusqu'à la base en plusieurs parties allongées et charnues rapprochées en faisceaux (Pl. I, fig. 5); *chevelue*, garnie de ramifications capillaires nombreuses; *capillaire*, composée de filets très déliés, semblables à des cheveux; *filiforme*, déliée, cylindracée et flexible comme un fil; *grumeleuse*, formée par la réunion de plusieurs petits grains arrondis et tubéreux (Pl. I, fig. 6); *tubéreuse*, en masse épaisse et charnue, connue sous le nom de *tubercule* (Pl. I, fig. 7); *tubéreuse simple*, composée d'un seul tubercule; *tubéreuse composée*, formée par plusieurs tubercules; *orchidacée* ou *scrotiforme*, composée de deux tubercules rapprochés et plus ou moins ovales ou arrondis; *orchidacée didyme*, quand les deux tubercules sont presque appliqués l'un contre l'autre (Pl. I, fig. 8); *orchidacée palmée*, lorsque deux ou plusieurs tubercules rapprochés au collet s'écartent beaucoup à l'autre extrémité, mais sur un même plan (Pl. I, fig. 9); *palmée*, tubéreuse, aplatie, divisée peu profondément, de manière à imiter une main ouverte dont les doigts seraient un peu écartés; *digitée*, de même, mais plus profondément; *rapacée* ou *conique*, ayant la forme d'un cône renversé; *napacée*, *napiforme*, en forme de toupie ou de navet; *fusiforme*, comme un fuseau, allongée, renflée vers le milieu, s'amincissant insensiblement vers ses extrémités (Pl. I, fig. 3); *moniliforme*, composée de plusieurs petits tubercules réunis en chapelet (Pl. I, fig. 10); *géniculée*, pliée en genou à chaque articulation; *sigillée*, ayant dans plusieurs endroits des impressions résultant des tiges qui sont tombées.

Les racines affectent encore une infinité de formes qui toutes ont été définies par les botanistes, mais dont il est inutile que j'entretienne mon lecteur.

Les GEMMES ou BOUTONS sont les rudimens des nouvelles pousses naissant sur les tiges, les branches et les racines. Les gemmes peuvent être ou nus, ou entourés d'une enveloppe nommée *pérule*, qui consiste en une membrane, ou des écailles, ou des feuilles avortées.

Les *bulbilles* sont des gemmes tantôt écailleux, tantôt tubéreux, naissant sur les tiges à la bifurcation des rameaux ou à l'aisselle des feuilles, quelquefois à la place des graines, rarement autre part, ayant les mêmes qualités végétatives que les bourgeons.

Les *bulbes* sont d'autres espèces de gemmes ne différant des précédens que parce qu'elles sont placées sur le collet des racines. On leur donne ordinairement les noms d'*ognons* et *caïeux*. Une bulbe est quelquefois *tubéreuse*, homogène dans toutes ses parties et sans écailles distinctes; *tuniqueuse*, composée de tuniques charnues, circulaires, enveloppées les unes par les autres, comme par exemple l'ognon de cuisine; *écailleuse*, composée d'écailles étroites et imbriquées, comme dans l'ognon de lis.

Les FEUILLES naissent sur les branches et les rameaux par le développement des boutons. La feuille se compose du *limbe* (Pl. I, fig. 12, *a*), partie ordinairement plate, comme laminée, formant la feuille tout entière, en en exceptant le *pétiole* : celui-ci (Pl. I, fig. 12, *b*) est la queue ou petit pied qui sert de support à la feuille.

Le limbe se compose, 1°. d'une surface supérieure, ou *page supérieure*; 2°. d'une surface inférieure, ou *page inférieure*; 3°. de *nervures*; 4°. d'une matière succulente, herbacée, placée entre les nervures, et prenant le nom de *parenchyme*. Le limbe, sous plusieurs rapports de formes, de couleur, de pubescence, etc., a été beaucoup étudié par les botanistes, mais ces détails, qui sont immenses, sont étrangers à notre sujet.

On distingue plusieurs espèces de feuilles, qui sont :

1°. Les *feuilles séminales*, ou les cotylédons.

2°. Les *feuilles primordiales*; elles naissent d'abord après les séminales, et leur ressemblent souvent.

3°. Les *feuilles hétéroïdes*; ce sont celles qui sont dissemblables entre elles, quoique naissant sur le même arbre et souvent sur la même branche. Par exemple, les feuilles du broussonnetier.

4°. Les *feuilles caractéristiques*; ce sont les feuilles ordinaires de la plante, celles dont les formes sont les moins variables, et qui fournissent ordinairement aux nomenclateurs de bons caractères spécifiques. Elles sont naturellement divisées en *feuilles simples* et *feuilles composées*. La feuille simple (Pl. I., fig. 12) est celle qui n'a qu'un seul limbe s'étendant au-dessus du pétiole sans interruption. La feuille composée (Pl. I, fig. 13) est celle dont le pétiole se ramifie, ou dont le limbe est interrompu par des sinus creusés jusqu'à la côte principale. Les petites feuilles qui la composent portent le nom de *folioles* (Pl. I, fig. 13, *a*, *a*, *a*), et peuvent affecter chacune en particulier toutes les formes de la feuille simple.

5°. Les *bractées* ou *feuilles florales*. Ce sont ces petites feuilles qui naissent dans le voisinage des fleurs, qui sont souvent entremêlées avec elles dans l'épi, dont la forme diffère de celle des feuilles caractéristiques, et dont la couleur est souvent différente.

6°. Les *stipules* sont ces appendices foliacées que l'on trouve ordinairement à la base des véritables feuilles. (Pl. I, fig. 12, *c*.)

Les feuilles n'ont pas toutes la même durée. Dans de certains végétaux elles tombent chaque année; dans ce cas, on les nomme *décidues*; dans d'autres elles résistent à l'hiver, et le végétal en est paré pendant toute l'année : on les appelle alors *persistantes*.

Les GLANDES sont de petits corps vésiculeux, arrondis ou ovales, sessiles ou portés sur un pédicule qu'on aperçoit sur plusieurs parties des végétaux, et plus particulièrement sur les feuilles, les calices et les pétales.

La FLEUR est l'organe le plus important à étudier. C'est cette partie passagère du végétal consistant dans les organes de la fécondation avec ou sans enveloppe, et, rarement, dans l'enveloppe seulement. La fleur est *complète* ou *incomplète*.

La fleur complète se compose de cinq parties principales, qui sont : le *pistil*, les *étamines*, la *corolle*, le *calice* et le *réceptacle* (Pl. I, fig. 15, *d*). S'il lui manque une de ces parties, on la dit incomplète.

Prenons un lis, par exemple (Pl. I, fig. 14); nous voyons au milieu de la fleur, en *a*, une espèce de petite colonne s'élevant perpendiculairement : c'est le *pistil*, ou organe femelle. La base de cette petite colonne, ou pistil (Pl. I, fig. 15, *a*), est souvent renflée; on appelle ce renflement *ovaire*, et il renferme les rudimens des graines qui se développeront quand la fécondation sera opérée. Le sommet du pistil est terminé par une partie renflée (Pl. I, fig. 15, *b*), et un peu triangulaire dans le lis, c'est le *stigmate*; enfin le filament allongé, et formant la longueur de la colonne entre le stigmate et l'ovaire (Pl. I, fig. 15, *c*), porte le nom de *style*.

Autour du pistil sont placés six filets terminés chacun par une petite tête jaunâtre (Pl. I, fig. 14, *b*, *b*, *b*, etc.), ce sont les *étamines* ou organes mâles (Pl. I, fig. 16). Les petites têtes oblongues (id. *c*) sont les *anthères*, espèces de sacs membraneux qui s'ouvrent à l'époque de la fécondation, pour laisser échapper la poussière prolifique et jaune que l'on nomme *pollen* (id. *d*). L'anthère est portée sur un *filament* ou *filet* (id. *e*).

Les organes de la fécondation sont ordinairement entourés par des enveloppes qui, prises ensemble, sont le *périanthe*. Examinons une rose simple : nous trouverons d'abord une première enveloppe formée par des espèces de feuilles arrondies, délicates, colorées du rose le plus agréable (Pl. I, fig. 17, *a*, *a*, etc.); ce sont les pétales, comme dans le lis, *c*, *c*, etc., si on les considère isolément; si on les prend toutes ensemble, leur réunion forme ce que l'on appelle la corolle. Les petites feuilles vertes, placées immédiatement sous la corolle, et lui servant d'enveloppe avant l'éclosion de la fleur (Pl. I, fig. 17, *b*, *b*, etc.), sont les *folioles calicinales* ou *sépales* : leur ensemble forme le *calice*. Lorsque la corolle est d'une seule pièce, comme dans le liseron, la campanule, on la dit *monopétale*; si le calice est dans le même cas, on le dit *monophylle*; si, au contraire, la corolle est composée de plusieurs pétales et le calice de plusieurs sépales, la première est *polypétale*, et le second *polyphylle*.

Une fleur peut avoir une enveloppe seule, comme le lis : dans ce cas, si elle est d'une autre couleur que le reste de la plante, on la nomme corolle, et si elle est verte comme le reste de la plante, on lui donne le nom de calice. Cependant les botanistes ne se sont jamais bien entendus là-dessus. Plusieurs la nomment calice, qu'elle soit colorée ou non; d'autres la nomment calice dans une plante, corolle dans une autre, quoique verte ou colorée, et cela sans être fondés en raison. M. De Candolle, pour éviter toute équivoque, l'appelle *périgone;* d'autres botanistes, qui nomment *périanthe* les organes de la fécondation, proposent de nommer une enveloppe unique *périanthe simple*, et le calice et la corolle pris ensemble, *périanthe double.*

Toutes les fleurs n'ont pas des enveloppes semblables à celles dont nous venons de parler. Par exemple, celles de l'arum ou gouet sont entourées d'une feuille tantôt verte, tantôt colorée, roulée autour comme un cornet de papier, et portant le nom de *spathe.*

D'autres fois, un grand nombre de petites fleurs sont posées sur un *réceptacle commun* ou *disque* (Pl. I, fig. 18, *a*). Ces fleurs s'appellent *fleurons* (Pl. I, fig. 19), lorsqu'elles ont la forme d'un entonnoir; quand elles s'allongent d'un côté en forme de pétales, elles s'appellent *demi-fleurons*, ou *fleurons en languettes* (Pl. I, fig. 20). L'enveloppe générale, composée de petites feuilles vertes souvent appliquées les unes sur les autres, écailleuses dans l'artichaut, par exemple, entourant le disque, est le *calice commun* ou *involucre.*

Quand une fleur a *étamines* et *pistils* dans le même périanthe, on la dit *hermaphrodite* ou *monocline;* si elle n'a que des étamines, elle est *mâle;* si elle n'a que des pistils, elle est *femelle;* enfin si elle manque des uns et des autres, elle est *neutre* et *stérile.*

Souvent on voit sur le même végétal des fleurs mâles et des fleurs femelles, comme, par exemple, dans le melon; la plante, dans ce cas, est *monoïque* ou *androgyne.* Si, comme dans le chanvre, un individu ne porte que des fleurs mâles, et un autre seulement des fleurs femelles, la plante est *dioïque.* Enfin, quand un même individu porte des fleurs hermaphrodites et des fleurs unisexuelles, on le dit *polygame.*

On ne trouve pas des fleurs sur tous les végétaux, par exemple dans le champignon : on a donné à ceux qui en manquent le nom d'*agames.* Ceux chez lesquels on reconnaît aisément les organes de la fructification, mais dont les sexes sont douteux ou difficiles à distinguer, se nomment *cryptogames;* enfin, ceux qui, comme le lis, la rose et la campanule, ont des sexes bien évidens, sont dits *phénogames* ou *phanérogames.*

On trouve quelquefois dans les fleurs des parties, des appendices qu'on ne peut rapporter à aucune de celles que nous venons de nommer : tantôt c'est une glande, une écaille, des poils ou des filamens, affectant des formes plus ou moins singulières : par exemple, ce prolongement en forme d'éperon, que l'on aperçoit à la base du pied d'alouette et des linaires (Pl. I, fig. 30, *a*), ces écailles ciliées qui se voient autour des organes de la fécondation de la parnassie, ces cinq petits becs bleus qui sont au centre de la fleur de bourrache, ces petites glandes que l'on trouve à la base des pétales du chou, ces filamens qui se détachent de dessus les pétales du ménianthe trèfle d'eau, etc., etc. On a donné assez improprement le nom de *nectaires* à ces organes dont on ignore les fonctions.

Les fleurs, quant à la corolle, affectent différentes formes qu'il est essentiel de connaître.

La corolle est régulière ou irrégulière. On la dit régulière lorsque les pétales, tous de même forme, s'écartent également, et dans une direction semblable, du centre de la fleur. Par exemple, si je pose la pointe d'un compas au centre d'une fleur, et que je trace un cercle autour de la corolle, si tous les pétales touchent le cercle sans le dépasser, la fleur est régulière (Pl. I, fig. 21); quand un ou plusieurs pétales dépassent le cercle, et que d'autres ne l'atteignent pas, comme dans la violette, la molène bouillon blanc, la fleur est irrégulière.

On divise encore les fleurs en, 1°. monopétales régulières, 2°. monopétales irrégulières, 3°. polypétales régulières, 4°. polypétales irrégulières, 5°. anomales.

1°. *Monopétales régulières.* Ces fleurs, sous le rapport de leur corolle, affectent différentes formes. Cette dernière est *tubulée* lorsque sa base consiste en un tube (Pl. I, fig. 22); *tubuleuse*, lorsque le tube de sa base est plus long que le diamètre du limbe; *campanulée* ou *campaniforme*, lorsqu'elle a la forme d'une clochette (Pl. I, fig. 23); *globuleuse*, lorsqu'elle a la forme d'un petit globe (Pl. I, fig. 24); *urcéolée*, renflée à la base et se rétrécissant vers le sommet, à peu près comme une urne (Pl. I, fig. 25); *claviforme*, de même que la précédente, mais beaucoup plus allongée en massue; *infundibuliforme* ou *infundibulée*, conique à sa partie supérieure, et se rétrécissant en tube comme un entonnoir (Pl. I, fig. 26); *hypocratériforme*, à limbe s'évasant subitement à partir du tube, et ayant les bords légèrement relevés en forme de soucoupe (Pl. I, fig. 27) ; *cyathiforme* ou *en gobelet*, à tube cylindrique un peu dilaté à sa partie supérieure, et le limbe droit ; *rotacée* ou en *roue*, à tube très court et limbe ouvert et plan (Pl. I, fig. 28).

2°. *Monopétales irrégulières*. La corolle de ces fleurs est ordinairement formée de deux divisions dont une de grandeur et de forme différentes ; d'autres fois la corolle se prolonge en éperon à sa base ; ou elle est indivisée, mais alors le limbe s'allonge d'un seul côté, et forme une languette plus ou moins large et longue. La corolle est *labiée*, quand ses deux divisions, l'une supérieure, l'autre inférieure, imitent deux espèces de lèvres (Pl. I, fig. 29) ; quelquefois la lèvre supérieure manque, et dans ce cas on dit la fleur *unilabiée*. Quelquefois la corolle labiée est en *gueule* ou *ringente*, lorsque les deux lèvres écartées ont un peu de ressemblance avec la gueule d'un animal ; en *mufle*, en *masque* ou *personnée*, lorsque les deux lèvres sont fermées par une saillie interne de la gorge, que l'on nomme *palais* (Pl. I, fig. 30). Les fleurs labiées ont toujours quatre graines nues dans le fond de la corolle, et les personnées une capsule.

Une corolle monopétale irrégulière peut encore être *anomale*, quand sa forme ne peut se rapporter à aucune de celles que les botanistes ont déterminées.

3°. *Polypétales régulières*. La corolle de ces fleurs peut être *cruciforme*, composée de quatre pétales à onglets longs et à lames ou limbes ouverts et disposés en croix (Pl. I, fig. 31), par exemple le chou ; il est à remarquer que si l'onglet est très court, et que la lame des pétales soit ouverte dès leur insertion, la corolle, au lieu d'être cruciforme, est rosacée, quoique n'ayant que quatre pétales ; *rosacée*, composée de trois à cinq pétales au plus, divergens, disposés en rosace, et attachés par de courts onglets (Pl. I, fig. 17), par exemple, la rose simple, le fraisier ; *caryophyllée*, composée de cinq pétales, dont les onglets fort longs sont environnés et cachés par le calice (Pl. I, fig. 32), par exemple, l'œillet.

4°. *Polypétales irrégulières*. Ces fleurs n'ont que deux sortes déterminées de corolle. La *papilionacée* et l'*orchidacée*.

La *corolle papilionacée* (Pl. I, fig. 33) est composée de

cinq pétales irréguliers, qui ont reçu des noms particuliers. Le supérieur, ordinairement grand, redressé, est l'*étendard* ou *pavillon* (Pl. I, fig. 34); les deux latéraux, souvent rapprochés par leur face interne, se nomment les *ailes* (Pl. I, fig. 35); les deux inférieurs, quelquefois soudés par un de leurs bords, et formant à eux deux une cavité plus ou moins profonde, dans laquelle sont cachés les organes de la fécondation, sont ce qu'on appelle la *carène* (Pl. I, fig. 36), par exemple, les fleurs de pois, de haricots.

La *corolle orchidacée* (Pl. I, fig. 37) se compose de six pétales, dont cinq supérieurs et un inférieur, ce dernier (id. *a*) se nomme *labelle* ou *tablier*; parmi les autres, nommés *lanières*, trois sont plus ou moins redressés et affectent diverses formes (id. *bbb*) : deux sont placés sur les côtés en forme d'ailes (id. *c*, *c*).

5°. Les *fleurs polypétales anomales* sont celles qui sont formées par des pétales irréguliers, affectant des formes et des positions qui empêchent de pouvoir les rapporter aux corolles papilionacées ou orchidacées; par exemple, la capucine, la violette, l'ancolie, l'aconit, le pied d'alouette, etc.

Dans tous les cas, un *pétale* est composé de deux parties, le *limbe* (Pl. I, fig. 34, *a*) et l'*onglet* (id. *b*).

On trouve encore dans la nature trois sortes de fleurs qu'on n'a pas rangées dans la classe des anomales, quoiqu'elles ne ressemblent en aucune manière à celles dont nous venons d'énumérer les parties. Ce sont, 1°. les *fleurs glumacées*, 2°. les *fleurs conjointes*, 3°. les *fleurs spadicées*.

1°. Les *fleurs glumacées*, qui sont celles des plantes graminées, se composent d'une *balle*, enveloppe extérieure servant de calice, placée sur une autre qui renferme les organes de la fécondation (Pl. I, fig. 38, *a*, *a*); quelques botanistes l'appellent glume. D'une *glume*, ou enveloppe intérieure, servant de corolle et renfermant les organes de la fécondation (id. *b*, *b*); quelques botanistes la nomment balle. D'une *lodicule*, organe manquant dans quelques espèces, composé de très petites écailles charnues nommées *paléoles*; enfin d'étamines et de pistils. La balle et la glume se composent ordinairement chacune de deux pièces qui, prises séparément, portent le nom de *valves*.

2°. Les *fleurs conjointes* sont celles qui sont réunies plusieurs ensemble dans un calice commun. Elles sont appelées *composées* ou *synanthérées* (Pl. I, fig. 18) lorsque les étamines sont soudées par leurs anthères en une espèce de tube au milieu duquel passe le pistil (Pl. I, fig. 19, *a*), et *agrégées* lorsque les anthères sont libres. La tête formée par l'assemblage de ces petites fleurs se nomme *calathide*, le réceptacle ou disque sur lequel elles sont posées *clinanthe*, et le calice général qui les enveloppe *involucre*.

Les petites fleurs formant la fleur composée sont les fleurons et les demi-fleurons (Pl. I, fig. 19 et 20), celles qui composent la fleur agrégée sont des *fleurettes*.

Lorsque le réceptacle d'une fleur composée ne porte que des fleurons, on dit la fleur *flosculeuse;* s'il ne porte que des demi-fleurons, elle est *demi-flosculeuse;* enfin lorsqu'il porte des fleurons au centre et des demi-fleurons à la circonférence, la fleur est *radiée*. (Pl. I, fig. 18.)

3°. Les *fleurs spadicées* se composent ordinairement d'un *spadice* et d'une *spathe :* celle-ci manque quelquefois. Le *spadice* est un réceptacle commun, de forme variable, servant de pédoncule à un plus ou moins grand nombre de fleurs (Pl. I, fig. 39, *a*); par exemple l'arum ou gouet commun. Il peut être simple, rameux, cylindrique, comprimé, globuleux, etc. La *spathe* (Pl. I, fig. 39, *b*) est une enveloppe quelquefois foliacée ou pétaloïde, roulée en cornet autour du spadice; d'autres fois membraneuse; rarement coriace ou ligneuse. Les fleurs y sont d'abord complétement renfermées, et ne se manifestent que par sa scission, sa rupture ou son déroulement.

Les fleurs et les fruits sont ordinairement portés sur un petit pied, nommé *pédoncule* quand il part directement de la tige, et pédicelle lorsqu'il n'est qu'une ramification d'un principal pédoncule. Dans plusieurs plantes, et particulièrement dans les ombellifères, les pédoncules partent assez ordinairement d'une enveloppe foliacée, nommée *collerette*. Quand celle-ci se trouve placée à la base des pédoncules, on la dit *universelle :* si elle est à la base des pédicelles, elle est *partielle*.

Lorsque la fécondation est opérée, l'ovaire se gonfle, prend en peu de temps son développement, et devient le *fruit*. Quand les semences sont nues, elles constituent le fruit à elles seules; mais quand elles sont enveloppées dans une partie quelconque, c'est l'appareil entier de la fructification qui retient le nom de fruit, et les semences prennent alors le nom de *graines*.

Le FRUIT n'est donc rien autre chose qu'un, ou la réunion de plusieurs ovaires, parvenant à la maturité, ou, si l'on veut, le dernier résultat de la fécondation.

Le fruit se compose du *péricarpe* et de la *graine*.

Le *péricarpe* est l'enveloppe générale des graines, ou plutôt tout ce qui, dans le fruit, n'est pas la graine.

La *graine* est cette partie du fruit renfermée dans le péricarpe, et qui, ayant été fécondée, renferme le rudiment d'une nouvelle plante.

Les botanistes ont distingué plusieurs sortes de fruits, dont j'ai donné, dans mon *Manuel de Botanique*, le tableau analytique que je vais transcrire ici littéralement.

## TABLEAU DES FRUITS.

### SECTION I.

*Bractées prenant, à la maturité, l'apparence d'un péricarpe ou d'une partie de fruit.*

1. Bractées écailleuses, formant un double calice appliqué (l'un sur l'autre), renfermant la graine, et entourant un axe commun simple ou ramifié. (Pl. I, fig. 40.)........................ *Épi.*

2. Écailles formées par des bractées coriaces ou ligneuses, imbriquées autour d'un axe commun qu'elles cachent. *Ex.* pin, sapin, mélèse. (Pl. I, fig. 41.)........................ *Cône* ou *Strobile.*

3. Écailles formées par des bractées d'une consistance sèche, mais foliacée, peu ou point imbriquées, laissant souvent apercevoir l'axe qu'elles entourent. (Pl. I, fig. 42.) *Ex.* le saule. *Chaton.*

### SECTION 2.

*Pseudospermes. Graines nues, c'est-à-dire dont le péricarpe est peu ou point apparent.*

A. *Les monospermes, ou à une seule semence.*

4. Fruit sec, dont le péricarpe est tellement adhérent avec le tégument de la semence, qu'il

se confond avec lui. *Ex.* le blé. (Pl. I, fig. 43.). *Cariopse.*

5. Un seul fruit à péricarpe membraneux, qui, quoique adhérent à la graine, en est cependant distinct. (Pl. I, fig. 19, *b.*) *Ex.* les graines des fleurs composées.......................... *Akène.*

6. Deux fruits réunis, à péricarpe membraneux, qui, quoique adhérent à la graine, en est cependant distinct. (Pl. I, fig. 44.) Les graines des ombellifères .............................. *Polakène.*

7. Fruit non adhérent avec le calice; péricarpe peu apparent; une cordon ombilical distinct. (Pl. I, fig. 45.) *Ex.* les amaranthes.......... *Utricule.*

B. *Les oligospermes, ou à peu de semences, mais plus d'une.*

8. Enveloppe coriace, membraneuse, très comprimée, foliacée sur les bords, divisée en une ou deux loges qui ne s'ouvrent point. (Pl. I, fig. 46.) *Ex.* les graines d'orme............ *Samare.*

9. Fruit dur, presque ligneux ou osseux, à peu de loges, et ne s'ouvrant pas avant la germination. (Pl. I, fig. 47.) *Ex.* le gland, la bourrache.................................. *Noix.*

## SECTION 3.

*Capsulaires. Fruits dont le péricarpe est une capsule.*

A. *Fruits à une valve.*

10. Capsule allongée, à une seule loge, s'ouvrant par une fente longitudinale. (Pl. II, fig. 48.) *Ex.* l'asclépiade.......................... *Folicule.*

B. *Fruits à deux valves.*

* *Fruits globuleux ou ovales.*

11. Fruit globuleux ou ovale, s'ouvrant par une suture transversale; valves placées l'une sur l'autre. (Pl. II, fig. 49.) *Ex.* le pourpier. *Boîte à savonnette.*

12. Fruit sphérique, se composant de deux lobes élastiques qui se séparent à la maturité. (Pl. II, fig. 50.) *Ex.* l'euphorbe.......... *Coque.*

*** Fruits allongés, de forme presque cylindrique, ou plats et élargis.*

13. Deux sutures longitudinales aussi prononcées l'une que l'autre, attachant les deux valves; fruit quatre fois plus long que large. (Pl. II, fig. 51.) *Ex.* le chou .......................... *Silique.*

14. Deux sutures longitudinales aussi prononcées l'une que l'autre; fruit n'étant pas quatre fois plus long que large. (Pl. II, fig. 51.) *Ex.* bourse du pasteur .......................... *Silicule.*

15. Deux sutures longitudinales, celle où les graines sont attachées beaucoup plus prononcée que celle qui lui est opposée. (Pl. II, fig. 53.) *Ex.* le haricot .......................... *Gousse.*

C. *Fruits à plusieurs valves.*

16. Fruit qui s'ouvrant d'eux-mêmes n'entrent dans aucune des sortes indiquées. (Pl. II, fig. 54.) *Ex.* la tulipe .......................... *Capsule.*

SECTION 4.

*Charnus. Fruits dont le péricarpe est charnu.*

A. *Fruits à un seul noyau osseux.*

17. Fruit ne renfermant qu'un seul noyau osseux ou pierreux. (Pl. II, fig. 55.) *Ex.* la cerise .......................... *Drupe.*

B. *Fruits à plusieurs graines ou noyaux.*

18. Fruit renfermant plusieurs noyaux osseux et distincts, ayant la forme des drupes, et n'étant pas couronnés par les lobes du calice. (Pl. II, fig. 56.) *Ex.* le sapotillier .......... *Nuculaine.*

** Graines non placées au milieu du fruit.*

19. Loges des graines écartées de l'axe du fruit, placées près de la circonférence. (Pl. II, fig. 57.) *Ex.* melon, courge .......................... *Péponide.*

*** Graines placées au milieu du fruit, renfermées dans une capsule pluriloculaire.*

20. Fruit couronné par les lobes persistans du calice. (Pl. II, fig. 58.) *Ex.* poire, pomme.... *Pomme.*

**** Graines placées au milieu du fruit, mélangées avec la pulpe.*

21. Fruits n'offrant pas de loges distinctes, n'étant pas réunis sur un réceptacle commun. Pl. II, fig. 59.) *Ex.* raisin, groseille...... *Baie.*

22. Fruits n'offrant que des loges distinctes, réunis sur un réceptacle commun. (Pl. II, fig. 60.) *Ex.* ronce, mûre.................. *Syncarpe.*

# BOTANIQUE ORGANIQUE.

## *Organes élémentaires des végétaux.*

Tous les végétaux sont composés de *parties* petites et toujours semblables à elles-mêmes, quel que soit l'organe que l'on analyse : elles se nomment *parties élémentaires*. Elles ont la forme de petites lames transparentes, et l'arrangement de ces molécules organiques forme le TISSU MEMBRANEUX composant toute la substance des animaux et des plantes. (1)

---

(1) M. Turpin regarde tout végétal comme entièrement composé de vésicules. Le végétal le plus simple, tel que ces croûtes légères qui recouvrent les pierres, ne lui paraît formé que d'une vésicule, et c'est ce qu'il appelle la *globuline*. D'autres de ces vésicules sont attachées et comme enchaînées à des filamens ; chaque vésicule est une capsule renfermant une globuline plus petite qui naît dans son intérieur : c'est ce que M. Turpin nomme la *globuline captive* qu'on trouve dans l'intérieur du *lycoperdon*, et dans le *pollen* et l'*aura seminalis*. Tout le tissu cellulaire des végétaux est donc, par suite, composé de vésicules mères, ou, en d'autres termes, de globulines qui en contiennent d'autres dans leur intérieur. La globuline est verte dans les feuilles, et très diversement colorée dans les fleurs et dans les autres parties d'une plante. Le tissu végétal s'accroît dans tous les sens par le développement continuel de ces jeunes vésicules, qui se soudent côte à côte et se surajoutent les unes à côté des

Le tissu membraneux est criblé de pores, visibles à l'œil nu ou au microscope, ayant la forme de trous ronds ou de fentes quelquefois bordés de petits bourrelets épais ou calleux. Il se modifie de plusieurs manières, que l'on aurait pu toutes rapporter à une seule, au *tissu cellulaire*, mais que l'on a systématiquement étudiées sous deux modifications principales, auxquelles on a donné le nom de *tissu cellulaire* et *tissu vasculaire*.

Le TISSU CELLULAIRE se compose d'un grand nombre de cellules contiguës les unes aux autres, à parois communes, fermées de toutes parts, à peu près hexagones, ou d'une forme déterminée par la pression des parties environnantes. Ses parois très minces, transparentes comme du verre, l'ont fait comparer avec assez de justesse à de l'écume de savon. On le trouve dans son état presque le plus simple, dans la moelle du sureau, des joncs, etc. (Pl. II, fig. 51.)

Ses cellules, ou vides, sont criblées de pores ou même de fentes transversales, d'une excessive ténuité. Leuwenhoek, Hill, Mirbel et De Candolle l'ont établi, et cependant quelques physiologistes doutent de leur existence. Voici ce qui m'arrive dans le moment où j'écris ceci : je place au-dessus du miroir d'un microscope un morceau de moelle de sureau pris dans une tige encore herbacée, coupée fort mince, transversalement. Le thermomètre de Réaumur est à dix-huit degrés; je reconnais très bien les cellules, parfaitement hexagones (Pl. II, fig. 51, *a*) ainsi que leurs pores, dont quelques uns sont en fente et en forme d'S. Les cellules sont extrêmement gonflées par un liquide; mais en trois minutes, elles se flétrissent, s'affaissent, le liquide s'évapore, et pas une cellule ne se crève. Donc, si les fluides en sortent, ils peuvent y entrer et ne pas s'y trouver renfermés au moment de la formation; donc les pores que j'aperçois sont bien

---

autres. La partie essentielle d'une feuille n'est qu'une lame qui se découpe sous toutes sortes de formes, et les papilles qui les recouvrent ne sont que des extensions de ces mêmes vésicules. La matière verte n'est donc, pour M. Turpin, que de la globuline, dans laquelle se trouvent parfois des animaux spermatiques. Je ne puis partager cette opinion. M. Dupetit Thouars ne voit dans la couleur verte des végétaux que des utricules du parenchyme.

réellement ouverts. Il n'en est pas moins vrai que le tissu cellulaire ne reçoit et transmet les fluides que très lentement. On ne le trouve guère régulier que dans la moelle, l'écorce, les parties charnues, etc., et même quelquefois il offre des lacunes assez grandes; il est, dans ce cas, peu consistant, et se déchire avec une grande facilité.

Le TISSU VASCULAIRE est formé par le tissu membraneux dont les parties ou lames sont roulées sur elles-mêmes, de manière à composer des tubes ou vaisseaux cylindriques, ovales ou anguleux, qui parcourent les différens organes des plantes, et s'anastomosent entre eux de manière à former une sorte de réseau à mailles plus ou moins régulières. Les parois de ces vaisseaux ont une certaine épaisseur; elles sont fermes, peu transparentes, et percées d'un grand nombre d'ouvertures destinées à répandre les fluides nécessaires à la végétation.

On distingue six modifications principales dans les vaisseaux.

1°. Les *vaisseaux moniliformes* (Pl. II, fig. 52), que l'on a encore nommés *entrecoupés*, *vermiculaires*, sont formés de cellules ovoïdes, poreuses, placées bout à bout en séries, et séparées par des diaphragmes percés de trous à la manière des cribles. On les a comparés à des chapelets. On les trouve fréquemment dans les racines, à la naissance des branches et des feuilles.

2°. Les *vaisseaux poreux* ou ponctués (Pl. II, fig. 53) sont des tubes non continus, marqués de séries transversales de points d'une apparence glanduleuse, percés par des pores. Ils se trouvent dans le corps des racines, des branches, dans les grosses nervures des feuilles, et partout où la sève peut circuler librement. Ils se joignent, se séparent, se rejoignent encore, disparaissent quelquefois, et, pour l'ordinaire, se changent en tissu cellulaire à l'extrémité.

3°. Les *fausses trachées* ou *vaisseaux rayés* (Pl. II, fig. 54) sont des tubes dont les parois sont marquées de raies transversales d'apparence glanduleuse, que Mirbel dit être des fentes. Lorsque ces fentes sont incomplètes, les fausses trachées sont les *vaisseaux à escaliers* de Bernhardi : lorsqu'elles se prolongent autour du tube, ce sont ses vaisseaux annulaires. Ils s'observent dans le bois, et particulièrement dans celui qui est mou et lâche.

4°. Les *trachées* ou *vaisseaux spiraux* (Pl. II, fig. 55) sont des tubes formés par une membrane étroite, argentée, ordinairement élastique, roulée sur elle-même en spirale, et souvent bordée de petits bourrelets calleux. On les observe particulièrement autour de la moelle des dicotylédones, et au centre des fibres ligneuses des monocotylédones.

5°. Les *vaisseaux mixtes*, découverts par Mirbel, sont des tubes qui, à diverses parties de leur longueur, sont percés de pores comme les vaisseaux poreux, fendus transversalement comme les fausses trachées, et découpés en tire-bourre comme les trachées.

6°. Les *vaisseaux propres* ont des parois sur lesquelles on n'aperçoit ni fentes ni pores; ils renferment les sucs propres, et sont jetés çà et là dans le tissu cellulaire. Toutes les plantes ne paraissent pas avoir de vaisseaux propres. Il existe de ces organes de plusieurs sortes : 1°. les *réservoirs vésiculaires* ou *glandes vésiculaires;* ce sont des vésicules sphériques, ordinairement remplies d'huile volatile, et placées dans le parenchyme des feuilles et des écorces; 2°. les *réservoirs en cœcum*, tubes courts, pleins d'huile volatile, que l'on trouve dans l'écorce des fruits des ombellifères; 3°. Les *réservoirs tubuleux* (Pl. II, fig. 56), ou vaisseaux propres solitaires, sont des tubes solitaires au milieu d'un amas de tissu cellulaire. Les uns ne consistent qu'en des lacunes courtes et tortueuses, comme dans l'écorce du pin du Nord ; les autres sont de forme cylindrique, et ne sont ordinairement que de longues cellules, comme on en observe dans la moelle. Il en est qui sont produits dans l'écorce par le déchirement irrégulier du tissu cellulaire, comme sont les lacunes de la plupart des euphorbes. Les réservoirs fasciculaires (Pl. II, fig. 57) sont des faisceaux de petits tubes parallèles, distribués avec plus ou moins de symétrie dans le tissu cellulaire de l'écorce, et pleins de sucs propres. La filasse que l'on retire du chanvre est formée par le déchirement longitudinal des vaisseaux propres fasciculaires. Enfin les réservoirs accidentels sont des cavités qui se forment accidentellement et se remplissent par infiltration des sucs propres sécrétés ailleurs. C'est ainsi que la résine des conifères pénètre souvent dans leur moelle.

Comme je l'ai dit plus haut, ces divisions des vaisseaux sont systématiques, car toutes les sortes se confondent tellement, qu'il n'est pas rare de voir le même affecter toutes les formes décrites dans différens points de sa longueur.

Tout cet assemblage de cellules et de vaisseaux communique avec l'extérieur au moyen de pores, dont on peut distinguer quatre espèces : 1o. les *pores cellulaires*, ceux qui sont placés sur la paroi des cellules extérieures; 2°. les *pores radicaux*, placés à l'extrémité de chaque radicule; 3°. les *pores corticaux*, orifice supérieur des vaisseaux séveux, ovale, plus ou moins ouvert, placé le plus souvent sur la lame externe du tissu membraneux : on trouve ces pores sur les jeunes pousses, les feuilles, les calices, les fruits, etc., et jamais sur les vraies corolles, sur les organes de la génération, et sur les parties étiolées ou submergées; 4o. les pores glandulaires, suintant hors de la plante des sucs élaborés par des glandes particulières.

Tels sont les organes élémentaires qui, par leurs combinaisons diverses, par leur mélange avec différens liquides, composent toutes les plantes. Cependant tous les végétaux ne les contiennent pas à la fois. Les acotylédons n'ont ni vaisseaux ni pores corticaux; les monocotylédons ont des pores corticaux et des vaisseaux non disposés par couches concentriques; les dicotylédons ont des pores corticaux et des vaisseaux disposés par couches concentriques à l'entour d'un cylindre central de tissu cellulaire.

### *Composition chimique des végétaux.*

Il est évident que puisque les plantes augmentent de poids et de volume, elles ont la faculté de s'emparer de certaines substances extérieures et de les transformer en leur propre substance; ce phénomène est le résultat de la nutrition. Dans l'analyse des végétaux, on trouve deux sortes de matières, l'organique et l'inorganique. La première comprend toutes les substances qui constituent immédiatement les minéraux, telles que l'eau, la potasse, la soude, la chaux, la magnésie, l'alumine, la silice, les oxides de fer et de manganèse, l'ammoniaque, les acides carbonique, phosphorique, sulfurique, nitrique, hydriodique, hydrochlorique.

La matière organique renferme des substances qui sont le principal résultat des forces qui constituent la vie des végétaux. Elle ne diffère pas essentiellement de la première matière, car, comme elle, on la trouve composée de quelques élémens que voici : le carbone, l'hydrogène, l'azote, l'oxigène, le chlore, et peut-être l'iode. Il y a cependant cette différence, que dans la matière inorganique ils se trouvent à l'état libre ou formant des combinaisons binaires, tandis que dans la matière organique on ne les trouve jamais à l'état libre, mais toujours combinés trois ou quatre ensemble. La différence qui existerait encore entre ces deux matières, si l'on s'en rapportait à de simples apparences, c'est que l'organique a une disposition marquée à prendre de nouvelles formes, tandis que l'autre montre une disposition contraire.

Je distinguerai dans la composition chimique des plantes, 1°. les principes élémentaires, 2°. les principes immédiats, 3°. les produits immédiats.

### *Principes élémentaires.*

1°. Le *carbone*. On est convenu d'appeler ainsi la substance pure, inflammable, solide, qui fait la base des charbons. Le carbone constitue en grande partie le squelette végétal; aucune expérience positive n'a démontré s'il en était séparé par la combustion, ou s'il en était un produit; cependant on regarde les divers charbons comme des oxides de carbone, et leur couleur noire comme l'effet de cette oxidation. Le carbone, dans sa plus grande pureté, forme le diamant. Il est toujours solide, sans odeur et sans saveur. Avec l'oxigène, dans les proportions de 72,62 oxigène, 27,38 carbone, il forme le gaz acide carbonique.

2°. L'*hydrogène* est le corps le plus léger qui existe dans la nature. C'est un gaz incolore, jouissant de toutes les propriétés physiques de l'air, éminemment combustible. 1 d'oxigène (volume) et 2 d'hydrogène forment l'eau. Combiné avec le carbone et l'oxigène, il constitue la plupart des matières végétales.

3°. L'*azote* est un gaz invisible, n'ayant ni saveur ni odeur, élastique comme l'air atmosphérique, dans lequel on le trouve ordinairement pour environ les 0,79 en volume. Il est un poison pour les animaux, et il arrête subitement la combustion de tous les corps.

4°. L'*oxigène* est un gaz incolore et invisible comme l'air dont il forme environ la quatrième partie. Il n'a aucune saveur sensible, et, lorsqu'il est pur, il n'a pas d'odeur. Il est nécessaire à l'entretien de la vie, et il est respirable dans toute sa pureté. Il est un des principaux agens de la combustion.

5°. Le *chlore* est un gaz d'une couleur jaune verdâtre qui se reconnaît aisément à la lumière du jour, quoiqu'on puisse à peine le distinguer à la lumière des bougies. Il a une odeur et une saveur fortes et tellement caractérisées, qu'il est impossible de ne pas les distinguer de l'odeur et de la saveur de tout autre gaz. Un animal plongé dans le chlore périt instantanément.

6°. L'*iode* paraît avoir une grande affinité avec le chlore. Sous forme de vapeur, il a une belle couleur violette, et, à l'état solide, il est d'un gris noir. Son odeur est celle du chlore affaiblie; sa saveur est très âcre. Je ne le place que provisoirement dans la classe des principes élémentaires des végétaux; car, n'ayant encore été trouvé que dans la soude de varec, il est possible qu'il y ait été porté par quelque cause étrangère.

7°. Le *soufre* est une substance dure, cassante, de couleur ordinairement jaune, inodore, ayant une saveur très faible, quoique pouvant se distinguer. Il est insoluble dans l'eau.

8°. Le *phosphore* est ordinairement d'une couleur légèrement ambrée; cependant, à son état de pureté, il doit être incolore et transparent; sa consistance approche de celle de la cire, et il est insoluble dans l'eau. Il est tellement combustible, qu'on ne pourrait guère le fondre à l'air sans qu'il brûlât.

Tels sont les principaux élémens non métalliques que l'analyse chimique fait trouver dans les végétaux. Parmi ceux de nature métallique sont :

1°. Le *fer*. On le trouve dans les plantes à l'état d'oxide. Le fer a beaucoup d'affinité avec l'oxigène; en général, il est facilement attaqué par un grand nombre d'acides, surtout lorsqu'ils sont étendus dans l'eau.

2°. Le *manganèse*, lorsqu'il est pur, est d'un blanc tirant sur le gris, ressemblant à de la fonte de fer, et ayant un grand éclat; sa texture est grenue, et il n'a ni saveur ni odeur. Comme le précédent, il se trouve dans les plantes à l'état d'oxide.

3°. Le *potassium* a l'éclat et la couleur du mercure, mais il se ternit promptement à l'air; il est solide à la température ordinaire, mais cependant assez mou pour pouvoir être pétri entre les doigts. Si on le jette dans l'eau, il surnage et brûle rapidement avec une flamme d'un rouge vif mêlé de violet. On le trouve, dans les végétaux, combiné en hydriodate, sous-phosphate, sulfate, nitrate et hydrochlorate de potasse.

4°. Le *sodium* a l'aspect du plomb quand il est récemment coupé; il se ternit à l'air plus lentement que le potassium, auquel il ressemble dans un grand nombre de ses caractères; mais lorsqu'on le projette sur l'eau, il ne s'enflamme pas, il y produit seulement une vive effervescence. Il entre dans la composition des plantes sous forme de sulfate, hydrochlorate de soude.

5°. Le *calcium* est d'un blanc d'argent, solide, beaucoup plus pesant que l'eau. Chauffé à l'air, il brûle avec éclat, et produit un oxide qui est la chaux vive. Les plantes nous l'offrent sous la forme de sous-phosphate et d'hydrochlorate de chaux.

6°. Le *magnésium* est d'un gris foncé, fusible à une chaleur plus forte que celle qui est nécessaire pour fondre le verre; il brûle avec une lumière rouge, et se convertit en une poussière blanche ayant tous les caractères de la magnésie. On le trouve, dans les végétaux, sous forme de sous-phosphate et d'hydrochlorate de magnésie.

7°. Le *glucinium* est gris, d'apparence métallique en mélange avec la potasse. Plongé dans de l'eau, il dégage lentement de l'hydrogène, et se convertit en glucine. C'est dans ce dernier état qu'on le trouve dans l'algue-marine.

8°. L'*aluminium* est grisâtre, d'un éclat métallique; il fait lentement effervescence dans l'eau, et se convertit en alumine. On le trouve dans les plantes à cet état.

9°. Le *silicium* a été trouvé sous la forme d'une poudre de couleur foncée, décomposant l'eau, et se convertissant immédiatement en silice. Les plantes l'offrent dans ce dernier état.

Les plantes présentent encore quelquefois à l'analyse chimique d'autres élémens, mais si rarement, que nous ne devons pas en tenir compte ici. Ce sont les diverses combinaisons de ces corps simples qui forment les principes et les produits immédiats des végétaux.

*Principes immédiats.*

Les principes immédiats des végétaux sont, pour l'ordinaire, tellement mêlés entre eux, qu'il faut des procédés particuliers pour les séparer. Or, comme c'est la chimie qui fournit ces procédés, c'est aussi elle qui fournit les moyens de les classer.

La PREMIÈRE CLASSE nous offrira d'abord les substances propres aux végétaux, aux animaux et aux minéraux. En premier lieu nous trouverons des oxides, savoir :

La *chaux*, terre calcaire, produit de l'union du calcium avec l'oxigène, nommée aujourd'hui *protoxide de calcium*. Dans la *pézize noire*.

La *potasse*, protoxide provenant de l'union de l'oxigène avec le potassium. On l'appelait autrefois *alcali végétal*. Dans la *pézize noire*.

La *silice*, ou oxide de silicium, provenant de l'union de l'oxigène avec le silicium. Les minéralogistes la regardent comme une terre primitive. Elle constitue les silex, les pierres quartzeuses, etc. Dans les *graminées*.

L'*alumine*, ou oxide d'aluminium, autrefois nommée *argile*, terre argileuse, l'une des terres primitives des minéralogistes. Dans les cendres des feuilles de *chêne*.

L'*oxide de fer*, combinaison de fer et d'oxigène. Dans la *rhubarbe*.

L'*oxide de manganèse*, ou la combinaison du manganèse et de l'hydrogène.

Dans cette première classe nous trouverons, en second lieu, des combustibles non métalliques, comme, par exemple,

Le *soufre*, dans les *crucifères*.

Nous y trouverons encore des sels, tels que :

L'*acétate de potasse*, formé par la combinaison de l'acide acétique et de la potasse. Dans les sèves de plusieurs végétaux.

L'*acétate d'alumine*, combinaison d'acide acétique avec l'alumine. Dans la sève du *hêtre*.

L'*acétate de chaux*, combinaison d'acide acétique avec la chaux. Dans les sèves.

Le *carbonate de chaux*, combinaison de l'acide carbonique avec la chaux. Dans les sèves.

Le *sous-carbonate de chaux*, 56 chaux, 44 acide carbonique.

Le *sous-carbonate de magnésie*, magnésie et acide carbonique. Dans les plantes marines.

Le *sous-carbonate de potasse*, potasse et acide carbonique. Dans les cendres.

Le *sous-carbonate de soude*, soude et acide carbonique. Dans les *varecs*.

Le *citrate de chaux*, combinaison de chaux et d'acide citrique. Dans les fruits.

Le *fungate de potasse*, combinaison de la potasse avec l'acide fungique, que l'on retire du *boletus julandis*, *phallus impudicus*. Dans les *champignons*.

Le *gallate de tannin*, formé par la combinaison de l'acide gallique avec le tannin, combinaison à laquelle on donnait autrefois le nom de *principe astringent*.

L'*hydriodate de potasse*, combinaison de potasse et d'acide hydriodique. Dans les *varecs*.

Le *kinate de chaux*, formé par la combinaison de la chaux avec l'acide kinique. Dans les écorces de *quinquina*.

Le *malate d'alumine*, combinaison d'alumine et d'acide malique.

Le *malate acide de chaux*. Dans les feuilles du *tabac*.

Le *malate oxide de potasse*.

Le *malate de potasse*.

Le *malate de magnésie*. Dans le suc de la réglisse.

Le *mellilate d'alumine*, formé par la combinaison de l'acide mellitique avec l'alumine. Dans la *mélite*.

Le *moroxate de chaux*, formé par l'acide moroxalique combiné avec la chaux. Dans l'écorce du *mûrier*.

L'*hydrochlorate d'ammoniaque*, ou muriate d'ammoniaque, formé par l'acide hydrochlorique combiné avec l'ammoniaque. Dans la feuille du *tabac*.

L'*hydrochlorate de chaux*.

L'*hydrochlorate de magnésie*.

L'*hydrochlorate de potasse*. Très répandu.

L'*hydrochlorate de soude*. Dans les plantes littorales.

Le *nitrate de chaux*, formé par la combinaison de l'acide nitrique avec la chaux.

Le *nitrate de magnésie.*

Le *nitrate de potasse.* Très répandu.

Le *phosphate ammoniaco-magnésien*, combinaison d'acide phosphorique, d'ammoniaque et de magnésie. Dans l'*ergot.*

Le *phosphate de chaux*, formé de chaux combinée à l'acide phosphorique.

Le *phosphate de magnésie.* Dans le pollen du *palmier dattier.*

Le *phosphate de potasse.* Dans les *nostocs.*

Le *sous-phosphate de soude.*

Le *sous-phosphate de magnésie.*

Le *sous-phosphate de potasse.*

Le *sulfate de chaux*, formé par la chaux combinée à l'acide sulfurique.

Le *sulfate de potasse*, formé par la potasse unie à l'acide sulfurique. Dans la sève de l'*orme.*

Le *sulfate de soude.*

Le *bi-tartrate de potasse*, acide tartrique combiné à la potasse. Dans le fruit du *tamarin.*

Le *tartrate de chaux*, formé d'acide tartrique combiné à la chaux. Dans la *rhubarbe.*

Enfin, nous trouverons en quatrième lieu:

L'*eau*, qui est une combinaison d'hydrogène et d'oxigène unis dans les proportions d'un volume d'oxigène et de deux d'hydrogène.

La SECONDE CLASSE des principes immédiats des végétaux renfermera les substances communes aux animaux et aux végétaux seulement; ce sont :

Le *gluten*, nommé *glutineux* par M. Chevreul, est un principe végéto-animal, d'une substance visqueuse, ressemblant un peu à la gélatine. C'est le gluten qui donne à la farine la propriété de former avec l'eau une pâte propre à faire du pain. Il est incristallisable, insoluble dans l'alcool, et il donne beaucoup de carbonate d'ammoniaque par la distillation.

La *fibrine végétale* ou fungine, substance blanche, mollasse, fade, peu élastique, formant la partie charnue d'un champignon dépouillé, par l'alcool et par l'eau, de toute matière soluble. L'acide nitrique en dégage du gaz azote, la convertit en une matière analogue au suif, et en une autre analogue à la cire, en matière résinoïde, en amer de Velther, et en acide oxalique. La fungine se combine à la substance astringente de la noix de galle.

L'*albumine végétale*, substance soluble dans l'eau froide, coagulable par la chaleur, insoluble dans l'alcool, et précipitable par la noix de galle. Elle constitue les parties solides dans les animaux; elle forme le sérum de leur sang, le blanc d'œuf, etc. On la trouve dans le suc du papayer, dans le fruit de la ketmie comestible, et dans les champignons.

La *gélatine*, gelée susceptible de prendre, par le refroidissement, une consistance élastique, et de se liquéfier de nouveau par l'augmentation de la température, ce qui la distingue entièrement de l'albumine, qui acquiert de la consistance par la chaleur. La gélatine existe principalement dans les tendons et la peau des animaux. On la trouve dans le pollen du palmier dattier.

L'*adipocire* est cette matière grasse qui se manifeste lorsqu'on laisse putréfier des cadavres en grand nombre. Elle est formée d'une petite quantité d'ammoniaque, de potasse et de chaux unies à beaucoup d'acide margarique et un peu d'acide oléique. On le trouve dans plusieurs végétaux.

L'*osmazome*, matière extractive du bouillon, dont elle a l'odeur et la saveur. Elle est d'un rouge brun, devient friable étant desséchée, attire l'humidité de l'air. Elle se fond sur les charbons en répandant une odeur animale; elle se dissout dans l'eau et l'alcool, d'où elle est précipitée par une infusion de noix de galle. On la trouve dans les champignons.

La TROISIÈME CLASSE comprendra les substances propres aux végétaux seulement.

Nous réunirons d'abord celles qui sont composées de carbone, d'oxigène, d'hydrogène et d'azote.

*Daphnite* ou *daphnine*, principe amer, grisâtre, cristallisable: cristaux en partie solides, transparens, à facettes brillantes; peu soluble dans l'eau froide, soluble dans l'eau chaude; précipitable par l'acétate de plomb; vaporisable en fumée piquante sur les charbons; se boursouflant dans la cornue. Dans l'écorce du *daphne alpina*. M. Chevreul considère tous les principes amers comme composés d'acide nitrique uni à une substance particulière de nature huileuse.

*Agédoïte*, cristallisable; hyaloïde étant pure; cristaux

octaèdres-rectangulaires, à arêtes plus courtes, remplacées par des facettes; peu soluble; point précipitable; se boursouflant sur les charbons en donnant une odeur demi-résineuse; dissoluble dans l'acide sulfurique sans noircir, dans l'acide nitrique sans donner d'azote. Elle donne de l'ammoniaque quand on la broie avec de la potasse caustique. C'est la matière cristallisable de la *réglisse.*

*Asparagine.* Elle cristallise en prismes rhomboïdaux, dont le grand angle de la base est de 130°; les bords de cette base et les deux angles situés à l'extrémité de sa grande diagonale sont tronqués; saveur fraîche, légèrement nauséabonde; peu soluble dans l'eau froide, très soluble dans l'eau bouillante, insoluble dans l'alcool. Quand on la chauffe, elle donne un premier produit acide, et un second ammoniacal. Elle se cristallise spontanément dans le suc des *asperges* évaporé en consistance de sirop.

*Hématine.* Elle cristallise en petites écailles d'un blanc rosé, ayant l'aspect métallique; elle est peu soluble dans l'eau; la dissolution orangée devient pourpre par l'action de la chaleur; les acides la font passer au jaune et au rouge, quand ils sont énergiques et en excès. Les alcalis, et presque tous les oxides qui saturent les acides, la font passer au bleu; l'hydrogène sulfuré la décolore en s'y combinant. Quand on la distille, elle donne de l'acétate d'ammoniaque, et 0,55 de charbon : c'est le principe colorant du *bois de campêche.*

*Narcotine.* Elle cristallise en prismes droits, à base rhomboïdale; elle est insipide et inodore. Elle exige 400 parties d'eau bouillante pour se dissoudre; 24 parties d'alcool bouillant en dissolvent 1 de substance. Elle est soluble dans tous les acides; les alcalis la précipitent de ces dissolutions. Elle est peu soluble dans l'eau de potasse; elle brûle à la manière des résines, et donne à la distillation beaucoup de carbonate d'ammoniaque : c'est la substance cristallisée de l'*opium.*

Nous réunirons ensuite les substances composées de carbone, d'hydrogène, et d'oxigène en excès, c'est-à-dire les acides naturels et factices. Les acides naturels sont :

*Acide acétique.* Il est composé de 50,22 carbone; 44,15 oxigène; 5,63 hydrogène. On lui donne vulgairement le nom de *vinaigre.* Il est volatile, très odorant, se congelant à zéro quand il est concentré. Le plus pur que l'on ait pu obtenir se prend en masse cristallisée; il est incolore, âcre, et son odeur piquante affecte les narines et les yeux.

*Acide malique.* Il est incristallisable, ce qui le fait différer de l'acide citrique. Il est un peu coloré en jaune, décomposable par la distillation; il donne une grande quantité d'acide oxalique quand on le traite par l'acide nitrique; il ne précipite pas l'eau de chaux, et il forme des sels déliquescens avec la potasse et la soude. On le retire du suc des *pommes*, de l'*épine-vinette*, de la *framboise*, etc.

*Acide oxalique.* Il est composé de 26,565 carbone; 70,689 oxigène; 2,745 hydrogène. Il cristallise en prismes quadrangulaires terminés par des sommets dièdres; il se volatilise sans éprouver de décomposition; il précipite l'eau et le sulfate de chaux; avec la potasse il forme trois combinaisons, dont l'une est le *sel d'oseille*. On le trouve à l'état de sur-oxalate dans l'*oseille*, les *oxalides*, les *begonia*, etc.

*Acide benzoïque.* Il est connu dans le commerce sous le nom de *fleur de benjoin*. Par la sublimation ou par la voie humide, il cristallise en aiguilles blanches et brillantes; il est volatil à une douce chaleur; il s'enflamme à la manière des résines, et il est beaucoup plus soluble dans les alcools que dans l'eau. Il forme des benzoates très solubles avec la chaux, la potasse et l'ammoniaque. Le benzoate de potasse précipite les sels de peroxide de fer. On le trouve dans le *benjoin*, le *storax*, les siliques de la *vanille*; on le trouve aussi dans l'urine d'enfant.

*Acide citrique.* Il est composé de 33,811 carbone; 59,859 oxigène; 6,330 hydrogène. Il cristallise en prismes rhomboïdaux, dont les pans sont inclinés entre eux d'environ 60 et 120°, terminés par des sommets à quatre faces trapézoïdales qui interceptent les angles solides. Il ne précipite pas le nitrate d'argent et de mercure; il ne s'unit à la potasse que dans une proportion; uni à la chaux, il forme un sel insoluble dans l'eau, décomposable par les acides nitrique et hydrochlorique. On le trouve presque pur dans les *citrons*, à l'état de mélange dans les *grains de raisin* avant leur maturité.

*Acide tartarique.* Il est composé de 24,050 carbone; 69,321 oxigène; 6,629 hydrogène. Il cristallise en lames ou en prismes très aplatis, ordinairement réunis par une extrénité : par la distillation il se décompose en eau, en huile, en gaz acide carbonique et hydrogène carburé, en acide acétique, et en un acide particulier, cristallisable, nommé *pyro-tartarique*. Il s'unit à la potasse en deux proportions. Le sur-tartrate est connu sous le nom de *crême de tartre;* il précipite l'eau de chaux en flocons, mais le précipité diffère de l'oxalate de chaux en ce qu'il est soluble dans un excès de son acide, tandis que le dernier ne l'est pas. On le trouve libre dans la pulpe du *tamarin,* et à l'état de sur-tartrate dans le moût de *raisins*.

*Acide succinique*. Il cristallise en prismes aplatis, qui paraissent rhomboïdaux; il se décompose en partie par la distillation; il est peu soluble dans l'eau. Le succinate de potasse est déliquescent; celui de chaux est peu soluble. L'acide succinique précipite les sels de peroxide de fer, et ne précipite pas ceux de protoxide de manganèse. On ne l'a encore trouvé que dans le *succin* ou *ambre jaune,* substance que l'on regarde comme végétale.

*Acide mellitique,* ou *honigstique*. Il cristallise en prismes réunis en globules rayonnés; sa saveur est douce, acide et amère; la chaleur le décompose, et il est peu soluble dans l'eau. Il forme deux combinaisons avec la potasse; il précipite les eaux de chaux, de strontiane, de baryte, et même le sulfate de chaux. Il diffère de l'acide oxalique en ce que l'honigstate de chaux est soluble dans un excès d'acide, et en ce que le sur-honigstate de potasse précipite le sulfate d'alumine, tandis que le sur-oxalate de potasse ne le trouble pas. Cet acide n'a encore été trouvé que dans la *pierre de miel* ou *mellite,* substance combustible non métallique, que l'on croit appartenir au règne végétal.

*Acide gallique*. Il cristallise en petites aiguilles blanches, d'une saveur acidule; par la distillation une partie se sublime et une autre se décompose. Il se distingue de tous les acides végétaux par la propriété de colorer en bleu foncé les dissolutions de peroxide de fer. C'est cet acide que l'on trouve dans la plupart des végétaux, et qui forme, avec le fer, un oxide noir, la *noix de galle,* et la plupart des écorces d'arbres le fournissent.

*Acide quinique* ou *kinique*. Il cristallise en lames divergentes; il est brun, peu amer, et a une saveur très acide; il ne s'altère pas à l'air, et se décompose par la chaleur. Il forme des sels solubles avec les terres et les alcalis ; il ne précipite pas les nitrates d'argent, de mercure et de plomb. On le trouve, combiné avec la chaux, dans le *quinquina.*

*Acide moroxalique,* ou *morique, morolinique, moroxique.* Il cristallise en petits prismes. Par la distillation il donne une eau acide et un sublimé blanc d'acide non altéré ; il est très soluble dans l'eau et l'alcool ; il ne précipite pas les dissolutions métalliques, et, du reste, il est encore peu connu. Il a été découvert dans une concrétion saline recueillie sur l'écorce du *mûrier blanc.*

*Acide fungique* ou *fongique.* Il ne cristallise pas, et sa couleur est blanche ; il a une saveur forte ; il attire l'humidité. Combiné avec l'ammoniaque, il donne un sel cristallisable. On le trouve en partie libre dans la *pézize noire,* et à l'état de potassiate dans les *champignons* incinérés.

*Acide prussique* ou *hydrocyanique.* Je place ici cet acide, quoiqu'il appartienne également aux minéraux, parce qu'on le trouve abondamment dans un grand nombre de plantes, par exemple, dans les feuilles de *pêcher,* de *laurier-cerise,* et généralement dans toutes les parties des plantes qui ont ce que l'on appelle un goût de noyau. Il est incolore, très odorant, et sa vapeur, si on la respire sans précaution, peut produire le malaise ou la défaillance ; sa saveur est fraîche d'abord, puis brûlante, et asthénique à un haut degré. Dans son état de pureté, à la vérité très difficile à obtenir, c'est le plus actif des poisons ; lorsqu'on y a trempé une baguette et qu'on la met en contact avec la langue d'un animal, la mort s'ensuit avant que la baguette ait eu le temps d'être retirée. Avec le peroxide de fer il forme le bleu de Prusse. Il est composé d'hydrogène, azote et carbone.

Les acides végétaux, quoique très répandus dans les plantes, s'y trouvent néanmoins très rarement à l'état libre. Presque toujours ils sont combinés avec la soude, la potasse, la chaux et autres bases salifiables, pour former des sels : tous les jours on en découvre de nouveaux.

Les acides factices sont :

*Acide camphorique.* Il forme des cristaux parallélipipèdes, d'un blanc de neige, qui s'effleurissent à l'air. Il a été retiré du camphre par MM. Kosegarten et Bouillon-Lagrange.

*Acide mucique.* On le retire des gommes, sous forme pulvérulente ou en petites écailles brillantes.

*Acide subérique.* Il est blanc, pulvérulent. Il a été retiré du liége par Brugnatelli.

*Acide pyrotartarique.* On le retire de l'acide tartarique. Sublimé, blanc et lamelleux.

Nous rangerons dans cette troisième classe les substances avec carbone et hydrogène; avec oxigène dans les proportions propres à former de l'eau. Ces substances sont : 1°. les bois, 2°. les fécules, 3°. les sucres, 4°. les gommes, 5°. les principes amers, 6°. les principes colorans, 7°. les tannins, 8°. l'extractif.

1°. Les bois. — *Lignine, bois, ligneux.* Partie solide des végétaux, composée de 51,45 carbone, 42,73 oxigène, 5,82 hydrogène. Non cristallisable; formée de fibres insolubles dans l'eau froide et bouillante, formant une gelée avec l'acide nitrique qui finit par se convertir en acide oxalique, solubles dans les lessives alcalines faibles, et la solution précipitant les acides. On rapproche des bois,

La *gossypine* ou matière du coton. Elle est fibreuse, insipide, très combustible, insoluble dans l'eau, l'alcool, l'éther; soluble dans les alcalis. Traitée par l'acide nitrique, elle donne l'acide oxalique.

La *subérine,* substance qui constitue le tissu du liége, et celui de l'épiderme de plusieurs végétaux. Elle est caractérisée par la propriété de donner l'acide subérique, quand on la décompose au moyen de l'acide nitrique.

La *médulline* ou moelle de sureau. Elle ressemble à la subérine par sa structure, mais elle s'en distingue en ce qu'elle ne donne pas d'acide subérique par l'acide nitrique; elle se distingue de la lignine en ce qu'elle laisse près de 0,25 de charbon quand on la distille, tandis que la lignine n'en donne que 0,17 à 0,18.

2°. Les fécules. — L'*amidonite, amidon* ou *fécule,* est composée de 43,55 carbone; 49,68 oxigène; 6,77 hydrogène. Elle est en petits cristaux brillans, insipides, insolubles dans l'alcool et l'eau froide; elle se dissout dans l'eau bouillante, et lorsque sa solution est concentrée, elle se prend en gelée par le refroidissement : elle ne donne pas d'acide sacholactique par l'acide nitrique. On la rapproche des fécules

L'*inuline*, substance découverte dans la racine d'*inula helenium*. Elle se distingue de la précédente en ce que sa solution dans l'eau bouillante, au lieu de se prendre en gelée par le refroidissement, dépose l'inuline sous la forme de poudre blanche.

L'*indigotine*. Elle est pulvérulente, bleue, insipide, insoluble dans l'eau, l'alcool et l'éther; soluble dans les acides sulfurique et nitrique. Elle est connue dans le commerce sous le nom d'*indigo*, et se trouve dans l'*indigotier*, le *pastel*, et beaucoup d'autres plantes.

L'*ulmine*. Elle est cristallisable, insipide, soluble dans l'eau sans devenir muqueuse; précipitable à l'état résinoïde par les acides nitrique et oxi-hydrochlorique; elle est insoluble dans l'alcool. On la trouve dans le suc noir excrété par l'*orme*.

3°. Les sucres. — *Sucre de canne* ou *commun*. Il est composé de 42,47 carbone; 50,63 oxigène; 6,90 hydrogène. Il cristallise en prismes quadrilatères ou hexaèdres, terminés par des sommets dièdres et quelquefois trièdres; il n'est que très peu soluble dans l'alcool absolu; avec l'eau, il forme un sirop épais et susceptible de se conserver longtemps. On le trouve dans la canne à sucre, la betterave, la châtaigne, le suc d'érable, etc. On en rapproche les espèces suivantes;

*Sucre cristalloïde* ou *de raisin*. Il ne cristallise qu'en petites aiguilles, et il est bien moins soluble dans l'eau froide que le précédent; il en diffère encore par une saveur fraîche. Sa dissolution moisit assez promptement.

*Sucre syrupeux*, ou liquide. Il ne cristallise pas, et il est toujours coloré en jaune.

*Sucre sétiforme*, ou *de champignons*. Il cristallise en prismes quadrilatères à base carrée, quand on laisse évaporer spontanément sa dissolution aqueuse.

*Mannite*, ou *substance cristallisée de la manne*. Elle a une saveur fraîche et sucrée, qui n'est pas nauséabonde; elle cristallise en petits prismes; elle ne donne pas d'acide sacholactique quand on la traite par l'acide nitrique; elle ne peut éprouver la fermentation alcoolique. On peut encore classer ici la *sarcocolline* de De Candolle.

4°. Les gommes. — Ce sont des substances incristallisables, insolubles dans l'alcool, et formant, avec l'eau, un mucilage plus ou moins épais. Par l'acide nitrique, elles donnent de l'acide sacholactique; elles n'éprouvent pas de fermentation alcoolique. Plusieurs espèces.

*Gomme arabique*, formée de 42,23 carbone; 50,84 oxigène; 6,93 hydrogène. Elle est assez soluble dans l'eau.

*Adragantine*, ou *gomme adragante*. Elle se dissout peu ou point dans l'eau, avec laquelle elle forme un mucilage extrêmement épais. A la distillation, elle donne plus de charbon et d'acide sacholactique que la précédente.

*Bassorine*. Elle renfle dans l'eau chaude ou froide sans se dissoudre; elle est soluble dans les acides nitrique et hydrochlorique, étendus d'eau. On la trouve dans les *nostocs* et dans quelques *cactiers d'Amérique*.

*Gelée*. Presque incolore; peu soluble dans l'eau froide; se dissolvant très bien dans l'eau bouillante, et s'en précipitant par le refroidissement en conservant son aspect gélatineux; soluble dans les alcalis, et se convertissant en acide oxalique par l'acide nitrique. Dans les fruits des groseilliers, mûriers, etc.

*Saccogommite*. D'un jaune sale; incristallisable, sucrée, se boursouflant sur les charbons, et donnant une odeur résineuse. Elle est très peu soluble dans l'eau froide, mais elle se dissout dans l'eau bouillante : par le refroidissement, elle se prend en une gelée transparente. Elle est soluble dans l'alcool; elle est décomposable par l'acide nitrique, mais sans donner d'acide malique ou oxalique. On l'obtient de l'extrait noir de *réglisse*.

5°. Les principes amers. — *Amarine*. Jaune ou brune, soluble dans l'eau et l'alcool, précipitable de sa dissolution nitrique par le nitrate d'argent. On la trouve dans le *café*, la *coloquinte*, le *quassia*. On en rapproche la

*Caphopicrite*. Jaune, ayant une saveur âpre et amère; insoluble dans l'eau froide; soluble dans l'eau chaude, l'alcool, l'éther; se volatilisant au feu en fumée jaune et odorante; elle donne une dissolution rouge avec la potasse et l'ammoniaque et en est précipitable en jaune avec les acides et les dissolutions métalliques, en vert noirâtre avec le deutoxide de fer, en caséeux coriace avec la gélatine; elle forme un principe jaune amer avec l'acide nitrique. C'est le principe colorant de la *rhubarbe*.

6°. Les principes colorans. — *Polichroïte*, principe colorant de la fleur de *safran*. Il colore l'eau à un très haut degré, et donne diverses nuances de bleu et de vert, par addition d'acide nitrique ou sulfurique. On en rapproche la

*Carthamite;* très fugace; d'un rouge foncé; insoluble dans l'eau et l'alcool; non dissoluble par les acides, qui reçoivent sa couleur; elle est colorée en jaunâtre, et dissoluble par la soude et les sous-carbonates; redevenant rose par addition d'acide. On l'extrait de la corolle du *carthame des teinturiers*.

7°. Les tannins.—*Tannin commun.* Il est solide, brun, cassant, incristallisable, astringent; soluble dans l'eau et non dans l'alcool; colorant l'eau en brun; précipitable par la gélatine, les hydrochlorates d'alumine et d'étain; il se boursoufle au feu, et donne une liqueur qui noircit la dissolution de fer; il se combine avec presque tous les oxides métalliques et les acides. Très abondant dans le *chêne*. On en rapproche les

*Tannin du cachou.* Soluble dans l'alcool; précipitant le fer en couleur olive; plus soluble dans l'eau que le tannin ordinaire; composé avec la gélatine; passant au brun.

*Tannin artificiel.* Non décomposable par l'acide nitrique; donnant du deutoxide d'azote par la combustion. Il s'obtient en traitant l'indigo, les résines, par l'acide nitrique ou le camphre, et les racines par l'acide sulfurique.

8°. L'extractif est un principe végétal dont l'existence simple n'est pas encore parfaitement prouvée. La plupart des chimistes pensent que c'est un composé d'une matière azotisée, d'un principe coloré et d'un acide. Quoi qu'il en soit, lorsqu'on l'isole, il est soluble dans l'eau et dans l'alcool, insoluble dans l'éther; il est précipité par l'acide hydrochlorique, les hydrochlorates d'étain et d'alumine, nullement par la gélatine.

Nous placerons encore dans cette troisième classe les substances composées de carbone, d'oxigène et d'hydrogène, le dernier étant en excès. Ces substances sont: 1°. la glu; 2°. la cire; 3°. les huiles; 4°. la scillitine; 5°. les aromes, ou huiles essentielles; 6°. les résines; 7°. le résino-amer; 8°. le caoutchouc; 9°. le camphre; 10°. l'olivile; 11°. la picrotoxyne.

1°. La *glu*, ou *gluine*. Visqueuse, insipide, insoluble dans l'eau, soluble en partie dans l'alcool, très soluble dans l'éther, avec lequel elle forme une solution verte. Elle est abondante dans l'écorce du *houx* et de la racine de *viorne*, dans le fruit du *gui*, etc.

2°. La *cire végétale*. Substance analogue à la cire des abeilles, huileuse, concrète, se trouvant sous la forme de poussière glauque sur la feuille et le fruit de certains végétaux, particulièrement sur le fruit du *myrica sebifera*. Elle est fusible à une température assez basse, mais insoluble dans l'eau. D'après l'analyse chimique, la cire que les abeilles vont ramasser sur les plantes a pour principes élémentaires, 5 oxigène, 13 hydrogène, 82 carbone.

3°. Les huiles. — Nous en mentionnerons plusieurs espèces, dont les caractères généraux sont l'inflammabilité, l'insolubilité dans l'eau, et la fluidité au moins à une température modérée. Leur couleur est ordinairement jaune ou verdâtre; leur saveur est faible et leur odeur légère; elles surnagent l'eau. A la distillation, elles donnent de l'hydrogène carboné; elles dissolvent le soufre et le phosphore à l'aide de la chaleur, et forment du savon avec la soude, la potasse et les bases salifiables.

*Beurre de cacao*. Huile concrète, d'un blanc jaunâtre, à odeur particulière, à saveur douce et agréable. On la retire du *cacaoyer*.

*Beurre de galham*. Huile concrète, blanche, solide.

*Beurre de muscade*. Huile concrète, assez ferme, d'un jaune rougeâtre, exhalant une odeur agréable. Elle existe dans la noix muscade, mais elle est plus abondante dans le *virola sebifera*, d'où on l'extrait pour faire des chandelles.

*Huile de chènevis*. Coulante, siccative, jaunâtre, ne se coagulant qu'à plusieurs degrés au-dessous de zéro. On la retire de la graine du *chanvre*.

*Huile de noix*. Coulante, siccative, d'un blanc verdâtre, ayant une saveur et une odeur particulière. Elle se tire de l'amande de la *noix*.

*Huile d'œillet*. Coulante, siccative, d'un blanc jaunâtre, inodore, peu visqueuse, d'une saveur d'amande douce; liquide à zéro de température. Elle se retire du *pavot somnifère*.

*Huile de lin*. Coulante, siccative, d'un blanc verdâtre, ayant une odeur particulière. On la retire de la graine du *lin*.

*Huile de ricin*. Coulante, siccative, d'un jaune verdâtre, inodore, d'une saveur fade suivie d'un goût légèrement âcre; ne se congelant pas à plusieurs degrés au-dessous de zéro; s'épaississant à l'air sans perdre sa transparence. On la retire du *ricin*.

*Huile de colza*. Coulante, non siccative, jaune, visqueuse, odorante. Elle se retire du *brassica napus*.

*Huile de ben*. Coulante, non siccative, blanche, inodore, ne se concrétant point à une très basse température. On l'extrait de l'*hyperanthera moringa*.

*Huile d'olive*. Coulante, non siccative, jaune ou verdâtre, légèrement odorante, concrète à la température de dix degrés. On l'exprime du péricarpe des *olives*.

*Huile d'amande*. Coulante, non siccative, d'un blanc verdâtre, liquide, odorante, rancissant promptement. On la retire des *amandes*.

*Huile de faîne*. Coulante, non siccative, jaune, inodore, d'une saveur douce. On la retire du fruit du *hêtre*.

4°. La *scillitine*. Substance blanche, transparente, cassante, à cassure résineuse, pulvérisable, amère, se ramollissant au feu, attirant l'humidité, soluble dans l'alcool, ne donnant pas d'acide mucique par l'acide nitrique. On l'obtient de l'ognon de la *scille*.

5°. Les aromes, aussi nommés *huiles essentielles*, sont volatiles, odorans, âcres, caustiques, point visqueux, colorés, plus légers que l'eau; ils entrent en ébullition à une plus haute température que l'eau, s'enflamment très facilement avec une fumée noire et épaisse; ils se solidifient en absorbant de l'oxigène; ils n'ont point d'action sur la soude et la potasse; sont très solubles dans l'alcool, très peu dans l'eau; ils se combinent avec les huiles, dissolvent les résines, le camphre et le caoutchouc; ils sont inflammables par les acides nitrique et sulfurique combinés par tiers du dernier. Je ne crois pas que les espèces en aient été déterminées jusqu'à ce jour. Nous y rapporterons

La *benjoine*, principe existant dans le *benjoin*, soluble dans l'eau et dans l'alcool.

6°. Les résines ou *résinites*. Substances solides, cassantes, inodores, insipides ou âcres, odorantes par le frottement, translucides, plus pesantes que l'eau, colorées, électriques négativement par le frottement, se fondant au feu, brûlant avec flamme jaune et fumée noire; elles donnent, à la distillation, du gaz hydrogène carboné; elles sont insolubles dans l'eau, solubles dans l'alcool, l'éther sulfurique, les huiles grasses, les huiles essentielles, la potasse, la soude; elles sont attaquées par l'acide nitrique, dissolubles dans les acides hydrochlorique et acétique, dans l'acide nitrique concentré. Il y en a plusieurs espèces, qui sont :

*Résine d'olivier*, d'un brun rougeâtre, fusible à 90°, non cristallisable; elle se dissout à froid dans l'acide acétique, et on l'en précipite par addition d'eau; dans la distillation, elle se comporte comme l'olivile, le produit étant un peu plus huileux; par l'acide nitrique, elle donne beaucoup d'acide oxalique; soumise à l'action de la chaux, elle fournit un peu d'acide benzoïque. On la retire de la *gomme d'olivier*.

*Résine du bolet*. Blanche, opaque, grumeleuse dans sa texture, fondant sans laisser de traces alcalines; elle se dissout un peu dans l'eau bouillante qui devient alors épaisse, visqueuse, filante, mousseuse par ébullition; précipitable par l'eau froide; s'unissant aux alcalis, et se dissolvant dans l'éther de la térébenthine au moyen de la chaleur; peu dissoluble dans l'acide nitrique, elle l'est dans l'acide hydrochlorique affaibli et bouillant; précipitable par le refroidissement.

*Chlorinite*, ou *résine verte des végétaux*. Dissoluble dans l'alcool, ne se précipitant point par addition d'eau; passant au jaune assez facilement; conservant long-temps une sorte de ductilité; brûlant avec odeur résineuse. Ce principe forme une grande partie du parenchyme des feuilles vertes.

*Térébenthine*. A demi fluide, transparente, blanche ou légèrement roussâtre, très odorante, soluble dans l'alcool, se combinant avec les huiles. Elle découle naturellement de plusieurs espèces d'arbres, particulièrement des *pins*, *sapins* et autres *conifères*.

*Adélite*. D'un aspect résineux; très amère; soluble dans l'alcool, les acides et les alcalis; peu soluble dans l'eau froide, un peu plus dans l'eau chaude, se précipitant par le refroidissement. Elle se trouve dans le *quinquina*.

7°. Le *résino-amer*. Principe savonneux, amer, composant en très grande partie l'*aloès*. Je pense qu'il doit se rapporter ici; néanmoins je ne puis l'affirmer, parce que je n'en connais pas encore l'analyse chimique.

8°. Les camphres. Le *camphre commun* est solide, translucide, cassant; son odeur est forte et sa saveur âcre; il se volatilise spontanément; sa pesanteur spécifique est de 0,9887; il se sublime à la distillation en lames hexagones; se fond à une chaleur subite au-dessus du degré de l'eau bouillante; il brûle sans résidu; est très peu attaquable par l'eau, qui s'imprègne de son odeur; il est soluble dans les huiles et aromes, dans l'alcool, qui se charge du 75e de son poids; précipitable par l'eau; soluble par l'acide nitrique à chaud, et, en augmentant cette chaleur, se décomposant et donnant de l'acide camphorique; il forme du tannin avec l'acide sulfurique. On le retire du *laurier camphrier*.

Le *camphre du thym* en diffère spécifiquement parce qu'il n'est pas soluble dans l'acide nitrique.

9°. L'*olivile* se présente sous la forme d'une poudre blanche, brillante, amylacée, se cristallisant en lamelles ou aiguilles aplaties; se fondant à la manière des résines; très peu soluble dans l'eau; d'une saveur amère et sucrée. L'eau dont on élève la température s'en charge de $\frac{1}{22}$ de son poids; elle est dissoluble par l'acide acétique concentré, et n'en est point précipitée par l'addition de l'eau.

10°. Le *caoutchouc*, ou *caout-chou*, *gomme élastique*, *résine élastique*, est solide, blanc, inodore, insipide, mou, tenace, flexible, d'une pesanteur spécifique de 0,9335; fusible à une température élevée; donnant de l'ammoniaque par la distillation; brûlant avec rapidité et odeur fétide; insoluble dans l'eau et l'alcool, se ramollissant dans l'eau bouillante; dissoluble dans les huiles essentielles et dans l'éther; précipitable par l'alcool; peu attaquable par les alcalis, qui en forment une matière glutineuse; carbonisé par l'acide sulfurique; attaquable par l'acide nitrique, nullement par l'hydrochlorique. On le trouve dans les *papayers*, *figuiers*, etc.

11°. *Picrotoxyne*. Principe extrêmement amer, vénéneux, se comportant au feu à la manière d'une résine; il ne donne pas de produit ammoniacal; il est soluble dans 3 parties d'alcool, dans 25 parties d'eau bouillante, dans 50 parties d'eau froide; il se dissout dans l'acide acétique; il est insoluble dans les huiles. On la trouve dans les graines du *me-*

*nispermum cocculus*, vulgairement connues sous le nom de *coque du Levant*.

Tels sont les principes ou matériaux immédiats que l'on a étudiés, ou du moins trouvés, dans les plantes, jusqu'à ce jour ; il n'est pas douteux que, à mesure que les sciences naturelles feront des progrès, on en découvrira de nouveaux. Dans la série que j'ai adoptée, celle de Desvaux, les substances sont placées dans l'ordre de leur composition, mais il s'en faut de beaucoup que cet ordre soit incontestable. Si, comme on le doit, nous ne regardons comme principes immédiats que les matières dont on ne peut séparer aucun corps hétérogène sans en altérer évidemment la nature, que les substances qu'il est possible d'isoler par des procédés chimiques, cette classification sera beaucoup modifiée, peut-être entièrement changée, quand tous les principes auront été soumis à une analyse rigoureuse, et c'est pour cette raison que, en adoptant l'ordre établi par Desvaux, j'ai cru devoir rejeter ses ordres, ses genres, ses espèces et ses variétés.

En effet, on a fait des genres des *huiles*, des *cires* et des *suifs*, des *huiles volatiles*, des *résines*, du *camphre*, du *principe colorant des feuilles*, et du *caoutchouc*, et cependant quelles sont leurs différences caractéristiques? Les *huiles* ne diffèrent des *suifs* et des *cires* que par leur fluidité à une température ordinaire, et des *aromes* que parce qu'elles sont moins odorantes et non volatiles; le camphre ne diffère de ces derniers que parce que l'acide nitrique le convertit en un acide particulier, etc. Et d'ailleurs, comment établir des genres quand on est encore dans l'ignorance relativement à la composition des espèces qu'ils comprennent? Les *résines* renferment beaucoup de combinaisons que quelques chimistes regardent comme des corps purs : par exemple, on y trouve un acide, un principe colorant, une huile volatile, et un principe résineux qui imprime ses caractères à la combinaison dans laquelle il entre; il en résulte naturellement que ce genre renferme des principes combinés qui pourraient former, si on les isolait, des genres et des espèces. Il en est de même des *tannins*, du *principe extractif*, des *gommes-résines*, des *baumes*. Les premiers sont des composés d'acide gallique, de principes colorans, etc., et la propriété de précipiter la gélatine ne peut pas les caractériser, puisqu'ils la partagent avec des corps très différens. Les autres sont également des composés de trois ou quatre principes immédiats.

Toutes ces raisons sont cause qu'en adoptant les séries de M. Desvaux, je me suis cru obligé de rejeter sa classification.

*Produits immédiats.*

« Les produits immédiats des végétaux sont, dit le naturaliste cité plus haut, tous les corps qui résultent des phénomènes de la végétation, et que le végétal sécrète accidentellement au-dehors par la force de la végétation, ou que l'on en extrait par des moyens plus ou moins simples, et qui ne tiennent point essentiellement aux opérations de la chimie. Ces produits sont très nombreux, et pour la plupart très importans, parce qu'ils sont d'un usage fréquent pour les besoins des arts, ou même pour notre propre usage. » Nous allons reproduire ici le tableau qu'en a donné ce savant botaniste.

## PREMIÈRE CLASSE.

### *Produits non altérés.*

### ORDRE I.

#### SPONTANÉS.

#### I. *Cire.*

Cire végétale.

#### II. *Gommes-résines.*

Gomme de clutier.
Hédérée (gomme de lierre).
Euphorbe.
Ladanum.
Myrrhe (gomme de myrrhe).
Oliban (encens).
Sagapenum (gomme séraphique).
Sang-dragon (résine de sang-dragon).
Stacté (myrrhe liquide).

#### III. *Résines.*

Résine alouchi (gomme alouchi).
— animé (gomme animée).
— cachibou (gomme cachibou).
— de calaba (baume de calaba).
— caragne (gomme caragne).
— de Carpathie (baume de Carpathie).
— caucame (gomme caucame).
— de copahu (baume de copahu).
— copale d'Orient.
— de courbaril (gomme de courbaril).
— de cyprès.
— élémi (gomme élémi).
— d'étalch.

Résine d'eucalyptus.
— de gayac (gomme de gayac).
— de Hongrie.
— olampi (gomme olampi).
— d'olivier (gomme d'olivier).
— de pin.
— de pistachier ou de térébinthe.
— de pruce; du pinus tæda.
— sandarac.
— de tacamaca (baume de socot).
— de turbith.
— de varancoco.
— de vernix (sanrac).

IV. *Baumes.*

Benjoin (baume de benjoin).
Baume d'incision (baume du Pérou).
— de tolu (baume d'Amérique, de Carthagène).
— sucrier (baume de cochon).
— de peuplier.
— liquidambar (ambre liquide, huile d'ambre liquide).
Storax calamite.
Storax rouge.

V. *Gommes.*

Gomme d'abricotier.
— d'acajou.
— adragante.
— d'agaty.
— arabique.
— de Bassora.
Gomme de cerisier.
— de gehuph.
— de jedda.
— de monbain.
— d'olivetier.
— de prunier.
— pati.
— de Sénégal.
— Sarcocolle (gomme de sarcocolle).

VI. *Produits sucrés.*

Æléomélie (manne d'olivier).
Manne de Calabre (manne).
Manne de Briançon ou de mélèze.
Nectar (liqueur sucrée des fleurs).
Téréniabin, ou manne d'alaghi.

## ORDRE II.

### PRODUITS OBTENUS PAR MANIPULATION.

I. *Dus à des incisions.*

1. Résineux.

Léche de Pendare.
Nien-tsi.
Roaang-si.
Térébenthine de Chio.
— de Canada (baume de Canada).
— de copahu (baume de copahu; du Brésil).
— de la Mecque (baume de la Mecque).
— de Venise.
Vernis de semecarpe.
— de Badamier.

2. Gommo-résineux.

Assa-fœtida (gomme d'assa-fœtida).
Bdellium (gomme de Bdellium).
Galbanum (gomme de galbanum).
Gomme d'ammoniaque.
Gomme gutte (racine gutte).
Oppoponax (gomme d'oppoponax).
Scammonée (gomme scammonée ou de Smyrne).

3. Variés.

Caoutchouc (gomme élastique).
Sève.
Sucs propres.

II. *Obtenus par expression.*

1. Huiles fines solides.

Beurre de cacao.
— de galam.
— de muscade (huile de muscade).
— de laurier (huile de laurier).
Suif végétal.
Suif du cheo-toulou.
Pela (des Chinois).

2. Huiles fines fluides.

Huile d'amande douce.
— d'amande amère.
— de ben.
— de carthame.
— de chènevis.
— de citrouille.
— de colza.
— de concombre.
Huile de faîne.
— de jusquiame.
— de lin.
— de melon.
— de moutarde.
— de navette.
— de noisette.
— de noix.
— de noix d'acajou.
— de noyaux d'abricots.
— de noyaux de cerises.
— de noyaux de pêche.
— d'œillet.
— d'olive.
— de palme.
— de pistache.
— de sapotille.
— de sésame ou jugoline.
— de tilli.

III. *Obtenus par distillation.*

3. Huile volatile.

A. *De racines.*

Huile d'angélique.
— de Benoite.
— de dictame blanc.
— de valériane.

B. *D'écorce.*

— de cannelle.
— de cassia lignea.
— de ravend-sara, ou cannelle gérofléе.
— de Winter.

C. *De bois.*

Huile de cèdre.
— de Rhode.
— de sassafras.

D. *De feuilles.*

Huile d'absinthe.
— d'angélique.
— de basilic.
— de cajeput.
— de marjolaine.
— de menthe.
— de romarin.
— de rue.
— de sabine.
— de sauge.
— de serpolet.
— de tanésie.
— de thym.

E. *De fleurs.*

Huile de camomille.
— de gérofle.
— de lavande.
— d'oranger.
— de rose.

F. *De fruits.*

Huile d'amomum.
— d'anet.
— d'anis.
— de cardamome.
— de carvi.
— de coriandre.
— de cumin.
— de fenouil.

G. *De toutes les parties.*

Camphre.

IV. *Par expression et évaporation.*

1. Principes sucrés.

Sucre d'arang.
— de betterave.
— de bouleau.
Sucre de cannamelle ou canne à sucre.
— de châtaignes.
— d'érable.
— de frêne.
— de noyer.
— de rave.
— de raisin.
Acacia germanica.
Acacia vera.
Aloès.
Cachou.
Elaterium.
Extrait de ratania.
Kino (gomme de kino).
Opium.
Suc d'arec.
— d'hypociste.
— de réglisse.
Vert de vessie.
Vert d'iris.

V. *Extrait par trituration.*

1. Sucs.

Gelée de cerise.
— de coing.
— de framboise.
— de groseille.
— de poire.
— de pomme.
Glu.

2. Fécules.

A. *De feuilles.*

Fécule d'aloès.

B. *De racines.*

Fécule d'arbre à pain.
— d'arum.
— de bryonne.
— de colchique.

Fécule de filipendule.
— de flambe.
— d'ellébore.
— de glaïeul.
— d'hermodacte.
— de mandragore.
— de marantha.
— de manihot.
— de nitta.
— de pomme de terre.
— de serpentaire.
Salep.

C. *De tiges.*

Sagou.

D. *De fruits.*

Fécule de marron d'Inde.
— de gland.
— de jujubier lotier.
— d'artocarpe.
— de céréales.
— de polygonées.

3. Résine extraite par trituration.

Résine de jalap.

## SECONDE CLASSE.

### *Produits altérés.*

### ORDRE I.

PAR FERMENTATION.

I. *Principes colorans.*

Indigo.
Orseille.
Pastel.
Rocou.
Tournesol.

II. *Par fermentation alcoolique.*

Vin de raisin.
— de palmier.
— de genièvre.
— de prune.
— de corme.
— de cerise.
Mabi (vin de manioc).
Cidre.
Poiré.
Bière.
Vinaigre.

III. *Produits de la distillation.*

Rhum (eau-de-vie de sucre).
Eau-de vie (eau-de-vie de vin).
Alcool (eau-de-vie rectifiée).
Rack (eau-de-vie de riz).
Kirchwaser (alcool de cerise).
Eau-de-vie de grains.

IV. *Résultant de mélanges ou altération au feu.*

Poix résine.
Brai gras.
Brai sec (arcanson).
Colophane.
Goudron.
Poix noire.
Baume noir (baume noir du Pérou; baume de lotion).
— sec (baume sec du Pérou).
— sec dur (baume dur).

V. *Produits par la combustion.*

1. Par volatilisation.

Bistre.

Noir de fumée.
Asphalte factice.

2. Par combustion gênée.

Charbon.

3. Par combustion à l'air libre.

Cendre.
Potasse du commerce.
Soude du commerce.

On verra aisément que j'aurais pu considérablement étendre ce tableau de M. Desvaux; mais comme il renferme les substances les plus essentielles, et qu'il eût été fort difficile de le rendre complet, j'ai pensé qu'il pouvait remplir le cadre que je me suis proposé.

## PLACE OCCUPÉE PAR LES VÉGÉTAUX
### *Dans la chaîne des êtres.*

Toute la matière qui compose l'univers n'existe que dans deux états, dans celui d'organisation ou dans celui d'inorganisation. La matière inorganique, ou brute, est celle qui a satisfait aux lois des plus fortes affinités, qui a éprouvé le dernier degré de la combustion (1), enfin, qui est formée d'un comburent et un combustible assez énergiques dans leur réunion, pour résister à d'autres affinités; de là, cette disposition marquée qu'elle montre pour ne pas changer de forme. Les corps inorganiques parvenus à leur état simple ne sont jamais formés que par une combinaison binaire; si l'on trouve dans les minéraux des composés de quatre élémens, c'est presque toujours le résultat de l'union de deux composés binaires. La matière organisée n'a pas satisfait aux lois des affinités, et tend sans cesse à s'y soumettre; les élémens combustibles qui la composent n'ont pas entre eux une affinité assez forte pour surmonter celle

(1) Il est facile de concevoir que je ne parle pas ici de la combustion avec dégagement de chaleur et de lumière, mais de celle résultant de la combinaison d'un corps combustible avec un corps comburent (c'est-à-dire qui fait brûler), tel, par exemple, que l'oxigène, que je crois le plus énergique de tous, le chlore, l'iode, le soufre, et même l'azote, selon M. Gay-Lussac. En général, les corps les plus comburens sont ceux qui possèdent la plus grande énergie électro-négative, et les combustibles ceux qui ont l'énergie opposée.

qu'a chacun d'eux en particulier pour les comburens ; il en résulte que les corps organisés tendent sans cesse à changer de nature, et par conséquent de forme, jusqu'à ce qu'ils aient enfin éprouvé le dernier degré de la combustion. La matière des corps organisés est toujours composée de trois principes au moins.

Les *corps* organiques sont composés de parties, ou molécules, qui agissent réciproquement les unes sur les autres et concourent toutes également à l'entretien *de la vie*. Les *corps* inorganiques sont composés de molécules qui n'ont entre elles que des rapports d'adhésion, qui ne forment point un tout commun, et qui peuvent être séparées en fragmens, tous de la même nature. Ils n'augmentent que par de nouvelles molécules qui s'attachent aux premières, et ne se détruisent que lorsqu'elles se séparent ou se dispersent.

On peut donc diviser tous les êtres qui composent la nature entière en deux grandes classes : 1°. les corps inorganiques, sans vie; 2°. les corps organisés, vivans. C'est aussi ce qu'ont fait nos naturalistes modernes.

Comme je l'ai dit dans mon *Manuel de Botanique*, « il était assez facile de tracer une limite précise entre les corps bruts et les corps organisés ; mais il n'en était pas de même pour déterminer exactement les caractères qui séparent les animaux d'avec les plantes. Linnée a dit : *lapides crescunt ; vegetabilia crescunt et vivunt ; animalia crescunt, vivunt et sentiunt*. De Candolle définit ainsi un végétal : « être organisé et vivant, dépourvu de sentiment et de mouvement volontaire. Dumérille donne une définition un peu plus rigoureuse : « on appelle végétal, ou plante (*vegetabile, planta*), un être vivant, sans organe des sens et sans mouvement volontaire, qui se nourrit et se développe par une succion ou absorption exercée à l'intérieur, et qui n'a jamais de cavité digestive. » Aristote, frappé de ce dernier caractère, avait appelé les plantes des animaux retournés, et Boërhaave s'en tenait à cette définition, sans réfléchir, sans doute, que beaucoup de polypes peuvent se retourner comme un gant, rester dans cet état, et par conséquent absorber les molécules nutritives par la surface externe et interne de leur corps. D'ailleurs on connaît beaucoup de zoophytes chez lesquels le canal intestinal manque absolument, et qui ne se nourrissent que par imbibition.

« Au premier aspect, il semblerait facile de trouver cette limite invariable, que tant de grands hommes ont cherchée sans pouvoir la découvrir : mais lorsqu'on y réfléchit mûrement, on arrive à douter même de son existence, et l'on pourrait croire sans absurdité que les animaux et les végétaux ne sont que les deux parties d'une même chaîne; qu'il n'existe réellement que deux classes dans la nature, les êtres bruts et les êtres organisés.

« En parlant des animaux et des végétaux, De Candolle dit : « Ces deux grandes classes, ou, comme on a coutume de le dire, ces deux règnes, ont entre eux des rapports si intimes, qu'ils semblent formés sur un plan analogue; les uns et les autres sont composés de parties, les unes agissantes, les autres élaborées; les unes plus ou moins solides, les autres généralement liquides. Dans les deux règnes, on remarque, tant que la vie dure, une tendance énergique pour résister à la putréfaction; dans les deux règnes on trouve des composés particuliers que la synthèse chimique ne sait imiter; dans l'un et l'autre règne les matières qui doivent servir à la nutrition passent, avant d'en être susceptibles, par une série de phénomènes analogues; dans tous les deux on distingue des sécrétions et des excrétions variées; dans les deux règnes, les lois de la reproduction offrent une similitude frappante; dans tous les deux, les individus nés d'un être quelconque lui ressemblent dans toutes les parties essentielles, et la réunion de tous ces individus, qu'on peut supposer originairement sortis d'un seul être, constitue une espèce. »

Comme nous n'avons qu'un moyen de juger, celui de comparer, nous allons, pour apprendre mieux à connaître ce que l'on appelle les plantes, les comparer méthodiquement aux animaux.

1°. Les animaux ont des organes, ou parties, qui, dans leur disposition particulière, remplissent chacun un emploi spécial, et dont l'ensemble agissant donne pour résultat l'existence du tout.

Les plantes ont des organes remplissant les mêmes fonctions.

2°. Les animaux vivent, et la force vitale paraît résulter chez eux de l'irritabilité de leurs parties, qui sont susceptibles de se contracter par le contact de certains stimulans.

Les plantes vivent, et la force vitale résulte chez elles des mêmes causes. L'irritabilité et la contraction paraissent d'une manière énergique dans les fleurs du vinetier, de la rue, d'un cactier, dans les feuilles et rameaux de la sensitive, etc.

3°. La base des substances animales est formée par l'azote, le carbone, l'hydrogène, l'oxigène, des sels alcalins et des oxides métalliques.

Il en est de même dans les plantes; seulement, dans celles-ci, c'est le carbone qui domine, au lieu de l'azote.

4°. Les animaux meurent, c'est-à-dire que leurs organes altérés cessent de remplir leurs fonctions, se décomposent en combinant leurs molécules par une action tout-à-fait chimique, et hors des lois particulières de la force vitale.

Les plantes sont absolument dans le même cas.

5°. Les animaux résistent aux forces extérieures qui tendent à les détruire, et réparent leurs parties lésées par une blessure.

Les végétaux agissent de même.

6°. Les animaux rejettent les substances inutiles ou nuisibles à leur nature, et s'approprient celles qu'ils peuvent s'assimiler.

Cette loi est la même pour les plantes. Leurs tiges, principalement leurs racines, se détournent, par un mouvement qui paraît presque volontaire, les premières, pour abandonner les ténèbres et aller chercher la lumière; les secondes, pour abandonner un sol sec et stérile, et aller chercher une terre humide plus nutritive. Les plantes absorbent les fluides qui leur conviennent, et rejettent au-dehors les sécrétions inutiles ou nuisibles.

7° Les animaux ne sont pas tous doués de la faculté locomotive : par exemple, l'huître et un grand nombre d'autres mollusques.

Quelques plantes voyagent pendant toute la durée de leur vie : un champignon dans les airs, et quelques mousses et algues dans les eaux.

8°. Les animaux ont des sexes.

Depuis plus d'un siècle on ne met plus en doute les sexes des plantes.

9°. On trouve des animaux hermaphrodites, qui se fécondent et se reproduisent sans le secours d'un individu de leur espèce : par exemple, la moule et un grand nombre de mollusques bivalves.

On sait que la plus grande partie des plantes est hermaphrodite, c'est-à-dire munie de pistils et d'étamines dans la même enveloppe florale.

10°. Les hélices, et autres coquillages univalves, ont des sexes doubles (mâle et femelle), mais ils ont besoin d'un autre individu pour se reproduire; seulement l'accouplement est double.

Le mûrier, et beaucoup d'autres plantes monoïques, sont dans le même cas.

11°. Parmi les animaux, il en est un grand nombre qui n'ont qu'un sexe, et ont besoin d'un autre individu d'un sexe différent pour se reproduire.

Toutes les plantes dioïques sont dans ce cas.

12°. Beaucoup d'animaux se fécondent par un accouplement pendant lequel il y a rapprochement et contact.

A l'époque de la fécondation de quelques conferves, deux tubes, qui sont les organes sexuels de la plante, se rapprochent et s'accouplent par emboîtement l'un dans l'autre; la matière prolifique du mâle, qui est une liqueur épaisse et verte, passe dans le tube femelle, s'y coagule, et forme un globule qui, au bout d'un temps déterminé, sort en déchirant le sein de sa mère pour former une nouvelle plante.

13°. L'accouplement, dans la plupart des oiseaux, des reptiles sauriens, etc., consiste dans un simple contact.

Lorsque la parnassie ouvre sa corolle, les étamines sont éloignées du pistil; lors de la fécondation, une seule anthère s'approche du stigmate, le touche, le presse, le couvre de pollen et se retire ensuite; quelques instans après, une autre prend sa place, agit de même et se retire à son tour; puis une troisième s'approche, une quatrième et ainsi de suite jusqu'à ce que toutes aient concouru à la fécondation.

14°. Lorsque la femelle d'une salamandre aquatique est

pressée par les feux de l'amour, elle s'élève près de la surface des eaux, et nage avec une espèce d'inquiétude remarquable; le mâle vient nager autour d'elle, et lâche dans les eaux une liqueur bleuâtre qui la féconde.

A une époque favorable de l'année, les pédoncules de la vallisnérie, roulés en spirale, se développent et permettent à la fleur femelle de venir épanouir sa corolle à la surface des eaux, quelle que soit leur profondeur; les fleurs mâles naissent près des racines de la plante, et n'ayant que des pédoncules fort courts, s'en séparent tout-à-fait, montent à la surface des ondes, nagent autour de la fleur femelle, la fécondent, et sont entraînés par les courans.

15°. Lorsque les poissons fraient, les femelles déposent leurs œufs sur le sable; les mâles laissent couler dans les lieux voisins leur liqueur fécondante, qui, entraînée par les eaux, féconde les œufs qu'elle rencontre.

Les individus mâles des plantes dioïques lâchent leur pollen dans les airs, et c'est le vent qui est chargé de les porter sur les ovaires des fleurs femelles pour les féconder.

16°. Beaucoup d'animaux sont vivipares, c'est-à-dire qu'ils font leurs petits vivans.

Quelques graminées, des lis, des aulx, au lieu de produire des graines, produisent de petites plantes toutes formées.

17°. Beaucoup d'animaux sont ovipares, c'est-à-dire qu'ils se reproduisent par des œufs.

Une graine n'est rien autre chose qu'un œuf végétal; et si l'on en fait l'anatomie, on est frappé des singulières analogies que l'on rencontre entre ces deux êtres.

18°. Les animaux, lors de l'acte de la fécondation, donnent des signes plus ou moins énergiques de sensibilité.

Dans le moment de la fécondation de l'arum, la fleur acquiert une chaleur brûlante qui dure quelques minutes; pendant ce court intervalle, la petite colonne qui la surmonte devient noirâtre, de verte ou blanchâtre qu'elle était.

19°. Si on coupe un polype, ou même un ver de terre, en morceaux, chaque fragment devient un individu entier et parfait.

Les plantes se multiplient de boutures.

20°. Quelques zoophytes se multiplient par de petits

individus, qui se forment comme des gemmes ou des tubercules autour de leur mère. Celle-ci les alimente de sa propre substance, jusqu'à ce qu'ils aient atteint un développement suffisant pour pouvoir subvenir eux-mêmes à leurs besoins; alors elle les abandonne; ils se détachent et pourvoient seuls aux nécessités de l'animalité, et bientôt après à celles de leurs petits.

Beaucoup de plantes se multiplient de rejetons et de caïeux. Les conferves n'ont pas d'autre mode de reproduction.

21°. Les pucerons se reproduisent sans qu'il y ait besoin d'accouplement ni de fécondation.

Les épinards produisent des graines fertiles sans fécondation.

22°. On peut greffer deux polypes l'un sur l'autre, même d'espèces différentes, et ils ne font plus qu'un seul individu.

On sait comment on greffe les végétaux.

23°. Si l'on arrache la pate d'une écrevisse, si l'on coupe celle d'une salamandre aquatique, si l'on tranche la tête d'un hélice, vulgairement connu sous le nom de colimaçon ou escargot, d'un néréis ou d'un gordius, ces parties repoussent en plus ou moins de temps, suivant la saison, et les animaux se retrouvent bientôt entiers et complets.

On sait que les branches d'un végétal se reproduisent quand elles ont été coupées.

24°. La plus grande partie des zoophytes n'est formée que d'une substance molle et gélatineuse, sans la plus légère apparence d'appareil digestif, de vaisseaux propres à la circulation des fluides, de muscles, de nerfs, ni d'un centre commun de sensibilité.

Tels sont les végétaux dont l'organisation nous paraît la plus simple, par exemple les trémelles.

25°. Tous les insectes, les reptiles, et même quelques mammifères, restent engourdis plus ou moins long-temps par le froid, sans donner le moindre signe de vie.

Les arbres cessent de végéter pendant l'hiver.

26°. Tous les animaux changent plusieurs fois de peau pendant le cours de leur vie, soit qu'elle tombe par grands fragmens, comme dans les crustacés, les serpens, etc.; soit qu'elle se détache d'une manière presque imperceptible, et sous la forme d'une poussière écailleuse, comme dans l'homme.

Les arbres renouvellent plusieurs fois leur écorce pendant le cours de leur vie, soit par grands fragmens, les liéges, bouleaux, platanes; soit par petites parcelles, les poiriers, frênes, etc.

27°. Les animaux se nourrissent de fragmens d'animaux et de végétaux, qui se décomposent dans leur sac digestif, et leur fournissent des fluides qui se combinent avec leur propre substance, ainsi que de quelques substances minérales pures, par exemple l'eau, ou combinées, les sels terreux, les oxides métalliques, etc.

Les plantes se nourrissent des fluides résultant de la décomposition des animaux et des végétaux, et des substances minérales pures et combinées, comme l'eau, les sels terreux, les oxides métalliques, etc.

28°. Dans les insectes, les fluides nourriciers traversent les parois d'un long tube intestinal, abreuvent les tissus organiques, et s'élaborent au contact de l'air qui s'introduit par des stigmates ou pores respiratoires placés le long du corps.

Dans les plantes, les fluides nourriciers, ou la sève, se promènent dans les longs tubes qui forment le végétal, en abreuvent toutes les parties, et se portent dans les feuilles ou à la superficie des autres organes, où, se trouvant en contact avec l'air et la lumière au moyen des pores dont un végétal est criblé, ils se combinent et s'identifient avec la substance de la plante.

29°. D'autres animaux, parmi les zoophytes, ne se nourrissent que par une absorption des fluides, qui s'opère par toute leur surface.

Beaucoup de plantes sont absolument dans le même cas, par exemple, les trémelles.

Il serait inutile de pousser plus loin une comparaison que nous aurons plusieurs fois occasion de reprendre dans quelques chapitres suivans; d'ailleurs, ce que nous venons de dire est suffisant pour faire comprendre combien il est difficile de caractériser les végétaux par une définition rigoureuse, si nous rapprochons, par exemple, un polype gélatineux, qui est bien évidemment un animal, d'une trémelle gélatineuse, qui est bien évidemment une plante, nous ne trouverons aucune différence descriptible, si ce n'est un léger mouvement contractif qui appartient au premier, et dont la seconde n'est pas susceptible; cependant, nous n'hésiterons pas à les reconnaître. Si on nous demande sur quoi nous établissons notre jugement, nous dirons que c'est en raisonnant sur les analogies. Nous savons que la plus grande partie des animaux est douée de mouvement; nous voyons remuer ce polype : il n'y a plus d'hésitation, et nous concluons que c'est un animal, parce que d'ailleurs ses formes ne se rapprochent pas plus de celles d'une plante que de celles de certains autres polypes, chez lesquels les signes de l'animalité sont plus évidens. Mais si cet être eût eu une organisation différente, s'il eût eu des feuilles, des fleurs munies de toutes leurs parties, le mouvement eût été beaucoup plus sensible, que nous n'en aurions pas moins dit c'est une plante, une sensitive, parce que nous aurions aperçu un plus grand nombre d'analogies entre cet être et les autres acacies, qu'entre lui et aucune espèce d'animal.

Il est donc inutile de chercher une définition rigoureuse qui caractérise le règne végétal et qui le sépare net du règne animal, puisqu'il est impossible de la trouver. Nous nous en tiendrons à celles, fort incomplètes, que j'ai données, page 55; ou, si nous voulons, nous y substituerons celle-ci : une plante est un être qui a un plus grand nombre d'analogies avec les végétaux non douteux, qu'avec les êtres évidemment doués de l'animalité.

Mais les animaux sentent, et les plantes ne sentent pas, diront les linnéistes, et pourquoi ne pas s'en tenir à cette définition donnée par le grand maître, et si souvent répétée par les auteurs qui sont venus après lui? C'est très bien, mais qu'est-ce que la sensibilité que l'on accorde à l'huître et que l'on refuse à la sensitive? Lorsque je vis les fleurs de rue, d'épine-vinette, d'opuntia, les feuilles de dionée, les rameaux et les tiges de deux ou trois espèces d'acacies, et beaucoup d'autres plantes, en donner des signes non équivoques, qu'il est impossible aujourd'hui d'expliquer par les seules lois de la mécanique; quand j'eus vu le mouvement des folioles de l'hédysarum gyrans, la contraction des tiges d'euphorbes lorsqu'elles sont blessées; quand je connus le sommeil des feuilles et celui des corolles, je demandai aux auteurs ce qu'ils appellent sensibilité dans une éponge, les zoophytes, beaucoup de mollusques, etc.

Tous, ou à peu près, disent que la sensibilité consiste en la conscience de son existence; et par conséquent dans le mouvement volontaire; que tout le reste est irritabilité ou contractilité. Sans trop comprendre ce qu'ils entendent par la *conscience de son existence,* je leur demanderai encore sur quoi ils se fondent pour la trouver dans l'éponge, tandis qu'ils ne la voient pas dans la sensitive, et ils me répondront qu'ils en jugent par analogie, ce qui revient à ma définition.

Pour qu'il y ait un mouvement volontaire dans un être, il faut qu'il y ait *volonté* : la volonté ne peut être qu'une, par conséquent elle ne peut émaner que d'un organe seul, ayant, sous ce rapport, une espèce de domination sur les autres, auxquels il doit ordonner. Cet organe est ce que les physiologistes nomment un *centre commun* de sensation. L'homme, les mammifères, les oiseaux, les reptiles, les poissons, en ont un, siége de la volonté, et qui paraît être le cerveau; dans les animaux moins parfaits, les insectes, les araignées, les crustacés, on reconnaît évidemment un centre commun. Je veux même, qu'abandonnant le système des nerfs, on le reconnaisse encore, sous le rapport de la volonté, dans un appareil d'organes quelconques, dont les ramifications aboutissent toutes à une même partie, ne fût-ce que des organes digestifs : on ne me niera pas que plusieurs zoophytes en manquent absolument. Ces animaux n'auraient donc pas de volonté, et par conséquent pas plus de mouvement volontaire que la sensitive; leurs mouvemens ne seraient pas des preuves de sensibilité, mais seulement d'irritabilité ou de contractilité. Aussi, je pense que les naturalistes, tels que Daubenton, Munchausen, etc., qui croyaient voir une classe d'êtres organisés et vivans, placée entre les animaux et les plantes, étaient assez fondés en raison, s'ils y eussent placé les êtres que nous regardons aujourd'hui comme des animaux manquant de centre commun de sensation, par exemple, les éponges, les diatomes, les oscillatoires, à côté d'autres êtres que nous hésitons à reconnaître pour des plantes, par exemple, les nostocs, les conferves et les ulves, que Réaumur, Girod Chantrans et Vaucher regardent comme des animaux, et d'autres naturalistes comme des plantes. Le savant botaniste Richard est bien près d'adopter mon opinion, quand il s'exprime ainsi : « Les végétaux sont dépourvus de mouvement volontaire, mais quelques uns, cependant, exécutent une sorte de locomotion ou de déplacement bien sensible..... Si la *raison* se refuse à admettre dans les végétaux une sensibilité active et volontaire qui les rende susceptibles de sentiment, l'expérience démontre chaque jour que, loin d'être des êtres purement passifs, ils exécutent, sous l'influence de *certaines causes*, des mouvemens remarquables que l'on doit attribuer à *l'irritabilité*. Qui ne connaît le phénomène de la sensitive, les mouvemens des folioles de l'*hedysarum gyrans*, et de tant d'autres végétaux ? L'irritabilité organique nous paraît seule propre à expliquer les singuliers phénomènes qu'ils présentent. »

Quoi qu'il en soit, les végétaux se trouvent naturellement placés entre les minéraux et les animaux, et ils forment les premiers chaînons dans l'immense série des êtres organisés.

Les plantes étant des êtres distincts, il faut les étudier pour les reconnaître d'avec les autres êtres : cette étude constitue la *phytotechnie*, ou l'art de les décrire et de les classer. Nous allons nous en occuper dans le chapitre suivant.

## CLASSIFICATION DES VÉGÉTAUX.

Dès la plus haute antiquité, des philosophes ont occupé leurs loisirs par l'étude des plantes; sans doute ils ont saisi quelques analogies, quelques rapports de forme, sur lesquels ils auront fondé des divisions, et par conséquent créé des systèmes; mais leurs ouvrages ne sont pas parvenus jusqu'à nous, et nous ne savons qu'ils ont travaillé la botanique que par les citations d'auteurs moins anciens qu'eux. Les ouvrages d'Aristote, lui-même, ne nous sont parvenus (au moins sur cette matière) que par fragmens, et encore sont-ils tronqués ou défigurés par l'auteur arabe qui nous les a transmis.

Je ne donnerai point ici l'analyse de tous les systèmes de botanique qui se sont succédé plus ou moins rapidement depuis Théophraste jusqu'à nos jours : ce serait sortir de mon sujet ; d'ailleurs on peut les voir dans mon *Manuel de Botanique*. Nous nous arrêterons aux trois qui ont été le plus répandus, 1°. celui de Tournefort, 2°. celui de Linnée, 3°. celui des familles naturelles de de Jussieu.

Avant d'entrer dans les détails de classification de ces trois systèmes, il est indispensable de généraliser nos idées. Il est certain que le premier ouvrage publié sur cette matière ne dut être qu'un traité de botanique usuelle, précisément le même que celui que je publie aujourd'hui, mais informe et imparfait comme l'était alors la science. En effet, l'homme ne dut étudier d'abord que les plantes qui lui étaient utiles, soit comme alimentaires, soit comme matière médicale, soit enfin par l'emploi qu'en firent les arts naissans. Il dut nommer d'abord l'espèce d'arbre qui lui fournissait le bois de son arc, l'espèce de jonc dont il tressait sa natte, la racine et le fruit qui lui fournissaient sa subsistance, et la plante qu'il appliquait sur sa blessure. A mesure que la société se perfectionna, un plus grand nombre de plantes vinrent se ranger dans les espèces utiles, et chacune reçut un nom particulier en raison de l'emploi que l'on en faisait. Ce nombre devint bientôt assez considérable pour que l'on fût obligé d'employer certains moyens afin de pouvoir reconnaître chacune d'elles parmi toutes les autres. Alors on les classa en différens groupes, établis sur les vertus ou propriétés qu'on leur supposait. Aussi voyons-nous que, même dans des temps beaucoup moins reculés, Théophraste établit sa classification botanique, 1°. sur l'usage des plantes comme alimentaires et potagères ; 2°. sur leur usage comme alimentaires céréales ; 3°. sur l'usage que l'on peut faire de leur suc ; 4°. sur leurs différens modes de reproduction ; 5°. sur leur lieu natal ; 6°. sur leur grandeur, et il les divise en arbres et arbrisseaux. Cet auteur, qui écrivait deux cent vingt-cinq ans avant la naissance de Jésus-Christ, a tracé, comme on le voit, une classification tout-à-fait fondée sur l'agriculture. Il ne connaissait que cinq cents plantes. Dioscoride (en l'an 20), Tragus (en 1532), Lonicer (en 1551), et Dodoens (en 1552), n'imaginèrent pas qu'ils devaient suivre une autre méthode. Ce dernier publia la description de huit cent quarante plantes rangées dans l'ordre de leurs qualités, et quelques unes, cependant, sur la considération de leurs caractères ; voici ses divisions : *Première pemptade*. 1°. Fleurs violettes; 2°. fleurs bulbifères; 3°. fleurs sauvages; 4°. herbes odoriférantes et à bouquets; 5°. ombellifères. *Deuxième pemptade.* 1°. Racines médicinales; 2°. plantes purgatives; 3°. plantes grimpantes; 4°. plantes vénéneuses; 5°. fougères, mousses et champignons. *Troisième pemptade.* 1°. fromens; 2°. légumes; 3°. et 4°. fourrages; 5°. plantes aquatiques. *Quatrième pemptade.* 1°. herbes potagères; 2°. fruits potagers; 3°. racines et bulbes potagères; 4°. assaisonnemens et épices des alimens; 5°. chardons. *Cinquième pemptade.* 1°. Arbrisseaux épineux; 2°. arbrisseaux sans épines; 3°. arbres fruitiers; 4°. arbres sauvages; 5°. arbres toujours verts.

Césalpin, en 1583, sentit très bien que ni les propriétés des plantes, ni des circonstances purement locales, ne pouvaient fournir une distribution exacte et méthodique Il fut, selon moi, le premier botaniste, parce qu'il décrivit les huit cent quarante plantes qu'il connaissait sous quelques caractères véritablement botaniques, tels que ceux de leur durée comme herbacées ou ligneuses; de la situation de la radicule dans la graine; du nombre de graines ou de fruits et de celui de leurs loges; de la forme des racines; de l'absence des fleurs ou des fruits; etc.

Tandis que Dalechamp (en 1587), Porta (en 1587), et quelques autres, faisaient faire des pas rétrogrades à la science en cherchant, le premier le système de Théophraste, le second en voulant plier la nature dans le sens de ses ridicules rêveries; des hommes d'un mérite transcendant, tels que Zaluzianski, en 1592; Gaspard Bauhin, en 1586, Jean Bauhin, en 1650, Morison, en 1699, Rai, en 1682, Christophe Knaut, en 1687, Magnol, en 1689, Paul Hermann, en 1690, et Rivin, en 1699, ces auteurs, dis-je, faisaient faire de rapides progrès à la botanique. Ces hommes célèbres, convaincus de l'insuffisance des caractères employés par ceux qui les avaient précédés, tournèrent leur attention vers les organes de la fructification, et jugèrent de l'importance des caractères qu'ils devaient fournir par l'importance de leurs fonctions.

Les grands maîtres, pour grouper les plantes, imaginèrent de réunir sous le nom de *genres*, différentes plantes qui leur parurent avoir plusieurs caractères communs; la moindre différence qui parut constante dans les plantes qui composaient un genre servit à former les *espèces*, et les différences accidentelles et peu constantes firent les variétés. Ils réunirent les genres qui offraient des caractères semblables et en formèrent des groupes plus considérables qu'ils nommèrent *ordre, section, famille naturelle, etc.*; et enfin, des caractères généraux leur firent grouper ces ordres ou familles en *classes*.

Nous ne discuterons pas ici l'importance des caractères sur lesquels on a établi les divisions des classes, des ordres, des familles, et même des genres, parce que ceci importe beaucoup plus à la botanique qu'à l'agriculture ; mais nous chercherons à nous expliquer à nous-mêmes ce que c'est qu'une *espèce*, ce qui la constitue, et quels sont les caractères qui la différencient de la variété. Ceci est important pour tous les cultivateurs.

D'abord je ferai remarquer que les cultivateurs et les botanistes n'entendent pas la même chose par le mot *espèce*. Pour le cultivateur et le botaniste, le pommier et le poirier sont deux espèces ; mais, pour le premier seulement, le poirier doyenné, le poirier catillac, le porier bergamotte, etc., forment autant d'espèces, tandis que ce ne sont que de légères variétés pour le naturaliste. Cette discordance de mots jette quelquefois de la confusion dans les meilleurs ouvrages, aussi a-t-on cherché à la plâtrer en donnant aux variétés cultivées le nom d'*espèces jardinières*. Ce correctif ne suffit pas ; les hommes vraiment instruits, dont les ouvrages en agriculture se distinguent de cette foule de mauvais livres qui forment aujourd'hui une importante branche des spéculations de librairie, se sont imposé le devoir de se conformer aux décisions des botanistes, et ont concouru à faire adopter cette réforme par le plus grand nombre.

Mais les botanistes eux-mêmes s'entendent-ils bien sur la signification de ces mots? malheureusement non ; et c'est pour cela que l'on voit aujourd'hui tant de discordance dans leurs opinions. L'un fait une espèce d'une variété, l'autre une variété d'une espèce, et comme on n'a jamais déterminé rigoureusement la somme ni l'importance des caractères qui constituent l'un et l'autre, il en résulte que l'on ne peut rigoureusement condamner ni les uns ni les autres.

M. de Jussieu, dans l'introduction de son *Genera plantarum*, définit ainsi les *espèces*. « Les plantes, dit-il, qui

« sont parfaitement semblables dans toutes leurs parties, et « qui se reproduisent toujours sous les mêmes formes, sont « autant d'individus qui appartiennent tous à une seule et « même espèce, ou, ce qui est la même chose, l'espèce « doit renfermer les individus qui se ressemblent par le « caractère universel. »

M. Gérardin trouve cette définition aussi *exacte que lumineuse*, et il s'étonne de ce que, d'après cela, de certains botanistes s'obstinent à nommer espèces des individus qui ne sont que des variétés. « Quoi! dit-il, parce que des in- « dividus, pour avoir végété dans un sol plus gras, mieux « cultivé, ou dans un climat différent de leur pays natal, « y seront devenus plus vigoureux, plus succulens; parce « qu'ils s'y seront colorés d'un plus beau vert qu'il n'arrive « ordinairement; parce que, d'épineux qu'ils étaient dans « leur état naturel, ils auront cessé de l'être par l'effet « d'une culture insolite, on voudra qu'ils forment une *espèce* « particulière! La preuve la moins équivoque que ces va- « riétés accidentelles ne sont pas de véritables espèces, c'est « que si l'on semait leurs graines dans leur pays natal, « elles y reproduiraient la forme primitive de leur véritable « espèce. »

Je ne puis être ni de l'avis de M. de Jussieu, ni de celui de M. Gérardin. Mais, avant d'émettre mon opinion, voyons ce que ce dernier dit de la *variété* : « Individu d'une « espèce de plante, auquel il est survenu un accident plus « ou moins léger, néanmoins suffisant pour le faire distin- « guer de ses congénères. Il ne faut pas cependant, qu'à « l'exemple de la plupart de nos *botanicos*, parce qu'un in- « secte aurait fait ses ordures sur la corolle ou sur les « feuilles d'une plante, ou parce qu'il y aurait répandu une « liqueur caustique qui en aurait corrodé la couleur, faire « pour cela de cette plante une variété. Lorsqu'un botaniste « digne de ce nom s'aperçoit d'un de ces accidens réels, « avant de se déterminer à faire de cette plante une variété, « il en recueille les graines, il les sème, et si le même ac- « cident reparaît, alors il a la certitude que c'est une va- « riété de l'espèce. »

M. Gérardin est complétement en contradiction avec la nature et avec lui-même. Dans son premier article, sur l'*espèce*, il dit que la preuve que des variétés ne sont pas des espèces, c'est qu'en les semant dans leur pays natal elles reproduiraient la forme primitive de leur espèce. Il faut donc qu'une variété, pour être réputée telle, reproduise, non pas elle-même, mais son type, car, dans l'opinion de M. Gérardin, c'est ainsi que l'on reconnaît que ce n'est pas une espèce. Donc la pêche abricotée, toutes les pêches madeleines, les pêches de Malte, cardinale, d'Ispahan, Pavie, de Pompone, etc., sont des espèces particulières, car elles se reproduisent identiquement de noyau. Il en serait de même du maïs à poulet, de dix à douze variétés de froment, des courges connues sous les noms de pastisson, bonnet d'électeur, poire galeuse; d'une foule de fleurs annuelles qui ornent nos parterres, etc., etc. Ceci prouve évidemment que notre auteur est encore en contradiction avec la nature.

Il l'est aussi avec lui-même, car il dit, dans son article sur la *variété,* qu'on ne la regarde comme telle que lorsqu'elle se reproduit identiquement de même par la graine, ce qui est tout-à-fait contradictoire avec ce qu'il avance plus haut. Si ce savant, au lieu de traiter ses confrères de *botanicos,* et de s'abandonner à un accès de mauvaise humeur qui ne prouve rien, nous eût donné le calcul rigoureux de l'importance que doivent avoir les caractères botaniques qui constituent l'espèce et la variété, nous n'en serions pas à les chercher aujourd'hui.

La définition de M. de Jussieu est tellement vague qu'on ne peut en aucune manière en faire l'application. Les espèces, dit-il, se ressemblent par le caractère universel. Mais qu'est-ce que ce caractère universel? est-ce l'ensemble de grandeur, de formes et de couleurs? ce ne peut être cela, car dans un semis fait avec la graine d'un seul individu, on n'en obtient pas deux qui aient ce caractère universel. Par exemple, faites un semis de rosier de Provins, vous obtiendrez des géans de quinze pieds de hauteur et des pygmées de dix-huit pouces; dans les uns les tiges seront armées d'aiguillons rouges, dans les autres elles seront lisses, ou couvertes de poils, vertes; les feuilles des uns seront composées de sept à neuf folioles arrondies, celles des autres n'en auront que de trois à cinq et elles seront ovales; vous aurez des fleurs simples, doubles, pleines, roses, rouges, cramoisies, violettes, couleur de chair, blanches; il leur succédera des fruits ronds, ovales, allongés, pyriformes, jaunâtres ou rouges, glabres ou hérissés, etc., etc., et cependant tous pourront provenir de graines cueillies sur le même arbrisseau; selon M. de Jussieu combien formeraient-ils d'espèces?

Desvaux pose pour principe qu'*une variété donne des variétés semblables à elle par le semis.* Cela arrive quelquefois, comme on peut voir par les exemples que j'ai donnés plus haut, mais c'est dans le moindre nombre de circonstances. Si cela était, la greffe, que l'on n'emploie que pour perpétuer et multiplier les variétés, deviendrait une opération tout-à-fait inutile. Il n'y a pas de garçon jardinier qui ne sache que s'il semait la meilleure poire à couteau, il n'en obtiendrait qu'un sauvageon dont le fruit dur et petit aurait une âpreté insupportable.

« *L'espèce*, dit M. Mirbelle, *se compose de la succession des individus qui naissent les uns des autres, par génération directe et constante, soit qu'elle s'opère par œufs ou par graines, soit qu'elle s'opère par simple séparation des parties.* Voici une définition qui tranche assez bien l'espèce d'avec les autres divisions que l'on a nommées genres et familles, mais qui n'a plus la même exactitude quand nous voulons déterminer si un individu que nous avons sous les yeux constitue une espèce ou une variété. Un véritable savant avoue avec ingénuité les doutes qu'il éprouve, et c'est aussi ce qu'a fait M. Mirbelle; écoutons-le : « Parmi les modifications que « subissent les individus, quelques unes se reproduisent *plus « ou moins long-temps* par la génération, en sorte qu'une « même espèce se divise naturellement en petits groupes « aussi distincts que les espèces le sont entre elles. C'est ce « que le naturaliste nomme des variétés. Le muguet rose est « une variété du blanc; la rose ponceau et la rose jaune « sont des variétés de l'églantier commun; le sureau à feuilles « laciniées est une variété du sureau noir. En général les va- « riétés sont sujettes à disparaître. Les modifications qui « les isolent étant accidentelles, s'effacent tôt ou tard; mais « les traits caractéristiques qui forment le type de l'espèce, « ne s'effacent point. Si certaines modifications deviennent « constantes dans une variété (ce que je n'oserais nier ab- « solument), il faut avouer qu'il s'élève des doutes sur la « légitimité d'une multitude d'espèces. Au reste, ces doutes « sont inévitables en botanique, puisque dans l'usage jour-

« nalier nous ne constatons l'identité de l'espèce que par la « comparaison des individus, et par les ressemblances que « nous remarquons entre elles ; moyens suffisans dans beau- « coup de cas, mais qui peuvent quelquefois laisser place à « l'erreur ; car nous n'avons jusqu'ici aucune règle certaine « pour distinguer les modifications individuelles, des diffé- « rences spéciales, et c'est pourquoi un botaniste voit une « espèce où un autre botaniste ne voit qu'une variété. »

Je suis parfaitement de l'avis de ce savant ; seulement je vais chercher à établir les considérations générales sur lesquelles on doit se fonder pour décider qu'un individu est espèce ou variété.

Comparée avec sa variété, l'espèce prend le nom de *type*, et c'est dans ce sens que nous l'envisagerons. La culture altère toujours plus ou moins le type d'un végétal ; aussi n'est-ce pas dans les lieux cultivés, dans les jardins surtout, qu'il faut espérer de le trouver dans toute sa pureté ; ces altérations sont constamment le résultat, 1°. de la nature du sol dans lequel on a transplanté un végétal destiné par la nature à vivre dans un terrain d'une nature différente ; 2° d'une surabondance de principes nutritifs ; 3°. d'une température différente ; 4°. de lésions résultant de la taille, de la transplantation, et autres pratiques de l'art ; 5°. des fécondations adultérines. Il faut donc chercher le type, ou l'espèce dans toute sa pureté, croissant spontanément dans les localités où la nature l'a placé. Là on trouvera tous les individus semblables, et les graines recueillies sur ces individus les reproduiront identiquement les mêmes. Mais, transportés dans un jardin, ils se modifieront bientôt, et à la suite de quelques générations ils donneront des variétés qui seront d'autant plus constantes qu'elles seront plus anciennes et qu'elles seront multipliées plus souvent dans les mêmes circonstances qui les auront fait naître. Les modifications qu'éprouve un végétal qui devient *variété* peuvent naître de trois sortes d'accidens : 1°. modification par changement de nature de la graine pendant sa formation, par des causes encore inconnues ; 2°. modification par changement de nature dans la graine, par l'hybridisme ; 3°. modification par changement de nature dans tout ou partie de l'individu pendant sa végétation, par différentes maladies, telles que pâleur générale, panache, etc. On obtient de semis les variétés produites par les deux premières causes; celles résultant de la troisième ne peuvent se perpétuer que par la greffe ou la bouture. Une variété conserve toujours assez des caractères spécifiques de son type, pour avoir avec lui plus d'analogie qu'avec une autre espèce, même la plus voisine. Si elle diffère plus de son type que l'espèce voisine, il y a lieu de croire que les deux espèces auxquelles on la compare, ne doivent en faire qu'une.

Toutes les fois que deux plantes ne peuvent pas se féconder l'une par l'autre, il y a différence d'espèce. Toutes les fois qu'elles pourront être fécondées l'une par l'autre, mais que les individus hybrides qui en proviendront ne reproduiront pas de graines fécondes, il y aura encore différence d'espèce. Néanmoins, et je crois que c'est à tort, il ne faudra pas conclure que les hybrides qui produisent des graines fertiles, comme on en voit beaucoup, par exemple, dans le genre rosier, proviennent d'un père et d'une mère de même espèce. Je dis que je crois que c'est à tort, parce que mon opinion est que la nature n'a qu'une marche, commune aux animaux et aux plantes; elle fait tout pour la conservation des espèces, mais nous ne voyons pas qu'elle en crée de nouvelles. Dans l'infécondité des mulets des animaux elle nous dévoile cette marche générale; on sait que ceux naissant du cheval et de l'âne, du loup et du chien, du chardonneret et du serin, du serin et de la linotte, etc., etc., sont constamment inféconds. D'ailleurs, s'il pouvait en être autrement, on verrait bientôt la nature se remplir de monstres comparables à ceux enfantés par les cerveaux malades des poëtes-historiens de l'antiquité; le désordre et la confusion succéderaient rapidement à ces admirables lois d'harmonie qui régissent l'univers. Je sais bien que l'on m'objectera que les hybrides de rosiers se multiplient très bien de graines, que l'enfant d'un mouton et d'une chèvre est fécond, etc. A mon avis ceci prouve tout simplement que la chèvre et le mouton sont deux variétés d'une même espèce, et que les botanistes ont beaucoup trop multiplié les espèces du genre rosier. Par exemple, il est remarquable qu'on obtient des hybrides féconds des roses de Provence (*rosa provincialis*), cent-feuilles (*rosa centifolia*), de Puteaux (*rosa belgica*), etc., etc., quand on ne peut obtenir des hybrides seulement des roses à feuilles simples (*rosa berberifolia* ), jaune (*rosa eglanteria*), etc., etc. J'en conclus que la rose à feuilles simples et la rose jaune sont des espèces, et que les roses à cent-feuilles, de Puteaux, de Provence, etc., ne sont que des variétés. (1)

J'appuierai mon opinion sur celle d'un homme célèbre, qui passe à juste titre pour être un des premiers botanistes de notre siècle; on a déjà deviné M. De Candolle: « L'espèce, dit-il, est un assemblage de tous les individus qui se ressemblent plus qu'ils ne ressemblent à d'autres, et qui peuvent, par une fécondation réciproque, produire des individus fertiles, *susceptibles de se reproduire d'eux-mêmes par la génération*, de manière que l'on puisse supposer, par analogie, que tous sont descendus originairement d'un seul individu. »

Les espèces se composent d'*individus*, et l'on donne ce nom à *tout être organisé, complet dans ses parties, distinct et séparé des autres êtres*. Cette excellente définition est de M. Mirbel. Les hommes ont un tel goût pour les opinions singulières, que des naturalistes ont osé avancer cet étrange paradoxe, que deux branches, tout-à-fait isolées l'une de l'autre, dont l'une peut végéter à une extrémité du monde et l'autre à l'autre extrémité, dont l'une peut mourir sans que l'autre en soit du tout affectée, que ces deux branches, dis-

---

(1) Je vais donner un exemple de la légèreté avec laquelle les botanistes créent des espèces : M. Philippe Noisette, habitant les États-Unis d'Amérique, s'amuse à féconder un *rosa multiflora* avec un *rosa moschata* ; il en résulte le charmant hybride connu sous le nom de *rosier-noisette*. En l'envoyant en France, le cultivateur américain écrit à son frère le moyen qu'il a employé pour l'obtenir : ce dernier le répète à qui veut l'entendre, et néanmoins vous trouverez ce rosier comme *espèce* dans tous les ouvrages publiés sur les roses depuis cette époque (voir la *Monographie du genre Rosier*, trad. de l'anglais de Lindley, par M. de Pronville, p. 107). Dans un autre ouvrage, M. de Pronville n'hésite pas à faire des espèces avec des roses qu'il trouve obtenues de semence dans un jardin de Paris. Si l'on suivait cet exemple, je ne vois pas pourquoi nous n'aurions pas autant d'espèces de rosiers qu'il y a de variétés, c'est-à-dire huit à neuf cents. Je suis persuadé que si l'on voulait renoncer à toute petite vanité d'auteur, et écouter un peu mieux la voix de la raison, les 101 espèces de roses décrites se réduiraient à 10 ou 12.

je, parce qu'elles proviennent d'une même souche, ne sont qu'un seul et même individu. De là on a tiré les conséquences les plus ridicules. Par exemple, un physiologiste de nos jours a dit: Un arbre, lorsqu'il sort de la graine qui le produit, a un certain nombre d'années d'existence qui lui est dévolu par la nature, supposons trois cents ans; faites de cet arbre des boutures, des greffes, *divisez* son individu tant que vous le voudrez, quand le terme de trois cents ans sera arrivé, il faudra que tout périsse, la souche comme les individus greffés depuis un an, ceux qui seront en France comme ceux qui auront été transportés à la Cochinchine. Il résulte de cette merveilleuse opinion, que toutes les variétés qui ne peuvent pas se multiplier par leurs graines, et c'est le plus grand nombre, devraient cesser d'exister lorsque le terme de la vie du premier sujet qui les a fournies serait expiré. Je n'imagine pas qu'une telle absurdité ait besoin d'être réfutée sérieusement.

Pour arriver à la connaissance des espèces, des genres et des individus, il faut un fil qui nous conduise à notre but par le chemin le plus court possible; car s'il fallait, pour s'assurer de l'identité d'une plante que l'on a sous les yeux, la comparer à toutes les autres plantes connues (dont le nombre va à près de cinquante mille), la vie d'un homme suffirait à peine pour déterminer cent espèces. Ce fil, placé de jalon en jalon à travers l'immense labyrinthe de la végétation, est le résultat d'un arrangement systématique ou naturel. Lorsque cet arrangement, ou, pour me servir de l'expression consacrée, cette classification, est arbitraire, qu'en la faisant on n'a pas eu égard au plus grand nombre des analogies naturelles, la classification prend le nom de *méthode artificielle*, ou tout simplement de *méthode botanique*. Telle est la méthode analytique de Lamarck, celle de Linnée, etc. Quand, au contraire, on a cherché à grouper ensemble les végétaux qui ont entre eux le plus grand nombre de rapports, quand on a cherché à suivre chaînon par chaînon la série naturelle des êtres, la classification prend le nom de *système*. Tel est le système des familles naturelles de Jussieu. Il y a trente ans que des écrivains célèbres répètent ce que je viens de dire là; mais la philosophie, qui amène l'ordre, la précision et la clarté dans les opérations de l'esprit, est une chose si rare, que l'on entend tous les jours parler du *système sexuel* de Linnée, et de la *méthode naturelle* de Jussieu.

Avant de donner l'analyse des classifications botaniques de Linnée et de Jussieu, nous devons donner celle de l'immortel Tournefort. Cette méthode parut en 1694, et fut adoptée par un grand nombre de savans dont on lit encore les ouvrages tous les jours, par exemple, Shérard, Plumier, Falugi, Jahren, Barrelier, Feuillé, Vallentin, Ripa, Dillen, Pontedera, Monti, Lindern, Micheli, Elvebemes, Fabricius, Sabbati, Alston, Quer, Marchant, Dodart, de Jussieu et Vaillant, dans les *Mémoires de l'Académie*, de 1700 à 1740. La clarté, l'ordre, la précision, la distinguent de toutes celles faites avant lui; mais c'est surtout par l'établissement rigoureux des genres et des espèces, que ce botaniste a rendu de grands services à la science: malheureusement il ne connaissait que 10,146 plantes, et depuis on en a découvert beaucoup qui ne peuvent rentrer dans aucune de ses classes, seule raison, peut-être, qui les a fait abandonner. Un autre vice que l'on peut reprocher à sa méthode, est cette division inutile des végétaux en herbes et en arbres; il en résulte que plusieurs genres se trouvent appartenir à l'un et à l'autre. Il serait facile d'éviter cet inconvénient en rapportant les cinq dernières classes aux dix-sept premières, ce qu'aurait sans doute exécuté Tournefort lui-même, si la mort ne l'eût arraché à ses travaux à l'âge de cinquante-deux ans; il ne s'agit pour cela que de confondre la dix-huitième et la dix-neuvième dans la quinzième, la vingtième dans les quatre premières, la vingt-unième et la vingt-deuxième dans la sixième.

PREMIÈRE DIVISION.

## *Les herbes.*

### *A.* Fleurs pétalées.

| | | | |
|---|---|---|---|
| Simples. | Monopétales. | Régulières.. | 1. Campaniformes. |
| | | | 2. Infundibuliformes. |
| | | Irrégulières. | 3. Personnées. |
| | | | 4. Labiées. |
| | Polypétales.... | Régulières.. | 5. Cruciformes. |
| | | | 6. Rosacées. |
| | | | 7. Ombellifères. |
| | | | 8. Caryophyllées. |
| | | | 9. Liliacées. |
| | | Irrégulières. | 10. Papilionacées. |
| | | | 11. Anomales. |
| Composées. Plusieurs corolles dans le même calice............. | | | 12. Flosculeuses. |
| | | | 13. Demi-flosculeuses. |
| | | | 14. Radiées. |

### *B.* Fleurs sans pétales, ou pas de fleurs.

15. A étamines.
16. Sans fleurs.
17. Sans fleurs ni graines.

DEUXIÈME DIVISION.

## *Les arbres.*

| | | | |
|---|---|---|---|
| Sans pétales.................. | | | 18. Apétales. |
| | | | 19. A chatons. |
| Pétalés. | Un seul pétale ....... | | 20. Monopétales. |
| | Plusieurs pét. | Régul.. | 21. Rosacés. |
| | | Irrégul. | 22. Papilionacés. |

La *première classe* des campaniformes, ou fleurs *en forme de cloche*, renferme toutes les herbes à fleurs simples, monopétales et régulières, dont le limbe de la corolle est évasé en forme de clochette (campanule), ou en grelot (le muguet), ou en bassin (melon), ou même divisé plus ou moins profondément (mauve). Cette classe est subdivisée en neuf sections ou ordres établis sur les différences de fructification.

Le premier ordre comprend les fleurs dont le pistil se change en un fruit assez gros et mou (belladone).

Le second, celles dont le fruit est en baie petite et molle (muguet).

Le troisième, celles dont le fruit est une capsule sèche à une ou plusieurs loges (liseron).

Le quatrième, celles dont le pistil se convertit en une seule semence (rapontic).

Le cinquième, celles dont le pistil se convertit en un fruit à gaîne (apocyn).

Le sixième, celles dont les étamines s'élèvent en forme de tuyau, et dont le fruit est multiloculaire (mauve).

Le septième, celles en bassin, dont le calice se convertit en un fruit charnu (melon).

Le huitième, celles en cloche, dont le pistil devient un fruit sec (raiponce).

Le neuvième, celles en godet, dont le calice devient un fruit à deux parties adhérentes par leur base (grateron).

La *deuxième classe,* des infundibuliformes, ou fleurs *en forme d'entonnoir,* renferme toutes les herbes à fleurs simples, monopétales, régulières, dont la corolle a le limbe plus ou moins évasé, et la partie inférieure plus ou moins prolongée en tube (pervenche), ou dont la corolle est en roue (bourrache), ou en coupe aplatie (primevère). Elle est subdivisée en huit ordres fondés sur la considération du fruit.

Le premier ordre comprend les fleurs dont le pistil devient le fruit (nicotiane).

Le second, celles en soucoupe ou en rosette, dont le pistil devient le fruit (primevère).

Le troisième, celles en entonnoir, dont le calice devient le fruit, ou lui sert d'enveloppe (belle-de-nuit).

Le quatrième, celles en entonnoir, en bassin ou en molette, dont le pistil est composé de quatre embryons qui se convertissent en autant de semences renfermées dans le calice de la fleur (bourrache).

Le cinquième, celles en entonnoir dont le pistil se change en une semence de forme singulière (dentelaire).

Le sixième, celles en rosette ou en godet, dont le pistil devient un fruit dur et sec (mouron).

Le septième, celles en rosette ou en godet, dont le pistil devient un fruit mou et charnu (morelle).

Le huitième comprend les herbes et sous-arbrisseaux à fleurs en rosette, dont le calice devient le fruit (pimprenelle).

La *troisième classe*, des personnées ou fleurs *en masque*, renferme toutes les herbes à fleurs simples, monopétales, irrégulières, ayant quelque analogie de forme avec un mufle, une figure, ou même une partie de la tête, telle, par exemple, que l'oreille (arum). Les semences ne sont jamais nues, mais enveloppées d'un péricarpe. Elle est divisée en cinq ordres, tous fondés sur la forme de la corolle.

Le premier ordre comprend les fleurs dont la corolle (aujourd'hui le spathe) est régulièrement coupée en cornet ou en capuchon (arum).

Le second, celles dont la corolle est en tuyau irrégulier coupé en languette, et dont le calice devient une capsule (aristoloche).

Le troisième, celles à tube irrégulier très ouvert inférieurement, et dont le pistil se change en un fruit capsulaire (digitale, catalpa).

Le quatrième, celles à tube irrégulier ouvert dans le fond et en mufle à deux mâchoires au sommet (muflier, pédiculaire).

Le cinquième, celles dont la base est terminée par un anneau (acanthe).

La *quatrième classe*, des labiées ou fleurs *en lèvres*, renferme toutes les herbes et sous-arbrisseaux (1) à fleurs simples, monopétales irrégulières, fendues transversalement en deux lèvres, l'une supérieure, l'autre inférieure, et ayant quatre graines nues au fond du calice. Cette classe renferme

(1) Tournefort appelle sous-arbrisseaux les plantes dont les tiges, quoique annuelles, sont un peu ligneuses, comme, par exemple, celles de la plupart des végétaux à racines vivaces, les canne, anthémis, yèble, etc., et même quelques unes de celles qui se sèment annuellement, comme le chanvre.

quatre ordres fondés sur la forme ou l'absence de la lèvre supérieure.

Le premier ordre comprend les fleurs dont la lèvre supérieure ressemble tantôt à un casque, tantôt à une faucille (sauge).

Le second, celles dont la lèvre supérieure est creusée en forme de cuiller (ortie blanche).

Le troisième, celles dont la lèvre supérieure est tout-à-fait droite et retroussée (romarin).

Le quatrième, celles qui n'ont pas de lèvre supérieure (germandrée).

La *cinquième classe*, des cruciformes, *crucifères*, ou *en forme de croix*, renferme les herbes et les arbrisseaux à fleurs simples, polypétales, régulières, dont la corolle est composée de quatre pétales disposés en croix, et dont le fruit, consistant le plus souvent en une silique ou une silicule, ne tient pas au calice. Elle se subdivise en neuf ordres établis sur la forme du fruit.

Le premier ordre comprend les fleurs dont le pistil se change en silicule ronde, à deux loges (pastel).

Le second, celles dont le pistil se change en une silicule comprimée sur les côtés, à deux loges, dont la cloison est de travers par rapport au fruit (cresson).

Le troisième, celles dont le pistil se change en silicule plate, à deux loges partagées par une cloison mitoyenne parallèle aux valves (lunaire).

Le quatrième, celles dont le pistil se change en une silique divisée dans toute sa longueur par une cloison mitoyenne (giroflée).

Le cinquième, celles dont le pistil se change en une silique divisée en travers en plusieurs loges (raifort).

Le sixième, celles dont le pistil devient une silique à une seule loge (éclaire).

Le septième, celles dont le pistil se change en une silique à trois ou quatre loges (massue).

Le huitième, celles qui ont plusieurs pistils qui deviennent autant de graines réunies en tête (potamogéton).

Le neuvième, celles dont le pistil se change en une baie molle (parisette).

La *sixième classe*, des rosacées, ou fleurs *en rose*, renferme les herbes et arbrisseaux à fleurs simples, polypétales, régulières, dont les pétales, en nombre indéterminé, mais toujours au-dessus de cinq, sont disposés en rose. Cette classe se divise en dix ordres tous établis sur des considérations tirées du fruit.

Le premier ordre comprend les fleurs dont le pistil se change en une capsule isolée du calice, s'ouvrant transversalement comme une boîte à savonnette (pourpier).

Le second, celles dont le pistil (dans le pavot) ou le calice (dans le figuier d'Inde) se change en une capsule à une seule loge.

Le troisième, celles dont le pistil se change en un fruit capsulaire petit et à une seule loge (morgeline).

Le quatrième, celles dont le pistil se change en un fruit capsulaire à deux loges (saxifrage).

Le cinquième, celles dont le pistil se change en un fruit capsulaire à plusieurs loges (nielle).

Le sixième, celles dont le pistil se change en une baie à plusieurs semences nichées dans des alvéoles (caprier).

Le septième, celles dont le pistil se change en un fruit multicapsulaire (pivoine).

Le huitième, celles dont les semences sont nues sur le réceptacle (fraisier).

Le neuvième, celles dont le pistil ou le calice se change en une baie molle (asperge).

Le dixième, celles dont le calice se change en une capsule sèche (onagre), ou seulement une graine nue (circée).

La *septième classe*, des ombellifères, ou fleurs *en parasol*, renferme les herbes à fleurs simples, polypétales, régulières; à cinq pétales en rose, quelquefois inégaux; à fruit composé de deux semences nues et accolées, et pédoncules régulièrement verticillés, divergeant entre eux comme les rayons d'un parasol. Elle est subdivisée en neuf ordres établis sur la considération des graines ou sur la disposition des fleurs.

Le premier comprend les fleurs dont le calice devient un fruit à deux graines osseuses, petites et striées (carotte).

Le second, celles dont le calice se change en un fruit contenant deux noix médiocrement grosses et plus longues que larges (cerfeuil).

Le troisième, celles qui ont deux semences presque rondes et médiocrement grosses (coriandre).

Le quatrième, celles qui ont deux graines plates, ovales, médiocrement grosses (aneth).

Le cinquième, celles dont les deux semences sont ovales, plates, assez grandes (panais).

Le sixième, celles dont les deux semences sont assez grosses, profondément cannelées (cicutaire).

Le septième, celles dont les deux semences sont enveloppées dans une substance spongieuse (armarinte).

Le huitième, celles dont les deux semences sont terminées par une longue pointe (scandix peigne-de-Vénus).

Le neuvième, celles dont les fleurs, en ombelles, sont ramassées en tête sans apparence de rayon (sanicle, chardon roland).

La *huitième classe*, des caryophyllées, ou fleurs *en œillet*, renferme les herbes et sous-arbrisseaux à fleurs simples, polypétales, régulières, dont l'onglet, ordinairement fort long, est attaché dans le fond d'un calice tubuleux, allongé, monophylle, sur le bord duquel le limbe des pétales s'étale et se dispose de manière à former une corolle en roue. Elle se subdivise en deux ordres.

Le premier comprend les fleurs dont la capsule est tout-à-fait détachée du calice (œillet, lin).

Le second, celles dont la capsule est renfermée dans le calice et comme adhérente avec lui (staticé).

La *neuvième classe*, celle des liliacées, ou fleurs *en lis*, renferme les herbes dont les fleurs sont simples, polypétales, régulières le plus ordinairement; dont la corolle, rarement formée par un seul pétale profondément divisé en six lobes, l'est plus souvent par trois ou six pétales, et enfin dont les semences sont toujours renfermées dans une capsule à trois loges. Cette classe est subdivisée en cinq ordres établis sur les considérations de la corolle et du calice.

Le premier ordre comprend les fleurs dont la corolle, d'une seule pièce, est divisée en six lobes assez profonds, et dont le pistil devient un fruit capsulaire (asphodèle).

Le second, celles dont la corolle, d'une seule pièce, offre plusieurs divisions, mais dont le calice, au lieu du pistil, devient un fruit capsulaire (safran).

Le troisième, celles dont la corolle est formée de trois pétales distincts et séparés (éphémérine).

Le quatrième, celles dont la corolle est formée de six pétales, et dont la capsule est triloculaire (tulipe).

Le cinquième, celles qui ont une corolle monopétale à six divisions, et dont le calice se change en un fruit capsulaire (perce-neige).

La *dixième classe*, celle des papilionacées ou légumineuses, dont la fleur ressemble un peu à un *papillon* et produit un *légume*, renferme les herbes dont la corolle est formée de quatre ou cinq pétales. Le pétale, ou les deux pétales inférieurs, forment la *carène*, le supérieur le *pavillon* ou *étendard*, et les deux latéraux les *ailes*. Cette classe est subdivisée en cinq ordres fondés sur la considération des fruits ou des feuilles.

Le premier ordre comprend les fleurs dont le pistil devient un légume simple et assez court (lentille).

Le deuxième, celles dont le pistil devient un légume simple et allongé (pois).

Le troisième, celles dont le légume paraît comme articulé (chenillette).

Le quatrième comprend les herbes dont les feuilles sont formées de trois folioles portées sur un pétiole commun (trèfle).

Le cinquième comprend les fleurs dont le pistil devient un légume divisé en deux loges dans toute sa longueur (astragale).

La *onzième classe*, des anomales, ou *irrégulières*, renferme les herbes dont les fleurs simples, polypétales et irrégulières, ne peuvent se rapporter à aucune des classes précédentes, à cause de la bizarrerie de leurs corolles. Toutes sont à peu près pourvues d'un ou plusieurs éperons. Cette classe se divise en trois ordres, établis sur les différences de la fructification.

Le premier comprend les fleurs dont le pistil se change en une capsule à une seule loge (violette, balsamine).

Le second, celles dont le pistil se change en une capsule à plusieurs lobes et autant de loges correspondantes (pieds-d'alouette, capucine).

Le troisième, celles dont le calice devient une capsule remplie de graines très fines (orchis).

La *douzième classe*, des flosculeuses, ou *à fleurons*, renferme les herbes à fleurs composées de plusieurs corolles en fleuron dans le même calice, posées sur le même réceptacle, et ayant leurs étamines soudées par les anthères. Elle est subdivisée en cinq ordres, fondés sur l'absence de l'un ou de l'autre des organes sexuels, et sur la considération des graines.

Le premier comprend les fleurs composées entièrement de fleurons mâles ou de fleurons femelles (lampourdes).

Le second, celles dont les fleurons sont fertiles, et les graines surmontées d'une aigrette (artichauts).

Le troisième, celles dont les graines n'ont pas d'aigrettes (santoline).

Le quatrième, celles dont les fleurons, ramassés en boule, ont chacun leur calice particulier (échinope).

Le cinquième, celles dont les fleurons irréguliers sont ramassés en bouquets, et ont chacun leur calice particulier (scabieuse).

La *treizième classe*, des semi-flosculeuses, ou à *demi-fleurons*, renferme les herbes dont les fleurs sont composées de demi-fleurons, ou fleurons à languette, réunis dans le même calice et placés sur le même réceptacle. Elle n'est subdivisée qu'en deux ordres établis sur l'absence ou la présence d'une aigrette sur les graines.

Le premier ordre comprend les fleurs dont les graines sont aigrettées (pissenlit).

Le second, celles dont les graines ne sont pas surmontées d'une aigrette (chicorée).

La *quatorzième classe*, des radiées, ou des fleurs *en soleil*, renferme les herbes et les sous-arbrisseaux dont la fleur est composée de fleurons dans le centre, nommé *disque*, et garnie de demi-fleurons rangés en rayons sur le pourtour ou la circonférence. Cette classe est divisée en cinq ordres, fondés sur la considération des graines et des écailles du calice.

Le premier comprend les fleurs dont les graines sont aigrettées (tussilage).

Le second, celles dont les graines sont couronnées de paillettes ou d'arêtes membraneuses (soleil).

Le troisième, celles dont les graines sont nues, sans paillettes ni arêtes (paquerette).

Le quatrième, celles dont les graines semblent former une capsule par leur disposition, en manière d'écailles du calice (souci).

Le cinquième comprend les fleurs dont le disque est composé de fleurons, tandis que la circonférence est garnie par les écailles du calice, ayant la forme de feuilles plates et disposées en rayons (carline).

La *quinzième classe*, des apétales à étamines, ou *sans pétales*, renferme les fleurs qui possèdent les organes de la génération, mais dans des enveloppes particulières, n'étant pas ordinairement corollées, subsistant après la floraison, et que Tournefort ne considérait pas comme des corolles. Cette classe est divisée en six ordres fondés sur des caractères tirés du fruit, de la disposition des fleurs, et de celle des organes de la fécondation.

Le premier ordre comprend les fleurs dont la partie postérieure du calice devient le fruit (poirée).

Le second, celles dont le pistil se change en une graine enveloppée par le calice même de la fleur (oseille).

Le troisième, celles dont la graine farineuse et nutritive est renfermée dans une enveloppe glumacée (le froment, les graminées).

Le quatrième, les herbes qui ont les fleurs renfermées dans des têtes écailleuses (souchet).

Le cinquième, les herbes à fleurs mâles et femelles séparées, quoique sur le même pied (maïs).

Le sixième, les herbes à fleurs mâles et femelles sur des pieds différens (épinard).

La *seizième classe*, des apétales sans fleurs, ou *sans corolle ni étamines*, renferme les herbes dont les graines sont disposées sur le dos des feuilles. Elle se subdivise en deux ordres, fondés sur l'arrangement des semences.

Le premier comprend les plantes dont les graines sont symétriquement disposées sur le revers des feuilles (fougère).

Le second, celles dont les graines sont disposées en grappes ou épis, ou renfermées dans des espèces de boîtes (osmonde, lichen).

La *dix-septième classe,* des apétales sans fleurs ni fruits, renfermant les herbes et sous-arbrisseaux, n'ayant ni corolle ni graines apparentes, est divisée en deux ordres établis sur la considération du lieu qu'habitent les plantes.

Le premier comprend les végétaux qui croissent sur la terre (champignon).

Le second, ceux qui végètent dans le sein des eaux (fucus).

La *dix-huitième classe,* des arbres et arbustes à fleurs sans pétales, ou *apétales,* est divisée en trois ordres fondés sur la considération des sexes.

Le premier renferme les arbres et arbustes hermaphrodites (frêne).

Le second, les arbres et arbustes monoïques (buis).

Le troisième, les arbres et arbustes dioïques (térébinthe).

La *dix-neuvième classe,* des arbres et arbustes à fleurs *en chatons*, ou des amantacées, se divise en six ordres fondés sur la considération des sexes et de la nature des fruits.

Le premier renferme les arbres et arbustes monoïques à fruits osseux (noyer).

Le second, ceux monoïques dont les fruits sont revêtus d'une enveloppe cartilagineuse (châtaignier).

Le troisième, ceux monoïques dont les fruits consistent en des cônes écailleux (sapin).

Le quatrième, ceux monoïques dont les fruits consistent en des baies solitaires ou agglomérées (genévrier).

Le cinquième, ceux monoïques dont les fuits sont ramassés en forme de boule (platane).

Le sixième, ceux dioïques dont les fleurs mâles sont en chatons (saule).

La *vingtième classe,* des arbres et arbustes pétalés à corolle monopétale, se divise en sept ordres fondés sur la nature des fruits et sur la considération des sexes.

Le premier comprend les arbres et arbustes dont le pistil se change en une baie molle renfermant plusieurs pepins (troène).

Le second, ceux dont le pistil se change en une baie renfermant un ou plusieurs noyaux (olivier).

Le troisième, ceux dont le pistil se change en une graine munie d'une aile membraneuse (orme).

Le quatrième, ceux dont le pistil se change en un fruit sec, intérieurement divisé en plusieurs loges.

Le cinquième, ceux dont le pistil devient un légume (mimosa).

Le sixième, ceux dont le pistil se change en une baie (chèvre-feuille).

Le septième, ceux dioïques monopétales (gui, seule plante de cette section).

La *vingt-unième classe,* des arbres et arbustes rosacés, dont la corolle régulière est disposée en rose, renferme neuf ordres, tous établis sur la considération du fruit.

Le premier comprend les arbres et arbrisseaux dont le pistil se change en une capsule à une seule loge (tilleul).

Le second, ceux dont le pistil se change en une baie simple ou composée (vigne, ronce).

Le troisième, ceux dont le pistil se change en une capsule à deux ou à plusieurs loges (fusain).

Le quatrième, ceux dont le pistil se change en un fruit composé de plusieurs graines (spirée).

Le cinquième, ceux dont le fruit est un légume (sené).

Le sixième, ceux dont le pistil se change en une baie charnue renfermant des pepins à l'intérieur (oranger).

Le septième, ceux dont le pistil se change en un fruit à noyau (pêcher).

Le huitième, ceux dont le calice se change en un fruit charnu renfermant des pepins (poirier).

Le neuvième, ceux dont le calice se change en un drupe ou un fruit à noyau (cornouiller).

La *vingt-deuxième classe,* des papilionacées, ou arbres et arbrisseaux à corolle polypétale et irrégulière, renferme trois ordres fondés sur le nombre et la disposition des folioles.

Le premier comprend les arbres et arbrisseaux à feuilles simples et alternes (arbre de Judée).

Le second, ceux qui portent trois feuilles sur le même pétiole (cytise).

Le troisième, ceux dont les feuilles sont pinnées (robinier faux-acacia).

En 1737, parut la *Méthode des Sexes*, de l'immortel Linnée, et dès ce moment la botanique eut des bases fondamentales dont jamais peut-être on ne s'écartera, quoique l'on sache fort bien par où elles manquent de solidité. Nous allons commencer l'analyse de sa méthode par le tableau de ses classes.

## *Tableau des Classes d'après Linnée.*

### 1°. FLEURS VISIBLES.

### A. *Monoclines ou hermaphrodites.*

| | | CLASSES. |
|---|---|---|
| Étamines libres, égales, au nombre de | 1. | 1. Monandrie. |
| | 2. | 2. Diandrie. |
| | 3 | 3. Triandrie. |
| | 4. | 4. Tétrandrie. |
| | 5. | 5. Pentandrie. |
| | 6. | 6. Hexandrie. |
| | 7. | 7. Heptandrie. |
| | 8. | 8. Octandrie. |
| | 9. | 9. Ennéandrie. |
| | 10. | 10. Décandrie. |
| | 12. | 11. Dodécandrie. |
| | 20. Adhérant au calice. | 12. Icosandrie. |
| | Plus de 20 jusqu'à 100, n'adhérant pas au calice. | 13. Polyandrie. |

| | | |
|---|---|---|
| Étamines inégales, 2 toujours plus courtes. | 2 filets plus longs. | 14. Didynamie. |
| | 4 filets plus longs. | 15. Tétradynamie. |

| | | | |
|---|---|---|---|
| Étamines réunies par quelques unes de leurs parties ou avec le pistil... | Par les filets... | En un corps... | 16. Monadelphie. |
| | | En deux corps. | 17. Diadelphie. |
| | | En plus. corps.. | 18. Polyadelphie. |
| | Par les anthères | En forme de cylindre...... | 19. Syngénésie. |
| | | Attach. au pistil. | 20. Gynandrie. |

B. *Diclines ou unisexuelles.*

| | CLASSES. |
|---|---|
| Sur le même pied.................. | 21. Monœcie. |
| Sur des pieds différens............. | 22. Diœcie. |
| Sur des pieds différens, ou sur le même, avec des fleurs hermaphrodites..... | 23. Polygamie. |

2°. FLEURS A PEINE VISIBLES.

| | |
|---|---|
| Fleurs à peine visibles, indistinctes, ou renfermées dans le fruit.......... | 24. Cryptogamie. |

## *Tableau des Ordres.*

CLASSE 1. — *Monandrie.*

Une étamine et un pistil. Ex. *Hippuris.* — *Ordre* 1. Monandrie-monogynie.

Une étamine et deux pistils. (*Blitum.*) — 2. Monandrie-digynie.

CLASSE 2. — *Diandrie.*

Deux étamines et un pistil. (*Veronica.*) — 3. Diandrie-monogynie.

Deux étamines et deux pistils. (*Anthoxanthum.*)— 4. Diandrie-digynie.

Deux étamines et trois pistils. (*Piper.*) — 5. Diandrie-trigynie.

CLASSE 3. — *Triandrie.*

Trois étamines et un pistil. (*Valeriana.*) — 6. Triandrie-monogynie.

Trois étamines et deux pistils. (*Hordeum.*) — 7. Triandrie-digynie.

Trois étamines et trois pistils. (*Eriocaulon.*) — 8. Triandrie-trigynie.

CLASSE 4. — *Tétrandrie.*

Quatre étamines et un pistil. (*Scabiosa.*) — 9. Tétrandrie-monogynie.

Quatre étamines et deux pistils. (*Hamamelis.*) — 10. Tétrandrie-digynie.

Quatre étamines et trois pistils. (*Boscia.*) — 11. Tétrandrie-trigynie.

Quatre étamines et quatre pistils. (*Potamogeton.*) — 12. Tétrandrie tétragynie.

CLASSE 5. — *Pentandrie.*

Cinq étamines et un pistil. (*Heliotropium.*) — 13. Pentandrie-monogynie.

Cinq étamines et deux pistils. (*Gentiana et umbelliferæ.*) — 14. Pentandrie-digynie.

Cinq étamines et trois pistils. (*Sambucus.*) — 15. Pentandrie-trigynie.

Cinq étamines et quatre pistils. (*Parnassia.*) — 16. Pentandrie-tétragynie.

Cinq étamines et cinq pistils. (*Statice.*) — 17. Pentandrie-pentagynie.

Cinq étamines et dix pistils. (*Schefferia.*) — 18. Pentandrie-décagynie.

Cinq étamines et pistils en nombre indéterminé. (*Myosurus.*) — 19. Pentandrie-polygynie.

CLASSE 6. — *Hexandrie.*

Six étamines et un pistil. (*Narcissus.*) — 20. Hexandrie-monogynie.

Six étamines et deux pistils. (*Oriza.*) — 21. Hexandrie-digynie.

Six étamines et trois pistils. (*Colchicum.*) — 22. Hexandrie-trigynie.

Six étamines et six pistils. (*Damasonium.*) — 23. Hexandrie-hexagynie.

Six étamines, et pistils en nombre indéterminé. (*Alisma.*) — 24. Hexandrie-polygynie.

CLASSE 7. — *Heptandrie.*

Sept étamines et un pistil. (*Æsculus.*) — 25. Heptandrie-monogynie.

Sept étamines et deux pistils. (*Limeum.*) — 26. Heptandrie-digynie.

Sept étamines et quatre pistils. (*Saururus.*) — 27. Heptandrie-tétragynie.

Sept étamines et sept pistils. (*Septas.*) — 28. Heptandrie-heptagynie.

CLASSE 8. — *Octandrie.*

Huit étamines et un pistil. (*Tropæolum.*) — 29. Octandrie-monogynie.

Huit étamines et deux pistils. (*Galenia.*) — 30. Octandrie-digynie.

Huit étamines et trois pistils. (*Polygonum.*) — 31. Octandrie-trigynie.

Huit étamines et quatre pistils. (*Elatine.*) — 32. Octandrie-tétragynie.

Huit étamines et pistils en nombre indéterminé. (*Michelia.*) — 33. Octandrie-polygynie.

CLASSE 9. — *Ennéandrie.*

Neuf étamines et un pistil. (*Laurus.*) — 34. Ennéandrie-monogynie.

Neuf étamines et trois pistils. (*Rheum.*) — 35. Ennéandrie-trigynie.

Neuf étamines et six pistils. (*Butomus.*) — 36. Ennéandrie-hexagynie.

CLASSE 10. — *Décandrie.*

Dix étamines et un pistil. (*Dictamus.*) — 37. Décandrie-monogynie.

Dix étamines et deux pistils. (*Saponaria.*) — 38. Décandrie-digynie.

Dix étamines et trois pistils. (*Cucubalus.*) — 39. Décandrie-trigynie.

Dix étamines et cinq pistils. (*Lychnis.*) — 40. Décandrie-pentagynie.

Dix étamines et dix pistils. (*Phytolacca.*) — 41. Décandrie-décagynie.

CLASSE 11. — *Dodécandrie.*

De douze à dix-neuf étamines et un pistil. (*Asarum.*) — 42. Dodécandrie-monogynie.

De douze à dix-neuf étamines et deux pistils. (*Agrimonia.*) — 43. Dodécandrie-digynie.

De douze à dix-neuf étamines et trois pistils. (*Reseda.*) — 44. Dodécandrie-trigynie.

De douze à dix-neuf étamines et quatre pistils. (*Aponogeton.*) — Dodécandrie-tétragynie.

De douze à dix-neuf étamines et cinq pistils. (*Glinus.*) — 46. Dodécandrie-pentagynie.

De douze à dix-neuf étamines et six pistils. (*Cephalotus.*) — 47. Dodécandrie-hexagynie.

De douze à dix-neuf étamines et douze pistils. (*Sempervivum.*) — 48. Dodécandrie-dodécagynie.

CLASSE 12. — *Icosandrie.*

Vingt étamines ou plus sur le calice, et un pistil. (*Amygdalus.*) — 49. Icosandrie-monogynie.

Vingt étamines ou plus sur le calice, et deux pistils. (*Cratægus.*) — 50. Icosandrie-digynie.

Vingt étamines ou plus sur le calice, et trois pistils. (*Sorbus.*) — 51. Icosandrie-trigynie.

Vingt étamines ou plus sur le calice, et cinq pistils. (*Mespilus.*) — 52. Icosandrie-pentagynie.

Vingt étamines ou plus sur le calice, et pistils en nombre indéterminé. (*Rosa.*) — 53. Icosandrie-polygynie.

CLASSE 13. — *Polyandrie.*

Vingt étamines ou plus sur le réceptacle; un pistil. (*Papaver.*) — 54. Polyandrie-monogynie.

Vingt étamines ou plus sur le réceptacle; deux pistils. (*Pœonia.*) — 55. Polyandrie-digynie.

Vingt étamines ou plus sur le réceptacle; trois pistils. (*Delphinium.*) — 56. Polyandrie-trigynie.

Vingt étamines ou plus sur le réceptacle; quatre pistils. (*Tetracera.*) — 57. Polyandrie-tétragynie.

Vingt étamines ou plus sur le réceptacle; cinq pistils. (*Aquilegia.*) — 58. Polyandrie-pentagynie.

Vingt étamines ou plus sur le réceptacle; pistils en nombre indéterminé. (*Ranunculus.*) — 59. Polyandrie-polygynie.

CLASSE 14. — *Didynamie.*

Quatre graines nues au fond d'un calice persistant. (*Betonica.*) — 60. Didynamie-gymnospermie.

Plusieurs graines enfermées dans une capsule. (*Digitalis.*) — 61. Didynamie-angiospermie.

CLASSE 15. — *Tétradynamie.*

Graines renfermées dans une silicule. (*Iberis.*) — 62. Tétradynamie-siliculeuse.

Graines renfermées dans une silique. (*Brassica.*)—63. Tétradynamie-siliqueuse.

CLASSE 16. — *Monadelphie.*

Trois étamines réunies en un corps par leurs filets. (*Sisyrinchium.*) — 64. Monadelphie-triandrie.

Cinq étamines réunies en un corps par leurs filets. (*Passiflora.*) — 65. Monadelphie-pentandrie.

Sept étamines réunies en un corps par leurs filets. (*Pelargonium.*) — 66. Monadelphie-heptandrie.

Huit étamines réunies en un corps par leurs filets. (*Aitonia.*) — 67. Monadelphie-octandrie.

Dix étamines réunies en un corps par leurs filets. (*Geranium.*) — 68. Monadelphie-décandrie.

Onze étamines réunies en un corps par leurs filets. (*Brownea.*) — 69. Monadelphie-endécandrie.

Douze étamines réunies en un corps par leurs filets. (*Monsonia.*) — 70. Monadelphie-dodécandrie.

Un nombre indéterminé d'étamines réunies en un corps par leurs filets. (*Hibiscus.*) — 71. Monadelphie-polyandrie.

CLASSE 17. — *Diadelphie.*

Cinq étamines réunies en deux corps par leurs filets. (*Moniera.*) — 72. Diadelphie-pentandrie.

Six étamines réunies en deux corps par leurs filets. (*Fumaria.*) — 73. Diadelphie-hexandrie.

Huit étamines réunies en deux corps par leurs filets. (*Polygala.*) — 74. Diadelphie-octandrie.

Dix étamines réunies en deux corps par leurs filets. (*Genista.*) — 75. Diadelphie-décandrie.

CLASSE 18. — *Polyadelphie.*

(*Nota.* Quelques botanistes ne regardant pas comme un caractère assez constant d'avoir les étamines réunies par leurs filamens en plus de deux faisceaux, ont cru devoir supprimer cette classe, et transporter les genres qu'elle renfermait dans la classe treizième de la Polyandrie.)

Dix étamines réunies en plusieurs corps par leurs filets. (*Theobroma.*) — 76. Polyadelphie-décandrie.

Douze étamines réunies en plusieurs corps par leurs filets. (*Abroma.*) — 77. Polyadelphie-dodécandrie.

Vingt étamines et plus, insérées sur le réceptacle et réunies en plusieurs corps par leurs filets. (*Citrus.*) — 78. Polyadelphie-icosandrie.

Un très grand nombre d'étamines insérées sur le réceptacle et réunies en plusieurs corps par leurs filets. (*Hypericum.*) — 79. Polyadelphie-polyandrie.

CLASSE 19. — *Syngénésie.*

Fleurs composées ; tous les fleurons hermaphrodites. (*Tragopogon.*) — 80. Syngénésie-polygamie-égale.

Fleurs composées; fleurons du centre hermaphrodites, ceux de la circonférence femelles. (*Aster.*) — 81. Syngénésie-polygamie-superflue.

Fleurs composées; fleurons hermaphrodites au centre et stériles à la circonférence. (*Helianthus.*) — 82. Syngénésie-polygamie-frustranée.

Fleurs composées; fleurons mâles au centre et femelles à la circonférence. (*Calendula.*) — 83. Syngénésie-polygamie-nécessaire.

Fleurs agrégées; tous les fleurons étant séparés dans autant de petits calices particuliers. (*Echinops.*) — 81. Syngénésie-polygamie-séparée.

(*Nota.* Sous le nom de Syngénésie-monogamie, Linnée avait établi un sixième ordre renfermant les plantes à fleurs solitaires, ayant cinq étamines soudées par leurs anthères, et un calice particulier. Les botanistes qui sont venus après lui ont confondu cet ordre dans la cinquième classe de la pentandrie.)

CLASSE 20. — *Gynandrie.*

Une étamine insérée sur le pistil. (*Orchis.*) — 85. Gynandrie-monandrie.

Deux étamines insérées sur le pistil. (*Cypripedium.*) — 86. Gynandrie-diandrie.

Trois étamines insérées sur le pistil. (*Salacia.*) — 87. Gynandrie-triandrie.

Six étamines insérées sur le pistil. (*Aristolochia.*) — 88. Gynandrie-hexandrie.

CLASSE 21. — *Monœcie.*

Une seule étamine. (*Elaterium.*) — 89. Monœcie-monandrie.

Deux étamines. (*Anguria.*) — 90. Monœcie-diandrie.

Trois étamines. (*Zea.*) — 91. Monœcie-triandrie.

Quatre étamines. (*Urtica.*) — 92. Monœcie-tétrandrie.

Cinq étamines. (*Amaranthus.*)—93. Monœcie-pentandrie.

Six étamines. (*Coccos.*)— 94. Monœcie-hexandrie.

Étamines en nombre indéterminé. (*Quercus.*) — 95. Monœcie-polyandrie.

Étamines réunies en un seul corps par leurs filets. (*Cucumis.*) — 96. Monœcie-monadelphie.

Étamines insérées sur le pistil.—(*Andrachne.*)—97. Monœcie-gynandrie.

CLASSE 22. — *Diœcie.*

Une seule étamine. (*Pandanus.*)—98. Diœcie-monandrie.

Deux étamines. (*Salix.*) — 99. Diœcie-diandrie.

Trois étamines. (*Phœnix.*)— 100. Diœcie-triandrie.

Quatre étamines. (*Viscum.*)— 101. Diœcie-tétrandrie.

Cinq étamines. (*Humulus.*) — 102. Diœcie-pentandrie.

Six étamines. (*Tamus.*) — 103. Diœcie-hexandrie.

Huit étamines. (*Populus.*) — 104. Diœcie-octandrie.

Neuf étamines. (*Mercurialis.*) —105. Diœcie-ennéandrie.

Dix étamines. (*Schinus.*)— 106. Diœcie-décandrie.

Douze étamines. (*Menispermum.*) — 107. Diœcie-dodécandrie.

Vingt étamines et plus portées sur le calice. (*Flacourtia.*) — 108. Diœcie-icosandrie.

Étamines en nombre indéterminé. (*Cliffortia.*)—109. Diœcie-polyandrie.

Étamines réunies en un seul corps par leurs filets. (*Juniperus.*) — 110. Diœcie-monadelphie.

Étamines insérées sur un pistil avorté. (*Clutia.*)—111. Diœcie-gynandrie.

CLASSE 23. — *Polygamie.*

Fleurs mâles et fleurs femelles sur un même individu avec des fleurs hermaphrodites. (*Parietaria.*)—112. Polygamie-monœcie.

Fleurs mâles sur un individu et fleurs femelles sur un autre individu, mêlées avec des fleurs hermaphrodites. (*Fraxinus.*) — 113. Polygamie-diœcie.

(*Nota.* Quelques auteurs pensant que les fleurs unisexuelles des plantes de cette classe n'étaient dues qu'à un avortement, l'ont supprimée ; ne prenant en considération que les fleurs hermaphrodites, ils ont transporté les végétaux qui la composaient, dans les classes où ils allaient naturellement se ranger par les autres caractères.)

CLASSE 24. — *Cryptogamie.*

Fructification en épis distincts, ou disposée sur le dos des feuilles, ou radicale. — 114. Fougères.

Fructification logée dans des urnes pédicellées, rarement sessiles, le plus souvent recouvertes d'une coiffe ou d'un opercule. — 115. Mousses.

Fructification en forme de globules, de cônes, de cornes ou de lobes, s'ouvrant en quatre ou en un plus grand nombre de valves, et contenant des poussières attachées à des filamens élastiques dans la plupart. — 116. Algues.

Plantes dépourvues de feuilles, d'une consistance spongieuse, tubéreuse, et chargées d'une poussière qui est logée dans des sillons, dans des lames, des plis, des pores, des tubes, etc. — 116. Champignons.

Ce qui distingue cette méthode de toutes les autres, sans en excepter celle de Tournefort et le Système des Familles naturelles, c'est que toutes les plantes connues par Linnée s'y classent parfaitement, ainsi que toutes celles trouvées depuis lui, et toutes celles que l'on pourra découvrir par la suite.

En 1778, Antoine-Laurent de Jussieu fit imprimer le fameux système de son oncle, Bernard de Jussieu. Il fût généralement adopté par tous les savans, et depuis cette époque il a été beaucoup perfectionné. Nous allons d'abord donner le tableau de ses classes, puis nous ferons une rapide analyse tant des familles qu'il a créées que de celles qu'on y a ajoutées depuis.

## *Tableau des Classes d'après Jussieu.*

| | | CLASSES. |
|---|---|---|
| Acotylédones, ou plantes n'ayant pas de cotylédons... | | 1 |
| Monocotylédones................ | Hypogynes..... | 2 |
| | Périgynes...... | 3 |
| | Épigynes ...... | 4 |

| | | | | CLASSES. |
|---|---|---|---|---|
| Dicotylédones, | Monoclines... | Apétales, à étamines ...... | Épigynes........ | 5 |
| | | | Périgynes...... | 6 |
| | | | Hypogynes...... | 7 |
| | | Monopétales, à corolle ..... | Hypogynes...... | 8 |
| | | | Périgynes...... | 9 |
| | | | Épig., à anth. réunies.. | 10 |
| | | | Épig., à anth. distinct. | 11 |
| | | Polypétales, à étamines.... | Épigynes........ | 12 |
| | | | Hypogynes...... | 13 |
| | | | Périgynes...... | 14 |
| | Diclines irrégulières, ou unisexuelles vraies ..... | | | 15 |

## PREMIÈRE CLASSE.

### *Plantes acotylédones.*

#### ORDRE 1.

ALGUES (*Algæ*).

Plantes aquatiques, diversement colorées, herbacées, quelquefois un peu ligneuses, plus souvent cornées, cartilagineuses ou membraneuses, simples ou découpées en frondes, ou filamenteuses, capillacées, avec ou sans articulations, rarement cloisonnées. Fructification consistant en des séminules nues ou élytrées, renfermées dans des réceptacles particuliers, ou dans la substance de la plante.

#### ORDRE 2.

CHAMPIGNONS (*Fungi*).

Plantes terrestres ou parasites, de formes et couleurs très variées, d'une consistance subéreuse ou charnue, mucilagineuse, membraneuse, coriace, rarement filamenteuse. Fructification consistant en des séminules élytrées ou nues, seulement visibles au microscope, répandues sur la surface de la plante, ou renfermées dans des réceptacles particuliers.

#### ORDRE 3.

HYPOXYLÉES (*Hypoxyleæ*).

Plantes croissant rarement sur la terre ou les pierres,

plus ordinairement sur les tiges, les branches ou les feuilles des végétaux vivans, ou plus souvent morts; elles sont formées d'une expansion coriace, subéreuse ou cornée, ayant une base mince, sèche, crustacée ou épaisse, ligneuse ou fongueuse, souvent pulvérulente. Séminules élytrées, contenues dans un réceptacle arrondi, oblong ou conique, formant quelquefois la plante entière, s'ouvrant au sommet par des fentes ou pores, et les laissant échapper mêlées à une matière gélatineuse que la sécheresse réduit en poussière.

## ORDRE 4.

### LICHENS (*Lichenes*).

Plantes fausses parasites, croissant sur les écorces d'arbres, les bois morts, les pierres et la terre, formées d'une expansion de formes variées, crustacées ou coriacés, membraneuses ou grenues, quelquefois rameuses ou filamenteuses, ou comme foliacées. Fructification sessile ou portée sur une espèce de tige plus ou moins longue, simple ou ramifiée, en forme de tubercule, d'écusson, etc., consistant en séminules nues ou renfermées dans des élytres.

## ORDRE 5.

### HÉPATIQUES (*Hepaticæ*).

Plantes terrestres, aquatiques ou parasites, petites, herbacées, monoïques ou dioïques, offrant des expansions membraneuses, foliacées, ou des tiges munies de folioles imbriquées ou distiques. Fructification consistant en une capsule pédicellée, plurivalve, sans opercule, remplie de séminules attachées à des filamens en spiraux élastiques; ou capsule enfoncée, dépourvue de valves, et pleine de séminules sans filamens élastiques.

## ORDRE 6.

### MOUSSES (*Musci*).

Petites plantes annuelles ou vivaces, hermaphrodites, monoïques ou dioïques, croissant sur la terre ou dans l'eau, quelquefois épiphytes, c'est-à-dire fausses parasites sur d'autres végétaux; racines très menues et fibreuses; tige nulle, plus souvent simple ou rameuse, garnie de folioles sessiles ou demi-amplexicaules, imbriquées, alternes ou éparses, ordinairement entières. Fructification consistant en une urne pédicellée, operculée, munie d'une coiffe ayant un péristome ou orifice nu, membraneux, denté ou cilié, et contenant des séminules placées autour d'une columelle ou axe central, et s'en échappant sous la forme d'une poussière très fine.

### ORDRE 7.

#### LYCOPODIACÉES (*Lycopodiaceæ*).

Plantes à tiges herbacées ou ligneuses, simples ou rameuses, souvent rampantes ; feuilles petites, nombreuses, entières ou légèrement dentelées, éparses ou alternes, ou distiques, quelquefois stipulées; racines fibreuses. Fructification de deux sortes, souvent sur le même individu : 1°. capsules à une, deux ou trois loges, disposées en épis ou dans l'aisselle des feuilles, renfermant une multitude de séminules sous la forme d'une poussière fine ; 2°. capsules bivalves, à une loge, contenant d'une à quatre propagules globuleuses.

## DEUXIÈME CLASSE.

### 1re DIVISION. *Monocotylédones cryptogames.*

### ORDRE I.

#### FOUGÈRES (*Filices*).

Plantes croissant sur la terre entre les fissures des rochers et sur les vieux murs; racines ordinairement progressives (c'est-à-dire s'allongeant d'un côté tandis qu'elles se détruisent de l'autre) ; feuilles simples ou composées, entières ou incisées, radicales, le plus souvent roulées en crosse dans leur jeunesse, portant la fructification sur leur face inférieure. Fructification consistant en des capsules très petites, membraneuses ou crustacées, monoloculaires ou multiloculaires, sessiles ou pédicellées, nues ou entourées d'un anneau élastique, ou recouvertes d'un tégument membraneux, groupées plusieurs ensemble de diverses manières, se déchirant à leur sommet, et contenant un grand nombre de séminules variables.

### ORDRE 2.

RHIZOSPERMES (*Rhizospermæ*).

Plantes aquatiques; tiges rampantes ou formées par un tubercule radical portant les feuilles quelquefois roulées en crosse comme celles des fougères. Fructification naissant à la base des feuilles et dans leur aisselle, consistant en capsules sessiles ou pédicellées, à une ou plusieurs loges, à enveloppe coriace ou membraneuse, ne s'ouvrant pas naturellement, contenant des corpuscules reproducteurs globuleux, plus ou moins abondans, et qu'on prend communément pour des étamines ou des pistils.

### ORDRE 3.

CICADÉES (*Cicadeæ*).

Plantes naturelles aux climats les plus chauds de l'Amérique, de l'Afrique et des Indes; tronc élancé en colonne, couronné d'une touffe de feuilles alternes, ailées, roulées à leur naissance comme celles des fougères; fleurs dioïques: les mâles en chaton composé d'un grand nombre d'écailles imbriquées, portant de nombreuses anthères; les femelles consistant en un chaton ou un faisceau d'écailles, portant deux ovaires à leur partie inférieure, ou plusieurs ovaires le long de leurs bords; noix charnue, monosperme, fournie par chaque ovaire.

### ORDRE 4.

ÉQUISÉTACÉES (*Equisetaceæ*).

Plantes aquatiques, herbacées; tiges fistuleuses, articulées, simples ou divisées en rameaux verticillés. Fructification consistant en de petits involucres pédiculés, en épis terminaux et coniques, ce qui leur donne un peu l'apparence d'une tête de clou, portant à leur face interne une rangée de loges qui s'ouvrent par une fente longitudinale; elles contiennent des globules verdâtres, n'étant parfaitement visibles qu'au microscope, et qu'Hedwig regarde comme autant de fleurs hermaphrodites composées d'un ovaire globuleux et de quatre étamines attachées en croix à la base de l'ovaire.

### ORDRE 5.

NAÏADES (*Naiades*).

Plantes aquatiques, flottantes ou couchées au fond des eaux, d'une consistance herbacée; calice entier ou divisé, supérieur ou inférieur, rarement nul; corolle nulle; étamines en nombre déterminé; un à six ovaires; un style simple pour chaque ovaire, ou un stigmate sessile; rarement le style est bifide ou trifide. Fructification consistant en capsules ou baies renfermant d'une à quatre semences.

## 2° DIVISION. *Monocotylédones phanérogames, à étamines sous le pistil.*

### ORDRE I.

MASSETTES (*Tiphæ*).

Plantes croissant dans les eaux ou sur leurs bords, dont les feuilles longues et étroites affectent ordinairement la forme d'une épée; elles sont un peu triangulaires, alternes et un peu engaînantes; fleurs monoïques, réunies en chatons cylindriques ou globuleux et unisexuels; fleurs mâles composées d'un calice de trois folioles et de trois étamines hypogynes; fleurs femelles toujours placées au-dessous des mâles, composées d'un calice, de trois folioles, d'un ovaire supérieur, simple, chargé d'un style et d'un ou deux stigmates. Drupe ordinairement monosperme.

### ORDRE 2.

SOUCHETS (*Cyperoideæ*).

Plantes croissant dans l'eau ou sur ses bords; tige herbacée, simple, cylindrique ou triangulaire, souvent inarticulée; feuilles très longues, étroites, à pétiole tubulé, engaînant. Fleurs hermaphrodites ou monoïques, rarement dioïques, disposées en épis hermaphrodites ou unisexuels; chaque fleur formée d'une écaille ou paillette tenant lieu de calice, de trois étamines, et d'un ovaire supérieur, simple, surmonté d'un style terminé par deux ou trois stigmates. Une seule graine cornée ou membraneuse, entourée à sa base, dans quelques espèces, de soies ou de poils; périsperme farineux.

### ORDRE 3.

GRAMINÉES (*Gramineæ*).

Racines fibreuses ; tige (ou chaume) herbacée, cylindrique, articulée, souvent fistuleuse, ordinairement simple ; feuilles très longues, étroites, alternes, à pétiole engaînant. Fleurs le plus souvent hermaphrodites, quelquefois polygames ou monoïques, glumacées, paniculées ou en épis simples ou composés ; calice (ou glume) rarement nul, ou à une valve, plus ordinairement à deux valves, renfermant une fleur, quelquefois deux ou davantage et alors rangées alternativement de deux côtés opposés, formant un épillet ; corolle (ou balle) semblable à la glume, rarement nulle, ou à une valve, plus ordinairement à deux valves, dont l'extérieure avec ou sans barbes; étamines ordinairement au nombre de trois, quelquefois une, deux ou six, rarement quatre, à filamens capillaires et anthères sans connectif, bifurquées aux deux bouts ; ovaire unique ; style simple ou divisé en deux ou trois, à stigmate unique ou double, plumeux ; une seule graine nue, ou enveloppée par la balle persistante, à péricarpe membraneux, uniloculaire, monosperme; embryon petit, externe, placé à la partie inférieure d'un périsperme farineux plus grand que lui.

## TROISIÈME CLASSE.

## *Monocotylédones apétales, à étamines attachées au calice.*

### ORDRE I.

PALMIERS (*Palmæ*).

Plantes croissant dans les sables des régions les plus brûlantes. Tronc représentant une colonne mince, droite, élancée, sur laquelle on remarque les impressions des feuilles qui l'ont formée; feuilles très grandes, ailées, palmées ou en éventail, formant une épaisse rosette qui couronne le sommet du tronc ; fleurs hermaphrodites, monoïques ou dioïques, ramassées en grand nombre sur des pédoncules communs plus ou moins ramifiés ou paniculés, portant le nom de régime, naissant dans les aisselles des feuilles, et renfermés, avant la fleuraison, dans des spathes monophylles ou polyphylles; calice monophylle, persistant, à six divisions, dont trois intérieures et pétaloïdes, un peu plus grandes que les extérieures; ordinairement six étamines opposées aux divisions du calice, ayant leurs filamens légèrement réunis à la base, et insérés sur un bourrelet particulier qui adhère au réceptacle; un ovaire supérieur, simple, rarement triple, surmonté d'un à trois styles, et terminé par un stigmate simple ou trifide. Fructification consistant en un drupe ou une baie, à une ou trois loges, renfermant une ou trois semences.

## ORDRE 2.

### ASPARAGINÉES (*Asparagineæ*).

Végétation très variée; quelquefois tige (ou stipe) cylindrique, comme celle des palmiers, se couronnant d'un faisceau de feuilles; plus ordinairement tige sarmenteuse et grimpante; feuilles toujours simples, pétiolées ou sessiles, opposées, alternes, ou, mais rarement, verticillées; fleurs hermaphrodites ou dioïques; calice profondément divisé en six parties, quelquefois en quatre, d'autres fois en huit; corolle nulle; six étamines insérées le plus souvent à la base des divisions du calice, plus rarement de quatre à huit; un ovaire simple, ordinairement supérieur, surmonté d'un style simple ou trifide, ou de trois styles distincts. Fructification consistant en une baie, rarement en une capsule, à trois loges contenant une, deux ou plusieurs graines.

## ORDRE 3.

### JONCÉES (*Junceæ*).

Plantes croissant dans les lieux humides ou marécageux; feuilles radicales et inférieures engaînantes, les autres sessiles; calice à six divisions profondes, glumacées, quelquefois pétaloïdes; corolle nulle; six étamines placées devant les divisions du calice; un ovaire supérieur portant un style divisé en trois stigmates; une capsule à trois valves ou à une loge, trisperme ou triloculaire et polysperme. Embryon placé à la base d'un périsperme charnu.

ORDRE 4.

COMMELINÉES (*Commelineæ*).

Racines fibreuses; feuilles longues, étroites, embrassantes; tige ou hampe ordinairement simple; calice à six folioles, dont trois extérieures herbacées, et trois intérieures pétaloïdes, colorées; six étamines fertiles, ou dont trois seulement portent des anthères; un ovaire supérieur chargé d'un style terminé par un stigmate simple. Fructification consistant en une capsule trivalve, triloculaire, dont chaque loge renferme une ou plusieurs semences.

ORDRE 5.

ALISMACÉES (*Alismaceæ*).

Plantes croissant pour la plupart dans les eaux ou sur leurs bords; racines fibreuses; feuilles ordinaires radicales, embrassantes; tige ou hampe le plus souvent simple; calice à six divisions, dont trois intérieures pétaloïdes et colorées; de six à vingt étamines et plus; ovaires de trois à dix, ou davantage, supérieurs, portant chacun un style terminé par un stigmate; chaque ovaire devient une capsule uniloculaire, monosperme ou polysperme, ne s'ouvrant point ou se fendant du côté interne; embryon courbé, sans périsperme.

ORDRE 6.

COLCHICACÉES (*Colchicaceæ*).

Plantes basses, dont les fleurs paraissent souvent avant les feuilles; racines bulbeuses; feuilles radicales, étroites, longues, embrassantes; hampe simple; calice à six divisions profondes, pétaloïdes; corolle nulle; six étamines attachées à la base ou au milieu des divisions du calice; un à trois, rarement quatre, cinq ou six ovaires supérieurs, surmontés de trois styles, ou d'un style à trois stigmates: ces derniers quelquefois sessiles; une capsule à trois valves et à trois loges, ou trois capsules et plus, uniloculaires et univalves; capsules ou loges s'ouvrant vers le sommet du côté intérieur, et contenant plusieurs graines attachées sur deux rangs au bord rentrant des valves; embryon environné d'un périsperme charnu.

## ORDRE 7.

### LILIACÉES (*Liliaceæ*).

Plantes herbacées ou soufrutescentes; racines bulbeuses, quelquefois fibreuses; hampe simple; feuilles allongées, souvent radicales, engaînantes, rarement alternes ou verticillées, quelquefois succulentes; fleurs avec ou sans spathe, solitaires ou paniculées, en corymbes ou en épis; calice tubuleux ou quelquefois globuleux, le plus souvent en cloche, à six divisions ordinairement égales, régulières, colorées et pétaloïdes; six étamines, dont les filamens sont insérés à la base des divisions du calice ou dans leur milieu; un ovaire supérieur, simple, surmonté d'un seul style, et d'un stigmate simple ou trifide; quelquefois stigmate sessile. Fructification consistant en une capsule plus ou moins trigone, à trois valves, et à trois loges polyspermes; embryon entièrement renfermé dans un périsperme.

## ORDRE 8.

### NARCISSÉES (*Narcisseæ*).

Plantes herbacées ou soufrutescentes; racines fibreuses ou bulbeuses; feuilles sessiles, allongées, alternes, quelquefois succulentes, les radicales engaînantes; hampe ordinairement simple; fleurs solitaires, paniculées, en corymbe ou en épi, le plus souvent enveloppées, avant leur développement, d'un spathe membraneux, monophylle, entier ou multifide; calice coloré, pétaliforme, souvent tubuleux inférieurement, à limbe partagé en six divisions égales, ou les trois extérieures plus courtes, et les trois intérieures pétaliformes; six étamines à filamens distincts, rarement adhérens entre eux, insérés sur le tube du calice, quelquefois au réceptacle; un ovaire simple, inférieur, surmonté d'un style simple, terminé par un stigmate simple ou trifide; une capsule à trois valves, à trois loges polyspermes, plus rarement une baie à trois loges et à trois graines. Embryon entièrement renfermé dans un périsperme.

## ORDRE 9.

### IRIDÉES (*Irideæ*).

Plantes herbacées; racines tubéreuses, bulbeuses ou fibreuses; tiges souvent feuillées; feuilles sessiles, embrassantes, alternes, comprimées. Fleurs enveloppées, avant leur naissance, dans un spathe monophylle ou diphylle; calice à six divisions pétaloïdes; trois étamines (rarement six) ordinairement opposées aux trois divisions externes du calice; un ovaire inférieur, surmonté d'un style terminé le plus souvent par trois stigmates, quelquefois par un seul; une capsule trivalve, triloculaire, à loges ordinairement polyspermes, rarement monospermes; graines périspermées; embryon entièrement renfermé dans le périsperme.

## QUATRIÈME CLASSE.

### *Monocotylédones apétales, à étamines attachées sur le pistil.*

#### ORDRE 1.

AROÏDÉES (*Aroideæ*).

Plantes herbacées; tiges simples, quelquefois rameuses et rampantes, ou nulles et remplacées par une hampe; feuilles radicales dans la plupart, ordinairement simples, quelquefois lobées, toujours alternes et engaînantes; spadice simple, multiflore, nu ou entouré d'un spathe; fleurs sessiles sur le spadice, rarement munies d'un calice; étamines en nombre défini ou indéfini; ovaires tantôt mêlés aux étamines, tantôt séparés d'elles; chaque ovaire chargé d'un style, ou simplement terminé par un stigmate; baie arrondie, à une ou plusieurs loges, à une ou plusieurs semences.

#### ORDRE 2.

MUSACÉES (*Musaceæ*).

Plantes herbacées ou un peu ligneuses; tiges souvent recouvertes par la base des pétioles des feuilles, qui leur forme comme une espèce de gaîne; feuilles engaînantes, alternes, roulées en cornet dans leur jeunesse, traversées dans le milieu par une nervure longitudinale, de laquelle s'échappent des deux côtés une multitude de petites nervures parallèles. Régime enveloppé dans un spathe avant l'évanouissement des fleurs; calice partagé en deux, quatre, ou six divisions simples ou lobées; six étamines, dont une ou plusieurs quelquefois stériles; un ovaire inférieur surmonté d'un style simple, terminé par un à trois stigmates; fruits à trois loges monospermes ou polyspermes; embryon placé dans la cavité d'un périsperme farineux.

## ORDRE 3.

### BALISIERS (*Cannæ*).

Plantes herbacées; racines ordinairement tubéreuses et rampantes; tige feuillée; feuilles simples, alternes, roulées en cornet lors de leur développement, à base engaînante; fleur naissant le plus souvent sur un spadice; calice double, l'extérieur monophylle ou triphylle, l'intérieur pétaloïde, partagé plus ou moins profondément en trois à six divisions. Une ou deux étamines à anthères adnées à la lame de leur filament souvent plane et pétaliforme; un ovaire inférieur surmonté d'un style simple, souvent filiforme, terminé par un stigmate simple ou trigone; une capsule à trois loges, le plus souvent à trois valves et polysperme.

## ORDRE 4.

### ORCHIDÉES (*Orchideæ*).

Plantes herbacées; racines tubéreuses ou fibreuses; tige simple, feuillée ordinairement; feuilles radicales engaînantes, les caulinaires sessiles; fleurs bractéées, ordinairement en épis, rarement solitaires; calice à six divisions souvent colorées, pétaloïdes, irrégulières, trois externes et trois internes, dont l'inférieure (nommée *nectaire, labelle* ou *tablier*) est presque toujours plus longue que les autres, et souvent éperonnée; un ovaire inférieur, surmonté d'un style souvent adné à la découpure supérieure du calice, quelquefois très court et presque nul, terminé par un stigmate dilaté, pas tout-à-fait terminal, mais comme appliqué à la partie antérieure du style et sous le stigmate, renfermant un pollen composé d'une masse de petits globules; une capsule monoloculaire, à trois valves, le plus souvent à trois côtés, s'ouvrant par ses angles, les valves restant adhérentes par la base et le sommet, contenant un grand nombre de graines. Embryon placé à la base d'un périsperme charnu.

### ORDRE 5.

#### HYDROCHARIDÉES (*Hydrocharideæ*).

Plantes herbacées, aquatiques; racines fibreuses ou tubéreuses; feuilles submergées ou flottantes; tiges souvent rampantes ou noueuses; fleurs ordinairement sur une hampe, ou un pédoncule spathiforme; calice monophylle ou polyphylle, à divisions ordinairement disposées sur plusieurs rangs, dont les intérieures sont le plus souvent pétaloïdes; étamines en nombre défini ou indéfini, portées par le pistil, ou à la place qu'il devait occuper; ovaire simple, inférieur ou sous-inférieur, surmonté de trois à six stigmates bifurqués; une capsule à six loges ou plus (à une seule dans la valisnérie), polysperme; embryon placé à la base d'un périsperme charnu ou farineux.

## CINQUIÈME CLASSE.

*Dicotylédones apétales, à étamines insérées sous le pistil.*

### ORDRE I.

#### ARISTOLOCHÉES (*Aristolochiæ*).

Plantes herbacées ou ligneuses; tiges droites, couchées ou volubiles; feuilles simples et alternes; fleurs dans les aisselles des feuilles, ou sur le collet de la racine, ou terminales et réunies; calice monophylle, à limbe entier ou divisé; étamines au nombre de six à seize; un ovaire inférieur, surmonté d'un style terminé par un stigmate divisé, ou quelquefois point de style. Une capsule ou baie à six ou huit loges polyspermes. Embryon placé à l'ombilic, ou à la base d'un périsperme cartilagineux.

## SIXIÈME CLASSE.

*Dicotylédones apétales, à étamines attachées au calice.*

### ORDRE I.

#### ÉLÉAGNÉES (*Eleagneæ*).

Plantes ligneuses, rarement herbacées; feuilles ordinairement alternes, quelquefois opposées ou même verticillées ; fleurs hermaphrodites, ou dioïques, ou polygames ; calice monophylle, à limbe découpé; trois à dix étamines; un ovaire inférieur, à un style terminé par un stigmate simple ou trifide ; fruit monosperme, le plus souvent drupacé; embryon placé au centre d'un périsperme charnu, quelquefois si petit qu'il paraît manquer.

### ORDRE 2.

#### THYMÉLÉES (*Thymeleæ*).

Plantes ligneuses ; tiges frutescentes et rameuses ; feuilles simples, entières, alternes, rarement opposées ; fleurs solitaires ou groupées, axillaires ou terminales ; calice monophylle, tubuleux inférieurement, divisé en son limbe ; corolle nulle, mais dans quelques espèces des écailles pétaloïdes à l'ouverture du tube du calice, et figurant une corolle polypétale ; huit à dix étamines ; un ovaire supérieur surmonté d'un style à stigmate ordinairement simple ; un fruit monosperme ; embryon dépourvu de périsperme.

### ORDRE 3.

#### PROTÉACÉES (*Proteaceæ*).

Plantes ligneuses ; tiges frutescentes ou arborescentes ; feuilles simples, alternes, presque verticillées ; calice à quatre ou cinq divisions, ou tubuleux, à limbe à quatre ou cinq divisions, souvent muni d'écailles à sa base ; étamines en nombre égal aux divisions du calice ; un ovaire supérieur, surmonté d'un seul style et d'un stigmate le plus souvent simple ; un fruit monosperme, ou rarement polysperme ; embryon dépourvu de périsperme, à radicule inférieure.

### ORDRE 4.

#### LAURINÉES (*Laurineæ*).

Plantes ligneuses ; tiges arborescentes ; feuilles entières, ovales, persistantes ; calice persistant, à six, ou, mais rarement, huit divisions ; trois à douze étamines, ayant leurs anthères adnées aux filamens ; un ovaire supérieur, à un style terminé par un stigmate simple ou divisé ; un drupe à noyau monoloculaire et monosperme ; embryon dépourvu de périsperme.

### ORDRE 5.

#### POLYGONÉES (*Polygoneæ*).

Plantes herbacées, rarement sarmenteuses; tiges géniculées dans la plupart; feuilles alternes, roulées en dehors, pétiolées; stipules engaînantes; fleurs paniculées ou en épis; calice monophylle, à limbe divisé, ou tout-à-fait polyphylle; étamines en nombre défini, insérées dans le bas du calice; un ovaire supérieur portant ordinairement plusieurs stigmates sessiles; un fruit monosperme, enveloppé par le calice; embryon placé au centre ou sur le côté d'un périsperme farineux.

### ORDRE 6.

#### ATRIPLICÉES (*Atripliceæ*).

Plantes herbacées, ou, mais rarement, frutescentes; racines longues et ordinairement tortues; tiges le plus souvent droites; feuilles simples et alternes; fleurs presque toujours hermaphrodites; inflorescence variée; calice polyphylle ou monophylle, et ordinairement divisé en plusieurs découpures; étamines en nombre défini, insérées à la partie inférieure du calice; un ovaire supérieur, portant quelquefois un seul style, ou le plus souvent plusieurs, terminés chacun par un stigmate simple, rarement bifide. Fructification consistant en une seule graine nue ou enveloppée par le calice: quelquefois baie ou capsule; embryon circulaire ou roulé en spirale autour d'un périsperme farineux.

## SEPTIÈME CLASSE.

*Dicotylédones apétales, à étamines attachées sous le pistil.*

### ORDRE I.

#### AMARANTHES (*Amaranthi*).

Plantes herbacées; feuilles entières, ordinairement alternes et sans stipules, ou quelquefois opposées et stipulées; fleurs petites, nombreuses, souvent bractéées, quelquefois unisexuelles, en capitules ou en grappes; calice polyphylle, ou monophylle, partagé en plusieurs découpures, souvent entouré d'écailles à sa base; étamines ordinairement au nombre de cinq, tantôt distinctes et interposées entre cinq petites écailles, tantôt ayant leurs filamens monadelphes et réunis en cylindre à leur base; un ovaire supérieur, surmonté d'un à trois styles et d'autant de stigmates; une capsule monoloculaire, monosperme ou polysperme, s'ouvrant à son sommet ou en travers : quelquefois une capsule monosperme et ne s'ouvrant pas; embryon courbé et entourant circulairement un périsperme farineux.

## HUITIÈME CLASSE.

### *Dicotylédones monopétales, à corolle attachée sous le pistil.*

#### ORDRE 1.

#### PLANTAGINÉES (*Plantagineæ*).

Plantes herbacées; tige ordinairement simple, quelquefois rameuse ou molle; feuilles radicales ramassées, souvent multinervées, quelquefois opposées; fleurs hermaphrodites, quelquefois monoïques, sessiles, bractéées, en épi; calice à quatre divisions, plus rarement à trois; corolle en tube resserré à sa partie supérieure, le plus souvent à quatre divisions scarieuses et persistantes; quatre étamines à filamens saillans et insérés au fond du tube; un ovaire supérieur, à style et stigmate simples; une capsule s'ouvrant horizontalement en travers, divisée par une cloison à deux ou quatre faces qui la partagent comme en deux ou quatre loges monospermes ou polyspermes; quelquefois la capsule est monosperme et ne s'ouvre pas; embryon placé au milieu d'un périsperme dur et presque corné.

#### ORDRE 2.

#### NYCTAGINÉES (*Nyctagineæ*).

Plantes herbacées ou ligneuses; tiges herbacées ou frutescentes; feuilles simples, opposées ou alternes; fleurs presque toujours hermaphrodites, axillaires ou terminales; calice monophylle; corolle attachée sous le pistil; ordinairement cinq étamines, plus rarement une à quatre, ou six à huit, ayant leurs filamens qui prennent naissance au réceptacle, et sont insérés sur une glande qui entoure un ovaire supérieur surmonté d'un style terminé par un stigmate le plus souvent simple, quelquefois bifide; capsule monosperme, ne s'ouvrant pas, et cachée par la partie inférieure du calice, qui est persistant; embryon placé autour d'un périsperme farineux.

## ORDRE 3.

### PLOMBAGINÉES (*Plumbagineæ*).

Plantes herbacées ou ligneuses; tiges herbacées ou frutescentes; feuilles simples, alternes, le plus souvent radicales; fleurs terminales, en tête ou en panicule; calice monophylle, tubuleux, persistant; corolle attachée au-dessous de l'ovaire; cinq étamines insérées sous l'ovaire ou sur les divisions du calice; un ovaire supérieur, surmonté d'un ou cinq styles; cinq stigmates; une capsule monosperme; embryon oblong, comprimé, entouré par un périsperme farineux.

## ORDRE 4.

### LYSIMACHIES (*Lysimachiæ*).

Plantes herbacées; racines presque toujours vivaces; feuilles ordinairement opposées, quelquefois verticillées, ou alternes, ou radicales; inflorescence très variée; calice monophylle, ordinairement à cinq divisions, rarement à quatre, six, sept, plus ou moins profondes; corolle monopétale, ordinairement régulière, et à limbe divisé le plus souvent en cinq lobes, ou de même que le calice; cinq étamines, rarement plus ou moins, placées devant les lobes de la corolle, et toujours en même nombre que ceux-ci; un ovaire supérieur, à style simple, terminé par un stigmate simple, ou, mais rarement, bifide; fruit monoloculaire et polysperme; le plus souvent une capsule s'ouvrant par le sommet en plusieurs valves, quelquefois en travers comme une boîte à savonnette; graines attachées autour d'un placenta libre et central; embryon placé au milieu d'un périsperme charnu.

## ORDRE 5.

### PÉDICULAIRE (*Pediculares*).

Plantes herbacées ou frutescentes; tiges simples ou rameuses; feuilles simples, opposées ou alternes, quelquefois remplacées par des écailles; fleurs souvent en épi; calice monophylle, souvent tubuleux à sa base, plus ou moins divisé en son bord, quelquefois tout-à-fait polyphylle; corolle monopétale, ordinairement irrégulière; deux, quatre ou huit étamines, le plus souvent quatre, dont deux plus courtes et deux plus longues; un ovaire supérieur à style simple, terminé par un stigmate également simple, rarement bilobé; une capsule à deux valves, tantôt réunies par leur nervure moyenne, de manière à former deux loges divisées par une cloison centrale qui sert de réceptacle des deux côtés: tantôt séparées, portant les graines sur la côte longitudinale, et ne formant qu'une seule loge: chaque loge contient une ou plusieurs graines; embryon muni d'un périsperme charnu.

## ORDRE 6.

### ACANTHÉES (*Acantheæ*).

Plantes herbacées ou ligneuses; tiges droites, ou couchées, ou grimpantes, quelquefois pubescentes; feuilles grandes, souvent élégamment découpées, ordinairement opposées; inflorescence variée; calice partagé en divisions plus ou moins profondes, ou entièrement polyphylle; corolle monopétale, ordinairement irrégulière; deux étamines, ou quatre et didynames; un ovaire supérieur, à style unique surmonté d'un stigmate à deux lobes, rarement simple; une capsule à deux loges, contenant une ou plusieurs graines, à deux valves élastiques, séparées par une cloison opposée aux valves, formée par le bord rentrant de celles-ci, et se fendant longitudinalement par le milieu, du sommet à la base, en deux parties, le long desquelles les graines sont attachées; embryon dépourvu de périsperme.

## ORDRE 7.

### JASMINÉES (*Jasmineæ*).

Plantes ligneuses; tiges frutescentes ou arborées, quelquefois sarmenteuses et grimpantes; feuilles ordinairement opposées, simples ou foliacées; fleurs en thyrse, en corymbe ou en grappe; calice monophylle, tubuleux, quelquefois de quatre folioles distinctes, ou tout-à-fait nul; corolle monopétale, tubuleuse, régulière, quelquefois nulle, ou composée de deux ou quatre pétales; deux étamines, rarement davantage; un ovaire supérieur, à style simple, ou, mais rarement, bifide, terminé par un stigmate le plus souvent à deux lobes, et parfois à trois; tantôt une capsule comme dans l'ordre précédent, tantôt une baie ou un drupe à une ou deux loges renfermant une à quatre graines; embryon entouré le plus souvent d'un périsperme charnu.

## ORDRE 8.

### GATTILIERS (*Viticeæ*).

Plantes herbacées ou ligneuses; tiges herbacées, frutescentes ou arborées; feuilles alternes ou opposées; calice monophylle, tubuleux, à quatre ou cinq dents, souvent persistant; corolle monopétale, tubuleuse, à limbe partagé en plusieurs lobes égaux ou inégaux; quatre étamines didynames, plus rarement deux ou six; un ovaire supérieur, chargé d'un style terminé par un stigmate simple ou à deux lobes; une baie ou un drupe à deux ou quatre osselets renfermant une ou deux semences, quelquefois deux à quatre graines dépourvues de péricarpe, et enveloppées dans le calice persistant; embryon dépourvu de périsperme.

## ORDRE 9.

### LABIÉES (*Labieæ*).

Plantes herbacées ou ligneuses; tiges, branches et rameaux tétragones; branches et feuilles opposées; fleurs souvent bractéées, opposées ou verticillées, en tête, en corymbe, ou en épi, ou solitaires, axillaires ou terminales; calice tubuleux, bilobé ou à cinq divisions; corolle tubuleuse, irrégulière, le plus souvent à deux lèvres; quatre étamines, dont deux plus longues et deux plus courtes, insérées sous la lèvre supérieure de la corolle; quelquefois deux étamines seulement, les deux autres étant avortées; un ovaire à quatre lobes, surmonté d'un style né du réceptacle entre les lobes de l'ovaire, et terminé par un stigmate bifide; quatre graines dépourvues de péricarpe, cachées au fond du calice persistant; embryon sans périsperme.

## ORDRE 10.

### SCROPHULAIRES (*Scrophulariæ*).

Plantes herbacées, rarement frutescentes ; feuilles opposées, quelquefois verticillées ou alternes ; inflorescence très variée ; calice monophylle, souvent persistant, à plusieurs dents ou découpures, ou partagé en plusieurs folioles ; corolle monopétale, à limbe divisé en plusieurs lobes, le plus souvent irrégulier et formant deux lèvres ; quatre étamines ordinairement didynames, plus rarement deux ; un ovaire supérieur, surmonté d'un seul style, terminé par un stigmate simple ou à deux lobes ; une capsule à deux loges s'ouvrant seulement par le sommet, ou entièrement, à deux valves nues en dedans et concaves, rarement fendues en deux plus ou moins profondément ; graines nombreuses et menues, attachées sur les deux côtés d'un réceptacle central parallèle aux valves, et servant de cloison entre elles ; embryon muni d'un périsperme charnu.

## ORDRE 11.

### SOLANÉES (*Solaneæ*).

Plantes herbacées ou ligneuses ; tiges quelquefois frutescentes ou grimpantes, ayant souvent des épines axillaires ou terminales ; feuilles alternes, entières ou lobées, quelquefois géminées au voisinage des fleurs ; inflorescence variée ; fleurs souvent extraxillaires ; calice monophylle, le plus souvent persistant, à cinq divisions, quelquefois partagé en cinq folioles ; corolle monopétale, ordinairement régulière et à cinq divisions ; étamines le plus souvent au nombre de cinq, insérées communément dans le bas de la corolle ; un ovaire supérieur, surmonté d'un style terminé par un stigmate simple ou à deux lobes ; fruit ordinairement biloculaire, polysperme, consistant en une baie à une ou plusieurs loges, ou en une capsule bivalve, ayant la cloison parallèle aux valves, comme dans les scrophulaires ; embryon courbé autour d'un périsperme farineux.

## ORDRE 12.

### BORRAGINÉES (*Borragineæ*).

Plantes herbacées pour l'ordinaire, vivaces ou annuelles ;

tiges à rameaux alternes, hérissées de poils roides comme les feuilles; feuilles simples, sessiles, alternes, scabres; fleurs en épis rameux, ou en grappes paniculées, ou solitaires, ou extraxillaires, souvent unilatérales; calice monophylle, persistant, partagé en cinq divisions plus ou moins profondes; corolle monopétale, en roue, en soucoupe, en entonnoir ou en cloche, à limbe divisé en cinq lobes ordinairement réguliers; cinq étamines; un ovaire supérieur, simple ou à quatre lobes, surmonté d'un style simple terminé par un stigmate entier ou à deux lobes. Fruit composé de quatre petites noix monospermes, attachées au fond du calice, quelquefois entourées d'un péricarpe charnu qui en fait une capsule ou baie renfermant quatre semences; embryon dépourvu de périsperme.

## ORDRE 13.

### CONVOLVULACÉES (*Convolvulaceæ*).

Plantes herbacées ou ligneuses; tiges souvent sarmenteuses, volubiles et grimpantes; feuilles alternes, entières ou découpées; fleurs pédonculées; pédoncules axillaires ou terminaux, uniflores, bibractéés ou multiflores; calice à cinq divisions, rarement à quatre, ordinairement persistant; corolle régulière, à limbe le plus souvent à cinq divisions; étamines communément au nombre de cinq, alternes avec les divisions de la corolle; un ovaire supérieur, surmonté d'un ou plusieurs styles; capsule à deux, trois ou quatre loges, s'ouvrant en autant de valves et contenant une ou plusieurs graines presque osseuses, ombiliquées à leur base, et attachées dans le bas d'un placenta central; embryon muni d'un périsperme.

## ORDRE 14.

### POLÉMONIACÉES (*Polemoniaceæ*).

Plantes herbacées ou ligneuses; tiges rameuses; feuilles simples, alternes ou opposées; fleurs souvent en corymbe; calice monophylle, divisé plus ou moins profondément; corolle monopétale, le plus souvent à cinq lobes réguliers; cinq étamines; un ovaire supérieur, surmonté d'un style terminé par trois stigmates; capsule à trois valves, recouvertes par le calice persistant; chaque valve portant vers le milieu de sa face une côte proéminente qui s'applique sur un angle saillant du réceptacle, pour former trois loges contenant chacune une ou plusieurs graines; embryon placé au milieu d'un périsperme corné.

### ORDRE 15.

#### BIGNONES (*Bignoniæ*).

Plantes herbacées ou ligneuses; tiges herbacées, frutescentes ou arborescentes, quelquefois sarmenteuses; feuilles simples ou conjuguées, quelquefois ternées, ou deux fois ailées avec impaires, opposées, rarement alternes; fleurs ordinairement en panicules terminales, quelquefois en grappes; calice monophylle, divisé en son limbe; corolle monopétale, le plus souvent irrégulière, à limbe partagé en quatre ou cinq lobes; quatre étamines souvent didynames, quelquefois deux seulement; un filament stérile dans le premier cas, et trois dans le second; un ovaire surmonté d'un seul style à stigmate simple ou bilobé; capsule tantôt à deux valves et à deux loges, ayant la cloison parallèle ou opposée aux valves, sans y adhérer; tantôt coriace, comme ligneuse, s'ouvrant seulement par le haut, séparée intérieurement par une cloison adhérente aux valves, au milieu desquelles s'élève quelquefois un réceptacle en forme d'aile, formant une demi-cloison dans chaque loge; embryon dépourvu de périsperme.

### ORDRE 16.

#### GENTIANÉES (*Gentianeæ*).

Plantes herbacées, rarement frutescentes; feuilles opposées, entières et sessiles; fleurs terminales et axillaires, souvent bractéées; calice monophylle, persistant, partagé en plusieurs divisions; corolle monopétale, souvent marcescente, à limbe divisé en plusieurs lobes égaux, le plus ordinairement en cinq; étamines égales en nombre aux lobes de la corolle, et alternes avec eux; un ovaire supérieur, portant un seul style quelquefois divisé en deux; stigmate simple ou lobé; capsule à deux valves, à une loge ou à deux loges formées par le bord rentrant des valves; graines menues et nombreuses, attachées sur les valves; embryon entouré d'un périsperme charnu.

## ORDRE 17.

### APOCYNÉES (*Apocyneæ*).

Plantes ligneuses, ou herbacées et vicaces; tiges frutescentes ou herbacées, quelquefois rampantes, succulentes et charnues dans quelques espèces, ou se roulant de droite à gauche; feuilles opposées, quelquefois alternes; fleurs terminales ou axillaires, solitaires ou en corymbe; calice monophylle, à cinq divisions; corolle monopétale, à limbe partagé en cinq découpures régulières, souvent obliques, tantôt munie d'une couronne frangée, tantôt de cinq écailles, lames ou cornets de formes différentes; cinq étamines non saillantes; un ou deux ovaires supérieurs, chargés d'un ou deux styles ayant leur stigmate de diverses formes; dans le genre à un seul ovaire, une baie ou plus rarement une capsule ordinairement à deux loges polyspermes; dans les genres à deux ovaires, deux follicules ou capsules univalves, monoloculaires, allongées, s'ouvrant d'un seul côté et longitudinalement, contenant beaucoup de graines imbriquées, et, dans la plupart des genres, couronnées par une aigrette de points soyeux; embryon muni d'un périsperme charnu.

## ORDRE 18.

### SAPOTILLIERS (*Sapoteæ*).

Plantes ligneuses, lactescentes; tiges frutescentes ou arborescentes; feuilles ordinairement entières, toujours alternes, souvent duveteuses; fleurs pédonculées sur des rameaux au-dessous des feuilles, ou en petits paquets sous leurs aisselles; calice persistant, partagé en plusieurs divisions; corolle monopétale, à divisons régulières, tantôt égales en nombre à celles du calice, et alternes avec autant d'appendices intérieurs, tantôt en nombre double et sans appendices; étamines opposées aux découpures de la corolle, et en même nombre qu'elles, ou en nombre double, les appendices portant alors les anthères; un seul ovaire supérieur, surmonté d'un style terminé par un stigmate ordinairement simple; une baie ou un drupe à une ou plusieurs loges monospermes; graines osseuses, luisantes, marquées d'un ombilic latéral; embryon entouré d'un périsperme charnu.

# NEUVIÈME CLASSE.

## *Dicotylédones monopétales, à corolle attachée au calice.*

### ORDRE I.

PLAQUEMINIERS (*Guaiacanæ*).

Plantes ligneuses; tiges frutescentes ou arborescentes, très rameuses; feuilles simples et alternes; fleurs axillaires; calice monophylle, divisé à son sommet, quelquefois polyphylle; corolle monopétale, lobée ou profondément divisée, attachée à la base ou au sommet du calice; étamines en nombre variable, insérées sur la corolle; ovaire le plus souvent supérieur, dans quelques genres inférieur ou semi-inférieur, surmonté d'un seul style, terminé par un stigmate simple ou divisé; une capsule, ou le plus souvent une baie ou un drupe à plusieurs loges monospermes; embryon au milieu d'un périsperme charnu.

### ORDRE 2.

ROSAGES (*Rhododendra*).

Plantes herbacées ou ligneuses; tiges herbacées, frutescentes ou arborescentes; feuilles alternes ou opposées, ou verticillées, persistantes ordinairement; inflorescence variée; fleurs souvent bractéées; calice monophylle, persistant, à cinq divisions plus ou moins profondes, quelquefois à quatre ou sept; corolle attachée au fond du calice, tantôt monopétale et simplement lobée, tantôt profondément divisée et même polypétale; étamines définies, distinctes, insérées sur la corolle dans les monopétales, attachées immédiatement au fond du calice dans les polypétales; un ovaire supérieur portant un seul style, et terminé par un stigmate simple, souvent en tête; une capsule multiloculaire, multivalve, chaque valve repliée intérieurement sur ses bords, et formant autant de loges contenant chacune plusieurs graines menues, attachées à un réceptacle central.

### ORDRE 3.

BRUYÈRES (*Ericæ*).

Plantes herbacées ou ligneuses; tiges frutescentes, rameuses; feuilles alternes, opposées ou verticillées, ordinairement persistantes; inflorescence très variée; calice monophylle, persistant, divisé plus ou moins profondément; corolle monopétale, quelquefois profondément divisée et même polypétale, souvent marcescente, ordinairement insérée sur le calice et plus communément près de sa base; étamines définies, insérées sur la base du calice, plus rarement à la base de la corolle, à anthères souvent bifides à leur base, prolongées en deux appendices ou comme en deux cornes; ovaire supérieur, ou rarement inférieur, portant un seul style terminé par un stigmate le plus souvent simple; une capsule à quatre, cinq ou huit loges ordinairement polyspermes, s'ouvrant en autant de valves qui portent dans leur milieu une cloison longitudinale, et sont attachées par leur base à l'axe central; quelquefois une baie qui ne s'ouvre point; graines très petites, munies d'un périsperme charnu.

### ORDRE 4.

CAMPANULACÉES (*Campanulaceæ*).

Plantes herbacées, rarement ligneuses ou lactescentes; feuilles simples, ordinairement alternes; inflorescence variée; calice adhérent avec l'ovaire, ou supérieur; corolle monopétale, insérée au sommet du calice, communément régulière et marcescente, à limbe divisé; étamines ordinairement au nombre de cinq, attachées au-dessous de la corolle; ovaire inférieur ou adhérent au calice, surmonté d'un seul style, et terminé par un stigmate simple ou divisé; capsule le plus souvent à trois loges, quelquefois à deux, cinq, six ou huit, ordinairement polyspermes, s'ouvrant sur les côtés; graines attachées à l'angle intérieur des loges, et munies d'un périsperme charnu.

## DIXIÈME CLASSE.

*Dicotylédones monopétales, à corolle sur le pistil; anthères réunies.*

### ORDRE 1.

SEMIFLOSCULEUSES (*Semiflosculosæ*).

Plantes herbacées, rarement frutescentes; tiges et feuilles

laiteuses ; feuilles ordinairement alternes ; fleurs composées, renfermées dans un calice commun, toutes hermaphrodites en demi-fleurons, ou fleurettes ligulées, réunies dans un involucre commun; cinq étamines à filamens distincts, à anthères soudées ensemble, formant un tube, et ayant leurs loges qui s'ouvrent en dedans; un style cylindrique, surmonté d'un stigmate bifide, hérissé de poils, à divisions divergentes et arquées; graine dépourvue ou surmontée d'une aigrette; réceptacle nu ou couvert de poils ou de paillettes.

### ORDRE 2.

#### FLOSCULEUSES (*Flosculosæ*).

Plantes herbacées ou ligneuses; tiges et feuilles souvent laiteuses; feuilles alternes ou opposées; fleurs composées, renfermées dans un calice commun; fleurettes toutes flosculeuses, tantôt toutes hermaphrodites, tantôt neutres et femelles à la circonférence et hermaphrodites dans le centre; fleurons neutres souvent irréguliers, les hermaphrodites à cinq divisions, réguliers, à cinq étamines ayant leurs filamens distincts, et leurs anthères soudées ensemble, formant un tube, et s'ouvrant en dedans; style cylindrique, surmonté d'un stigmate bifide; calice commun ou involucre composé ordinairement de plusieurs rangs de folioles souvent imbriquées; réceptacle garni de poils, le plus souvent de paillettes, quelquefois nu; graine couronnée par une aigrette, ou en étant dépourvue.

### ORDRE 3.

#### RADIÉES (*Radiatæ*).

Plantes ordinairement herbacées; feuilles le plus souvent alternes ; fleurs terminales, disposées en corymbe; calice commun ou involucre, quelquefois monophylle, ordinairement polyphylle et composé de un ou plusieurs rangs de folioles, contenant plusieurs fleurettes portées sur un réceptacle commun, les unes tubuleuses (en fleurons), formant le disque et presque toujours hermaphrodites, les autres en languettes (en demi-fleurons), placées à la circonférence, formant la couronne ou les rayons, et le plus souvent femelles ; cinq étamines, rarement quatre, ayant leurs filamens distincts et leurs anthères soudées ensemble, formant un tube, et s'ouvrant en dedans; style cylindrique, surmonté d'un stigmate bifide; graines nues ou aigrettées, placées sur le réceptacle nu ou garni de poils ou de paillettes.

# ONZIÈME CLASSE.

## *Dicotylédones monopétales, à corolle sur le pistil, à anthères distinctes.*

### ORDRE I.

DIPSACÉES (*Dipsaceæ*).

Plantes herbacées, vivaces ou annuelles; racines fibreuses, rameuses et quelquefois tronquées; tiges cylindriques, creuses ou fistuleuses, à rameaux opposés; feuilles simples ou pinnatifides, opposées ou alternes, rarement verticillées; fleurs terminales, ordinairement agrégées, portées sur un réceptacle commun garni de poils ou de paillettes; calice monophylle, double ou simple; corolle monopétale, tubuleuse, divisée en son limbe; étamines définies; ovaire inférieur, surmonté d'un seul style, et terminé par un stigmate simple ou divisé; capsule monosperme, ne s'ouvrant pas, et ayant l'apparence d'une graine nue; embryon muni d'un périsperme charnu.

### ORDRE 2.

VALÉRIANÉES (*Valerianeæ*).

Plantes herbacées; tiges simples ou rameuses, quelquefois couchées; feuilles entières ou lobées, opposées. Fleurs en corymbe; calice monophylle, denté, quelquefois ayant son limbe roulé en dedans jusqu'à la maturité des graines; corolle monopétale, tubuleuse, à cinq lobes souvent inégaux; étamines en nombre défini, de une à cinq, insérées sur le tube de la corolle; ovaire inférieur, portant un style à un ou trois stigmates; capsule indéhiscente, à une ou trois loges monospermes, dont deux avortent le plus souvent; embryon dépourvu de périsperme.

### ORDRE 3.

RUBIACÉES (*Rubiaceæ*).

Plantes herbacées ou ligneuses; tiges droites ou couchées,

tétragones dans les espèces herbacées, cylindriques dans les espèces ligneuses, souvent hérissées de poils ou d'aiguillons crochus et accrochans; feuilles simples, entières, opposées et réunies à leur base par une gaîne ciliée ou des stipules intermédiaires, ou verticillées et au nombre de trois jusqu'à dix; inflorescence variée; calice supérieur, monophylle, à limbe divisé, plus rarement entier; corolle monopétale, ordinairement régulière et tubuleuse; limbe divisé en quatre ou cinq lobes; quatre ou cinq étamines, rarement davantage, insérées sur le tube de la corolle et alternes avec ses divisions; ovaire inférieur, surmonté d'un seul style, rarement de deux, et terminé le plus souvent par deux stigmates; deux coques monospermes, ne s'ouvrant pas, ressemblant à des graines nues, ou une baie, ou une capsule, souvent à deux loges, tantôt monospermes, tantôt polyspermes, quelquefois à une ou plusieurs loges; embryon entouré par un grand périsperme corné.

## ORDRE 4.

### CAPRIFOLIACÉES (*Caprifolia*).

Plantes herbacées ou ligneuses; tiges herbacées, ou frutescentes, ou arborescentes, souvent sarmenteuses; feuilles ordinairement simples, presque toujours opposées; inflorescence variée; calice monophylle, supérieur, souvent caliculé à sa base, ou muni de bractées; corolle souvent monopétale, régulière ou irrégulière, quelquefois formée de plusieurs pétales élargis à la base; quatre et plus souvent cinq étamines insérées sur la corolle dans les monopétales, sur l'ovaire et alternes avec les divisions de la corolle dans les polypétales, quelquefois cependant attachées sur le milieu des pétales; ovaire inférieur, portant le plus souvent un seul style, celui-ci quelquefois nul, terminé par un seul stigmate, plus rarement par trois; une baie ou une capsule à une ou plusieurs loges monospermes ou polyspermes; embryon placé dans une cavité située au sommet d'un périsperme charnu.

## DOUZIÈME CLASSE.

### *Dicotylédones polypétales, à étamines sur le pistil.*

#### ORDRE 1.

ARALIES (*Araliæ*).

Plantes herbacées ou ligneuses; tiges herbacées, ou frutescentes, ou arborescentes; feuilles alternes, souvent composées, à pétiole long, dont la base est engaînante; fleurs petites, en ombelles terminales; calice monophylle, entier ou denté en son bord; pétales et étamines définis; un ovaire inférieur, à plusieurs styles et à plusieurs stigmates; une baie, ou plus rarement une capsule à plusieurs loges monospermes, dont le nombre répond à celui des styles.

#### ORDRE 2.

OMBELLIFÈRES (*Umbelliferæ*).

Plantes herbacées; feuilles alternes, ordinairement pinnées ou pinnatifides, et amplexicaules par la base du pétiole; fleurs ombellées, c'est-à-dire portées sur des pédoncules insérés en un point commun, et divergeant ensuite comme les rayons d'un parasol; dans quelques genres, fleurs sessiles, réunies en tête sur un réceptacle commun; calice entier ou à cinq dents; cinq pétales; cinq étamines; un ovaire inférieur, surmonté de deux styles et de deux stigmates, très rarement style et stigmate simples; fruit composé de deux graines adossées l'une à l'autre, et se séparant d'elles-mêmes à leur maturité, attachées par leur partie supérieure à un axe central filiforme; très rarement une seule graine simple; embryon très petit, placé au sommet d'un périsperme ligneux.

## TREIZIÈME CLASSE.

### *Dicotylédones polypétales, à étamines attachées sous le pistil.*

#### ORDRE 1.

RENONCULACÉES (*Ranunculaceæ*).

Plantes herbacées; tiges simples ou rameuses, quelquefois sarmenteuses et s'accrochant au moyen de pétioles; feuilles presque toujours alternes, rarement opposées, simples, palmées, digitées, ou quelquefois ailées; inflorescence variée; calice de plusieurs folioles, quelquefois nul; corolle composée le plus souvent de cinq pétales, quelquefois de six à vingt; étamines en nombre indéterminé, et souvent au-delà de trente, ayant leurs anthères attachées aux filamens par leur base extérieure; ovaires supérieurs, insérés sur un réceptacle commun en nombre défini ou indéfini, surmontés chacun d'un seul style, à stigmate simple; très rarement un seul ovaire; chaque ovaire devient une capsule, plus rarement une baie monosperme, ne s'ouvrant pas naturellement; quelquefois une capsule polysperme, s'ouvrant latéralement par une fente longitudinale; dans le cas d'un seul ovaire, le fruit est une baie monoloculaire, polysperme; embryon muni d'un périsperme.

## ORDRE 2.

### PAPAVÉRACÉES (*Papaveraceæ*).

Plantes ordinairement herbacées, lactescentes; feuilles alternes; fleurs en épi, en ombelle, ou solitaires; calice formé par deux folioles caduques; corolle de quatre pétales, quelquefois de cinq à huit, très rarement nulle; étamines en nombre défini ou indéfini; ovaire simple, supérieur, souvent privé de style, portant un stigmate simple ou divisé. Une capsule ou une silique, ordinairement à une seule loge, et le plus souvent polysperme; graines attachées à des placentas latéraux; embryon muni d'un périsperme charnu.

## ORDRE 3.

### CRUCIFÈRES (*Cruciferæ*).

Plantes herbacées; feuilles alternes; fleurs en corymbe, en panicule ou en épi; calice de quatre folioles souvent caduques; corolle de quatre pétales opposés en croix, et munis d'un onglet de la longueur du calice; six étamines tétradynames; un ovaire supérieur, surmonté d'un style unique ou nul, terminé par un stigmate simple ou bilobé; fruit allongé et siliqueux, ou court et siliculeux, ordinairement à deux valves et à deux loges polyspermes, quelquefois les valves ne s'ouvrent pas, et le fruit est monoloculaire et monosperme; d'autres fois les loges sont articulées les unes au-dessus des autres, et se séparent à leurs articulations sans s'ouvrir; embryon dépourvu de périsperme.

ORDRE 4.

CAPPARIDÉES (*Capparideæ*).

Plantes herbacées ou ligneuses; tiges simples ou rameuses, quelquefois couchées; feuilles alternes; inflorescence variée; calice polyphylle, ou monophylle divisé; quatre ou cinq pétales le plus souvent alternes avec les divisions du calice, et insérés sous le pistil; étamines ordinairement en nombre indéfini; ovaire supérieur, simple, souvent pédicellé, à style très court ou nul, à stigmate simple; une baie, une silique, ou une capsule à une loge polysperme; embryon dépourvu de périsperme.

ORDRE 5.

SAPINDACÉES (*Sapindi*).

Plantes ordinairement ligneuses; tiges frutescentes ou arborescentes; feuilles simples ou composées, ailées, ayant souvent le pétiole commun muni d'une membrane; inflorescence variée; calice polyphylle ou monophylle, le plus souvent divisé; quatre ou cinq pétales, insérés sur un disque hypogyne; étamines le plus souvent au nombre de huit, à filamens distincts, insérées sur le disque hypogyne; un seul ovaire, supérieur, surmonté d'un à trois styles, avec autant de stigmates; un drupe ou une capsule, à une, deux ou trois loges, à une ou deux semences, ou à autant de coques; embryon dépourvu de périsperme.

ORDRE 6.

ACÉRINÉES (*Acera*).

Plantes ligneuses; tiges arborescentes; feuilles opposées, ordinairement simples; inflorescence variée; calice monophylle, à cinq divisions; quatre ou cinq pétales insérés autour d'un disque hypogyne: ils manquent quelquefois; étamines définies, insérées sur le même disque; ovaire simple, supérieur, surmonté d'un ou plus rarement de deux styles; un ou deux stigmates; un fruit à plusieurs loges, ou à plusieurs capsules; les loges ou les capsules à une ou deux semences; embryon dépourvu de périsperme.

## ORDRE 7.

### MALPIGHIACÉES (*Malpighiaceæ*).

Plantes ligneuses; tiges frutescentes ou arborescentes, très rameuses; feuilles opposées, presque toujours simples, quelquefois munies de stipules, naissant dans des boutons coniques et couverts d'écailles; fleurs axillaires ou terminales; calice persistant, à cinq divisions; cinq pétales onguiculés, insérés sur un disque hypogyne; dix étamines ayant la même insertion, à filamens souvent réunis à la base, et portant à leur sommet des anthères arrondies; ovaire supérieur, simple, ou à trois lobes, surmonté de trois styles, et de trois à six stigmates; trois capsules ou un fruit à trois loges, les capsules ou loges monospermes; embryon dépourvu de périsperme.

## ORDRE 8.

### HYPÉRICÉES (*Hypericeæ*).

Plantes herbacées ou ligneuses; tiges ordinairement frutescentes; feuilles le plus souvent opposées, quelquefois verticillées; fleurs souvent axillaires et opposées; calice à quatre ou cinq parties; quatre ou cinq pétales; étamines nombreuses, à filamens réunis par leur base en plusieurs faisceaux, portant à leur sommet des anthères arrondies; ovaire supérieur, simple, portant plusieurs styles et autant de stigmates; une capsule, rarement une baie, ordinairement à plusieurs valves, à plusieurs loges formées par le bord rentrant des valves, et contenant des graines très menues; embryon dépourvu de périsperme.

## ORDRE 9.

### GUTTIERS (*Guttiferæ*).

Plantes ligneuses ou succulentes; tiges frutescentes ou arborescentes; feuilles coriaces ou charnues, ordinairement simples, alternes et persistantes; inflorescence variée; calice polyphylle ou monophylle, profondément divisé, rarement nu; ordinairement quatre pétales; étamines le plus souvent indéfinies, à filamens distincts, monadelphes ou polyadelphes; anthères adnées aux filamens; ovaire simple; un seul style; stigmate entier ou divisé, quelquefois sessile; une baie, un drupe ou une capsule à loge entière ou s'ouvrant en plusieurs valves, contenant une ou plusieurs graines; embryon dépourvu de périsperme.

ORDRE 10.

AURANTIACÉES (*Aurantia*).

Plantes ligneuses; tiges frutescentes ou arborescentes; feuilles alternes, ordinairement d'un beau vert et persistantes; fleurs souvent axillaires; calice monophylle, souvent divisé; pétales en nombre défini, élargis à leur base, insérés autour d'un disque hypogyne; étamines attachées sur le même disque, définies ou indéfinies, à filamens libres ou monadelphes, ou polyadelphes; un ovaire supérieur, surmonté d'un seul style, terminé par un stigmate simple ou rarement divisé; une baie ou une capsule monoloculaire ou à plusieurs loges monospermes ou polyspermes; embryon dépourvu de périsperme.

ORDRE 11.

MÉLIACÉES (*Meliaceæ*).

Plantes ligneuses; tiges arborescentes; feuilles simples ou composées, ordinairement opposées; fleurs souvent en panicule terminale; calice monophylle, divisé plus ou moins profondément; quatre ou cinq pétales; étamines en nombre égal ou double de celui des pétales, à filamens soudés en un tube denté à son sommet: les dents portent les anthères, ou celles-ci sont adnées à la partie interne des premières; un ovaire supérieur, portant un seul style, terminé par un stigmate simple ou rarement divisé. Une baie, ou plus souvent une capsule à plusieurs loges monospermes ou polyspermes.

ORDRE 12.

VINIFÈRES (*Vites*).

Plantes ligneuses; tiges frutescentes, rarement arborescentes, sarmenteuses, noueuses, munies de vrilles; feuilles alternes, stipulées, attachées aux vrilles; fleurs en thyrse; calice monophylle, court, presqu'entier; quatre ou cinq pétales élargis à la base; autant d'étamines opposées aux pétales, à filamens distincts et insérés sur un disque hypogyne; un ovaire supérieur, à stigmate sessile ou porté sur un style simple. Une baie à une ou plusieurs loges, contenant une ou plusieurs graines osseuses. Embryon dépourvu de périsperme.

## ORDRE 13.

### GÉRANIACÉES (*Geraniæ*).

Plantes herbacées ou frutescentes; feuilles stipulées, simples ou composées, opposées ou alternes; fleurs souvent en ombelle terminale, ou en corymbe; calice persistant, à cinq divisions profondes, ou à cinq folioles; cinq pétales; étamines en nombre défini, à filamens ordinairement réunis par leur base en un seul corps, tous fertiles, ou quelques uns stériles; un ovaire supérieur, surmonté d'un style terminé par cinq stigmates; fruit à cinq capsules, à une ou deux semences, ou à cinq loges; embryon dépourvu de périsperme.

## ORDRE 14.

### MALVACÉES (*Malvaceæ*).

Plantes herbacées ou ligneuses; tiges cylindriques, rarement anguleuses; feuilles stipulées, alternes, simples, palmées ou digitées; fleurs axillaires ou terminales; calice le plus souvent double: l'intérieur à cinq divisions ou à cinq folioles, l'extérieur variable pour le nombre de ses divisions; cinq pétales égaux, distincts et hypogynes, ou conés par leur base et adnés à la base du tube staminifère; étamines ordinairement nombreuses, à filamens soudés inférieurement en un tube ou godet qui entoure le style, plus ou moins libres dans leur partie supérieure, et portant des anthères arrondies; un ovaire supérieur, surmonté d'un style divisé supérieurement en cinq à vingt stigmates. Fruit composé d'une seule capsule à plusieurs loges et à plusieurs valves, ou formé de cinq à vingt capsules ramassées orbiculairement autour de la base du style, et contenant une ou plusieurs graines; embryon dépourvu de périsperme.

## ORDRE 15.

### MAGNOLIACÉES (*Magnoliæ*).

Plantes ligneuses; tiges arborescentes; feuilles alternes, stipulées; fleurs terminales ou en panicules éparses; calice polyphylle; pétales hypogynes, le plus souvent en nombre défini; étamines nombreuses, distinctes, insérées au réceptacle, ayant leurs anthères adnées aux filamens; plusieurs ovaires supérieurs, définis ou indéfinis; autant de styles, ou seulement de stigmates, quand les premiers n'existent pas; plusieurs capsules ou baies monoloculaires, monospermes ou polyspermes, quelquefois réunies en un seul fruit; embryon dépourvu de périsperme.

## ORDRE 16.

### ANONÉES (*Anonæ*).

Plantes ligneuses; tiges frutescentes ou arborescentes; feuilles alternes, sans stipules; fleurs axillaires; calice persistant, à trois lobes; six pétales, dont les trois extérieurs ressemblent à un calice intérieur; étamines nombreuses, à anthères presque sessiles, portées sur le réceptacle hémisphérique; ovaire nombreux, portant chacun un style très court ou un stigmate sessile; plusieurs baies ou capsules monospermes ou polyspermes, tantôt distinctes, sessiles ou pédonculées, tantôt réunies en un seul fruit pulpeux et partagé intérieurement en plusieurs loges monospermes; embryon muni d'un grand périsperme.

## ORDRE 17.

### MÉNISPERMÉES (*Menispermeæ*).

Plantes herbacées; tiges frutescentes, ordinairement sarmenteuses et volubiles de droite à gauche; feuilles alternes, sans stipules; fleurs diclines; calice polyphylle; pétales définis, opposés aux folioles du calice; quelquefois une écaille placée au-devant de chaque pétale; étamines en même nombre que les pétales et opposés à ceux-ci; plusieurs ovaires supérieurs, munis chacun d'un style et d'un stigmate; autant de baies ou de capsules monospermes, souvent une seule, les autres avortées; embryon placé au sommet d'un périsperme charnu.

## ORDRE 18.

### BERBÉRIDÉES (*Berberideæ*).

Plantes ligneuses ou herbacées; tiges ordinairement frutescentes, souvent garnies, dans toute leur longueur, de rameaux alternes; feuilles alternes, quelquefois stipulées; fleurs souvent en grappes; calice polyphylle ou partagé en plusieurs découpures ; pétales en nombre déterminé et égal à celui des folioles du calice, simples ou munis intérieurement d'une appendice pétaliforme ; autant d'étamines que de pétales, placées devant eux, à anthères adnées aux filamens, et s'ouvrant de la base au sommet par une valvule ; ovaire simple, supérieur, à style simple ou nul, terminé par un stigmate souvent simple ; une baie ou capsule monoloculaire, polysperme ; embryon entouré d'un périsperme charnu.

## ORDRE 19.

### TILIACÉES (*Tiliaceæ*).

Plantes ligneuses, rarement herbacées ; tiges ordinairement arborescentes ou frutescentes ; feuilles alternes, simples, stipulées ; inflorescence variée ; calice polyphylle ou à plusieurs divisions ; pétales en nombre déterminé, alternes avec les folioles ou les divisions du calice, et ordinairement en même nombre ; étamines également distinctes et indéfinies ; un ovaire supérieur, simple, surmonté le plus souvent d'un style simple, rarement multiple ou nul, à stigmate simple ou divisé ; une baie ou capsule, ordinairement à plusieurs loges ; dans les capsules les valves portent les cloisons dans leur milieu ; embryon entouré d'un périsperme charnu.

## ORDRE 20.

### CISTÉES (*Cisti*).

Plantes herbacées ou ligneuses ; tiges frutescentes, quelquefois herbacées et rampantes ; feuilles ordinairement opposées, stipulées ou exstipulées ; fleurs le plus souvent en grappe ou en corymbe ; calice de cinq folioles persistantes ; cinq pétales égaux et étamines nombreuses dans les véritables cistées ; un ovaire supérieur, surmonté d'un style terminé par un stigmate simple ; une capsule monoloculaire à trois valves, ou multiloculaire et multivalve ; graines nombreuses, attachées sur le milieu des valves ; embryon muni d'un périsperme charnu.

## ORDRE 21.

### RUTACÉES (*Rutaceæ*).

Plantes herbacées ou ligneuses ; tiges souvent frutescentes, rarement arborescentes ; feuilles simples ou composées, quelquefois alternes et sans stipules, d'autres fois opposées et stipulées; fleurs terminales ou axillaires; calice monophylle, souvent à cinq divisions; corolle ordinairement à cinq pétales alternes avec les divisions du calice; étamines distinctes, en nombre déterminé, habituellement double de celui des pétales; un ovaire surmonté d'un style à stigmate simple ou rarement divisé; fruit à plusieurs loges, ou plusieurs capsules, celles-ci souvent au nombre de cinq, monospermes ou polyspermes; embryon muni d'un périsperme charnu.

### ORDRE 22.

#### CARYOPHYLLÉES (*Caryophylleæ*).

Plantes ordinairement herbacées, rarement frutescentes; tiges souvent articulées; feuilles opposées, conjointes ou verticillées, rarement stipulées; fleurs souvent terminales, quelquefois axillaires; calice monophylle, ordinairement persistant, tubuleux, denté, à cinq folioles distinctes; cinq pétales rétrécis en onglet, et alternes avec les divisions du calice; étamines toujours en nombre déterminé, le plus souvent double de celui des pétales, quelquefois égal ou moindre; un seul ovaire supérieur, ordinairement surmonté de plusieurs styles, munis chacun de leur stigmate; une capsule le plus souvent polysperme, à une ou plusieurs loges, à plusieurs valves, s'ouvrant par le sommet; graines attachées à un réceptacle central ou au fond de la capsule; embryon courbé ou roulé en spirale, entourant un périsperme farineux.

## QUATORZIÈME CLASSE.

*Dicotylédones polypétales, à étamines attachées au calice.*

### ORDRE I.

#### CRASSULÉES (*Sempervivæ*).

Plantes grasses, herbacées; tiges succulentes, s'élevant rarement à plus de deux ou trois pieds; feuilles épaisses, charnues, opposées ou alternes; fleurs alternes ou en épi, en corymbe et en cime; calice partagé en plusieurs parties définies; pétales insérés à la base du calice, en nombre égal à celui des folioles du calice et alternes avec elles, quelquefois la corolle est monopétale, partagée en autant de lobes qu'il y a de folioles; étamines en nombre égal ou double des divisions de la corolle, portant des anthères arrondies; autant d'ovaires que de divisions de la corolle, réunis par leur base interne: l'externe souvent chargée d'une glande squamiforme; chacun d'eux surmonté d'un style et d'un stigmate; ovaires se changeant en autant de capsules à une loge polysperme, s'ouvrant à leur partie interne par une fente longitudinale, aux bords de laquelle sont attachées les valves; embryon muni d'un périsperme farineux.

### ORDRE 2.

#### SAXIFRAGÉES (*Saxifragæ*).

Plantes herbacées, quelquefois succulentes; racines rarement tubéreuses; tiges herbacées; feuilles le plus souvent simples, quelquefois charnues et succulentes, radicales quand la tige est scapiforme, alternes ou opposées quand la tige est caulescente; inflorescence variée; calice à quatre ou cinq divisions; quatre ou cinq pétales insérés dans le haut du calice, et alternes avec ses divisions; les pétales manquent quelquefois; étamines ayant la même insertion, et en nombre égal à celui des pétales, ou le plus souvent double; un ovaire supérieur, ou plus rarement inférieur, surmonté de deux styles ou de deux stigmates; capsule polysperme, s'ouvrant au sommet en deux valves, à une ou deux loges: la cloison, dans ce dernier cas, étant formée par le bord rentrant des valves; embryon muni d'un périsperme charnu.

### ORDRE 3.

#### OPUNTIACÉES (*Cacti*).

Plantes grasses, herbacées; tiges charnues, épineuses, quelquefois nulles; feuilles épaisses, souvent superposées, épineuses, quelquefois nulles, fleurs ordinairement sessiles, solitaires, naissant sur les tiges, sur les feuilles, ou sur un réceptacle particulier et hérissé; calice supérieur, divisé à son sommet; pétales en nombre indéfini, insérés vers le haut du calice; étamines en nombre indéfini, insérées de même; ovaire inférieur, surmonté d'un seul style à stigmate divisé; baie monoloculaire, polysperme.

### ORDRE 4.

#### GROSSULARIÉES (*Grossulariæ*).

Plantes ligneuses; tiges frutescentes; feuilles alternes; fleurs bractéées, en grappe; calice adhérent, à cinq divisions; corolle sur le calice, à cinq pétales; cinq étamines insérées devant les pétales; un ovaire surmonté d'un style simple à stigmate double; baie monoloculaire polysperme; embryon très petit, renfermé dans un périsperme corné.

### ORDRE 5.

#### PORTULACÉES (*Portulaceæ*).

Plantes herbacées ou ligneuses; tiges souvent frutescentes, cylindriques; feuilles alternes ou opposées, ordinairement succulentes; inflorescence variée; calice divisé au sommet; corolle ordinairement composée de cinq pétales insérés à la base ou au milieu du calice, et alternes avec ses divisions, quelquefois monopétale ou nulle; étamines en nombre égal des pétales, et ayant la même insertion; un ovaire supérieur, surmonté d'un, deux ou trois styles; stigmate le plus souvent divisé, et quelquefois sessile; capsule monoloculaire ou multiloculaire, à loges monospermes ou polyspermes; embryon muni d'un périsperme farineux ou un peu charnu.

### ORDRE 6.

#### FICOÏDÉES (*Ficoideæ*).

Plantes herbacées, quelquefois succulentes, d'autres fois un peu ligneuses; feuilles opposées, souvent charnues; inflorescence variée; calice monophylle, partagé en un nombre de divisions déterminé, coloré intérieurement lorsque la corolle manque; corolle composée de cinq pétales, quelquefois d'un plus grand nombre, attachés dans le haut du calice, ou tout-à-fait nuls; plus de douze étamines, quelquefois en nombre indéterminé, attachées au calice, ayant leurs anthères inclinées; un ovaire supérieur ou inférieur, surmonté de plusieurs styles, terminés chacun par un stigmate; une capsule ou une baie partagée en autant de loges; embryon muni d'un périsperme farineux.

## ORDRE 7.

### ONAGRAIRES (*Onagræ*).

Plantes herbacées; feuilles alternes ou opposées; inflorescence variée; calice monophylle, à limbe divisé, persistant ou caduc; ordinairement quatre pétales, rarement de deux à cinq (ou point), attachés dans le haut du calice, et alternes avec ses divisions; étamines ayant la même insertion, en nombre égal ou double de celui des pétales, rarement en plus grand nombre; un ovaire inférieur, surmonté le plus souvent d'un style à stigmate divisé ou simple; une capsule, quelquefois une baie, ordinairement à plusieurs loges polyspermes, rarement à une seule loge monosperme; embryon dépourvu de périsperme.

## ORDRE 8.

### MYRTÉES (*Myrti*).

Plantes ordinairement ligneuses; tiges frutescentes ou arborescentes; feuilles simples, ponctuées, opposées; fleurs axillaires ou terminales; calice monophylle, supérieur, persistant, partagé en plusieurs lobes; pétales en nombre déterminé, égal à celui des divisions calicinales, alternes avec elles et attachés dans le haut du calice; étamines indéfinies, insérées au-dessous des pétales; un ovaire inférieur ou rarement semi-inférieur, portant un style à stigmate simple ou rarement divisé; une baie ou un drupe, ou quelquefois une capsule à une ou plusieurs loges, contenant une ou plusieurs graines; embryon dépourvu de périsperme.

## ORDRE 9.

### MÉLASTOMÉES (*Melastomæ*).

Plantes le plus souvent ligneuses; feuilles opposées, simples, marquées de trois ou d'un plus grand nombre de nervures longitudinales; calice monophylle, ordinairement supérieur, divisé en son limbe; pétales définis, insérés dans le haut du calice, égaux en nombre aux divisions calicinales, et alternes avec elles; étamines attachées dans le haut du calice, en nombre double des pétales; un ovaire ordinairement inférieur, surmonté d'un style et d'un stigmate simple; une baie ou une capsule à plusieurs loges polyspermes.

## ORDRE 10.

### LYTHRAIRES (*Lythrariæ*).

Plantes herbacées, rarement frutescentes; tiges cylindriques ou tétragones, à rameaux tétragones, alternes ou opposés; feuilles simples, alternes ou opposées, sessiles ou presque sessiles; fleurs axillaires ou terminales; calice monophylle, en tube ou en godet, partagé en son limbe; pétales égaux en nombre aux divisions calicinales, et attachés dans le haut du calice; ils manquent quelquefois tout-à-fait; étamines insérées dans le milieu du calice, en nombre égal ou double de celui des pétales; un ovaire supérieur, caché dans le calice, portant un style à stigmate souvent en tête.

## ORDRE 11.

### ROSACÉES (*Rosaceæ*).

Plantes herbacées ou ligneuses; tiges frutescentes ou arborescentes, souvent épineuses, quelquefois herbacées, rampantes; feuilles alternes, simples ou composées, stipulées; inflorescence variée; calice ordinairement persistant, inférieur ou supérieur, à limbe partagé en nombre de divisions égal ou double de celui des pétales; corolle communément composée de cinq pétales attachés dans le haut du calice, alternes avec ses divisions, ou placés devant les plus petites, quand les découpures calicinales sont en nombre double de celui des pétales: ces derniers manquent quelquefois tout-à-fait; étamines le plus souvent en nombre indéterminé, insérées sur le calice au-dessous des pétales; ovaire tantôt simple et inférieur, à plusieurs styles et stigmates, tantôt supérieur, souvent multiple, quelquefois simple; pomme à plusieurs loges, ou plusieurs petites capsules monospermes et indéhiscentes, ou polyspermes et s'ouvrant en deux valves, ou enfin un drupe contenant un noyau monosperme; embryon dépourvu de périsperme.

## ORDRE 12.

### LÉGUMINEUSES (*Leguminosæ*).

Plantes herbacées ou ligneuses; tiges frutescentes ou arborescentes, quelquefois sarmenteuses, ou herbacées, grimpantes ou rampantes; feuilles alternes, composées, articulées, stipulées; calice monophylle, ordinairement à cinq découpures ou à cinq dents; corolle polypétale, très rarement nulle ou monopétale, attachée au fond du calice, papilionacée; dix étamines, rarement plus ou moins, insérées au-dessus des pétales : leurs filamens sont tantôt distincts, ou seulement réunis par la base, le plus souvent monadelphes, neuf étant soudés en un tube fendu longitudinalement dans la partie qui regarde l'étendard, et le dixième étant solitaire placé dans cette fente; quelquefois monadelphes formant un tube entier; les anthères sont distinctes, petites, arrondies ou oblongues; ovaire supérieur, simple, surmonté d'un seul style, à stigmate simple; dans un petit nombre de genres, le fruit est une capsule monoloculaire, submonosperme, indéhiscente ou bivalve; le plus ordinairement c'est une gousse ou un légume, tantôt à une ou deux loges longitudinales, à deux valves réunies l'une à l'autre par deux sutures opposées, à une ou plusieurs graines attachées à la suture inférieure : tantôt divisé par plusieurs cloisons ou articulations transversales qui forment autant de loges monospermes.

### ORDRE 13.

#### TÉRÉBINTHACÉES (*Terebinthaceæ*).

Plantes ligneuses; tiges frutescentes ou arborescentes; feuilles alternes, simples, ou ailées, avec impair; inflorescence variée; calice monophylle; pétales insérés à la partie inférieure du calice (rarement nuls), en nombre égal à ses divisions, et alternes avec elles; étamines égales en nombre aux pétales, ou double, et ayant la même insertion; ovaire supérieur, simple ou multiple, surmonté d'un style également simple ou multiple (rarement nul); terminé par un ou plusieurs stigmates; une capsule, ou une baie, ou un drupe à une ou plusieurs loges monospermes; graines contenues le plus souvent dans une noix osseuse; embryon dépourvu de périsperme.

### ORDRE 14.

#### RHAMNOÏDES (*Rhamnoïdeæ*).

Plantes ligneuses; feuilles alternes ou opposées, stipulées; calice monophylle, à limbe divisé en quatre ou cinq lobes; quatre ou cinq pétales (très rarement nuls) insérés dans le haut du calice ou sur un disque situé en son fond, et alternes avec ses divisions; ils sont onguiculés et squamiformes, ou réunis à leur base formant une corolle monopétale; étamines en même nombre que les pétales, ayant la même insertion; ovaire supérieur, entouré d'un disque qui naît du fond du calice, surmonté d'un ou plusieurs styles; une baie ou une capsule à plusieurs loges, à plusieurs valves, portant les cloisons dans le milieu d'une paroi interne : chaque loge contenant une ou deux graines munies d'un périsperme charnu.

## QUINZIÈME CLASSE.

### *Dicotylédones apétales ; fleurs unisexuelles.*

#### ORDRE 1.

#### EUPHORBIACÉES (*Euphorbiaceæ*).

Plantes herbacées ou ligneuses; tiges quelquefois laiteuses ou épineuses; feuilles alternes, opposées ou verticillées; inflorescence variée; fleurs monoïques ou dioïques, rarement hermaphrodites; calice tubuleux ou divisé, simple ou double; les divisions intérieures quelquefois pétaloïdes; pétales nuls, à moins qu'on ne prenne pour tels les divisions intérieures du calice; fleurs mâles ayant les étamines en nombre défini ou indéfini, à filamens distincts ou réunis, quelquefois rameux ou articulés, insérés au réceptacle ou au centre du calice; dans quelques espèces, des paillettes ou des écailles interposées entre les étamines; fleurs femelles ayant un seul ovaire supérieur, sessile ou pédiculé, surmonté d'un style souvent triple, quelquefois simple, et terminé par trois stigmates ou davantage; une capsule à autant de loges ou coques qu'il y a de stigmates, s'ouvrant en deux valves avec élasticité, et contenant chacune une ou deux graines; embryon entouré par un périsperme charnu.

#### ORDRE 2.

#### CUCURBITACÉES (*Cucurbitaceæ*).

Plantes herbacées; tiges munies de vrilles axillaires, grimpantes ou couchées, ordinairement hérissées, comme les feuilles, de poils rudes et courts; feuilles alternes, simples, toujours pétiolées; fleurs ordinairement monoïques, quelquefois dioïques, rarement hermaphrodites; calice supérieur, monophylle, évasé, à cinq divisions; corolle campanulée, adhérente au calice, ayant son limbe partagé en cinq lobes; fleurs mâles : étamines au nombre de trois à cinq, insérées au fond de la fleur; filamens distincts ou réunis, à anthères oblongues, soudées latéralement dans toute leur longueur avec la partie supérieure de leur filament, souvent adhérentes les unes aux autres, et s'ouvrant en une seule loge par un sillon longitudinal; fleurs femelles : filamens des étamines nuls ou stériles; style surmonté de plusieurs stigmates; une baie charnue à écorce ferme, à une ou plusieurs loges contenant une ou plusieurs graines cartilagineuses, attachées horizontalement à des réceptacles latéraux; embryon dépourvu de périsperme.

## ORDRE 3.

### PASSIFLORÉES (*Passifloræ*).

Plantes ligneuses ou herbacées; tiges souvent grimpantes, munies de vrilles; feuilles ordinairement simples, alternes; fleurs souvent axillaires; calice monophylle, à cinq découpures; corolle de cinq pétales attachés à la base du calice; une couronne particulière, intérieure, multifide; cinq étamines attachées sous l'ovaire; un ovaire pédiculé, supérieur, surmonté de trois styles; une baie ovoïde, monoloculaire, contenant plusieurs graines munies d'une tunique propre, et attachées à des placenta linéaires, adhérens à la paroi interne de la baie; embryon muni d'un périsperme charnu.

## ORDRE 4.

### URTICÉES (*Urticeæ*).

Plantes herbacées ou ligneuses; tiges souvent frutescentes ou arborescentes, quelquefois laiteuses; feuilles ordinairement stipulées, alternes ou opposées; fleurs quelquefois renfermées dans un involucre charnu, monoïques ou dioïques, rarement hermaphrodites; calice monophylle, divisé; corolle nulle; fleurs mâles : étamines en nombre défini, insérées au fond du calice et placées devant ses divisions; fleurs femelles : un ovaire supérieur, à style tantôt nul, tantôt simple ou bifurqué, souvent latéral; presque toujours deux stigmates; une seule graine renfermée dans une enveloppe testacée et fragile, nue ou recouverte par le calice accru et devenu bacciforme; périsperme nul dans les vraies urticées.

## ORDRE 5.

### AMENTACÉES (*Amentaceæ*).

Plantes ligneuses; tiges frutescentes ou arborescentes; feuilles alternes; fleurs souvent axillaires, monoïques ou dioïques, rarement hermaphrodites, toujours apétales; fleurs mâles disposées en un chaton composé d'écailles, portant un calice monophylle, ou, lorsque celui-ci manque, portant immédiatement les étamines; celles-ci en nombre défini ou indéfini, ayant leurs filamens libres; fleurs femelles disposées en chaton, ou en faisceau, ou solitaires, tantôt pourvu d'un calice monophylle, tantôt d'une seule écaille; un ovaire supérieur, simple, rarement multiple et en nombre déterminé, surmonté d'un ou plusieurs styles, terminé ordinairement par plusieurs stigmates; capsules en nombre égal à celui des ovaires, le plus souvent monoloculaires, à une ou plusieurs graines; embryon dépourvu de périsperme.

## ORDRE 6.

### CONIFÈRES (*Coniferæ*).

Plantes ligneuses ordinairement résineuses; tiges frutescentes ou arborescentes; feuilles simples, opposées, verticillées ou fasciculées, souvent acéreuses; fleurs souvent en chaton, monoïques ou dioïques, les mâles munies chacune d'une écaille et souvent composées d'un calice; étamines en nombre déterminé ou indéterminé, à filamens distincts ou connés, et insérés sur le calice ou sur l'écaille lorsque le premier n'existe pas; fleurs femelles quelquefois solitaires, d'autres fois rapprochées en tête, disposées le plus souvent en cône recouvert d'écailles nombreuses, imbriquées; chacune d'elles composée d'un petit calice monophylle, ou le plus souvent d'une simple écaille, et d'un ovaire simple, double ou multiple; stigmates simples, un pour chaque ovaire et porté le plus souvent par un style; chaque ovaire se change en une petite noix monosperme; embryon muni d'un périsperme charnu.

# DEUXIÈME PARTIE.

## PHYSIQUE GÉNÉRALE APPLIQUÉE A L'AGRICULTURE. (1)

Les végétaux sont des êtres vivans ; et l'agriculture ne doit les envisager que sous ce seul rapport.

La vie, dans les végétaux comme dans les animaux, consiste tout entière dans cette force qui les fait résister pendant plus ou moins long-temps aux lois des affinités chimiques et de la pesanteur. Les causes de cette résistance sont encore inconnues.

Les phénomènes généraux de la vie sont, 1°. l'irritabilité, 2°. la nutrition, 3°. la propagation.

## DE L'IRRITABILITÉ.

On ne peut plus douter aujourd'hui que les végétaux ne soient doués d'une faculté fort difficile à expliquer, et à laquelle on a donné le nom d'*irritabilité*. C'est à cette faculté qu'il faut attribuer les causes de tous les autres phénomènes de la vie ; elle est le résultat direct d'une autre faculté occulte qu'on a nommé *force vitale*, ou peut-être est-ce la même chose sous deux noms différens.

Lorsqu'un corps agit, soit mécaniquement soit chimiquement, sur la fibre musculaire d'un animal, il y produit une contraction, suivie d'un relâchement quand l'action du corps irritant vient à diminuer ; voilà l'irritabilité. Si la fibre musculaire irritée est droite, elle tend à rapprocher ses deux extrémités ; par conséquent, si un vaisseau est formé de fibres

(1) Sous le titre de *physique générale*, je comprends : la physiologie végétale, la minéralogie, la chimie, la physique et la météorologie, mais seulement dans leurs parties offrant des rapports avec l'agriculture.

circulaires, l'irritabilité en rétrécira momentanément le diamètre. De ces deux exemples, on peut déduire toutes les circonstances qui peuvent résulter de cette crispation.

Établissons quelques faits pour prouver que ce phénomène constaté dans les animaux existe aussi dans les plantes. D'après les expériences de MM. Brugmans et Coulon, si on coupe en travers une tige d'euphorbe, on voit aussitôt la plaie se couvrir de sucs propres. Si cet écoulement n'avait lieu que sur la coupe de la partie de la tige qui part des racines, on pourrait croire que c'est la circulation qui agit; et, en supposant qu'on pût expliquer la circulation sans le secours de la contraction, on dirait que les sucs continuent à suivre leur marche. Mais la plaie de la partie supérieure de la plante se couvre de même des sucs propres, et ils n'en coulent pas moins soit que l'on tienne la plaie en bas, soit que l'on renverse le rameau et que l'on tienne la plaie en haut. Ceci prouve que les fluides obéissent à une autre loi que la pesanteur. Or, nulle autre cause qu'une contraction résultant de l'irritabilité ne peut expliquer ce phénomène.

Il est à remarquer que la contraction des fibres végétales est absolument de même nature que celle des fibres musculaires des animaux, car les stimulans qui agissent sur les uns agissent sur les autres, et une hémorrhagie peut être arrêtée dans les uns comme dans les autres, au moyen des mêmes astringens. Par exemple, si l'on applique sur la plaie d'un euphorbe ou d'un animal une dissolution de sulfate de fer ou de sulfate d'alumine, à l'instant l'écoulement cessera sur la plaie de l'un et de l'autre. Les animaux tués par les décharges électriques ne donnent presqu'aucun signe d'irritabilité aussitôt après leur mort; des euphorbes ayant reçu une forte décharge électrique ne laissent plus échapper de sucs propres quand on les coupe en travers. Le chlore, qui irrite puissamment les muscles des animaux, accélère aussi d'une manière très marquée la germination des plantes. Enfin, de même que les animaux meurent asphyxiés quand on les plonge dans de certains gaz, de même les plantes périssent quand on les plonge dans du gaz acide carbonique pur, ou qu'on les prive d'air. Mais nous n'avons pas besoin d'accumuler davantage de preuves pour établir la vérité d'un fait aujourd'hui reconnu par le plus grand nombre des plus savans naturalistes.

C'est à l'irritabilité qu'il faut rapporter la plus grande partie des phénomènes dont nous allons nous occuper.

## DU MOUVEMENT DES PLANTES.

La contraction est la cause première du mouvement spontané des plantes, soit que ce mouvement soit occasionné par une cause extérieure et accidentelle, comme dans la sensitive ; soit qu'il résulte d'une cause intérieure et inconnue, comme dans les étamines de la parnassie et les folioles de l'hedysarum gyrans.

La sensitive est de toutes les plantes celle qui a été le plus étudiée sous le rapport du mouvement. Nous allons rapporter le résultat de plusieurs observations singulières faites par des naturalistes habiles. Un simple contact, une secousse, la chaleur, le froid, une goutte de liqueur acide ou alcaline, enfin tous les agens chimiques ont sur elle une action plus ou moins prononcée. Dans son plus grand degré d'irritation, les folioles s'appliquent les unes sur les autres par leur face supérieure, et le pétiole commun s'abaisse le long de la tige ; mais si l'on ne touche la plante que légèrement, l'irritabilité se manifeste avec moins d'énergie. « Si l'on touche légèrement l'une des folioles, dit le savant professeur Mirbel, cette foliole seule s'ébranle et tourne sur son pétiole particulier ; si l'attouchement a été un peu plus fort, l'irritation se communique à la foliole opposée, et les deux folioles se joignent sans que les autres éprouvent aucun changement dans leur situation. Si l'on gratte avec la pointe d'une aiguille une tache blanchâtre que l'on observe à la base des folioles, celles-ci s'ébranlent tout à coup et bien plus vivement que si la pointe de l'aiguille eût été portée dans tout autre endroit. Quoique fanées, les feuilles ont encore des mouvemens très marqués, parce que les articulations ne s'altèrent pas aussi promptement que le reste du tissu, et qu'elles sont évidemment le siége de l'irritabilité. Le temps nécessaire à une feuille pour se rétablir varie suivant la vigueur de la plante, l'heure du jour, la saison et les circonstances atmosphériques. L'ordre dans lequel les différentes parties se rétablissent, varie pareillement. Si l'on coupe avec des ciseaux, même sans occasionner de secousse, la moitié d'une foliole de la dernière ou de l'avant-dernière paire, presque aussitôt la foliole mutilée, et celle qui lui est opposée, se rapprochent; l'instant d'après, le mouvement a lieu dans les folioles voisines, et continue de se communiquer, paire par paire, jusqu'à ce que toute la feuille soit repliée. Souvent encore, après douze ou quinze secondes, le pétiole commun s'abaisse, et les folioles se rapprochent; mais alors l'irritabilité, au lieu de se communiquer du sommet de la feuille à sa base, se communique de la base au sommet. L'acide nitrique, la vapeur du soufre enflammé, l'ammoniaque, le feu appliqué par le moyen d'une lentille de verre, l'étincelle électrique, produisent des effets analogues. Une chaleur trop forte, la privation de l'air, la submersion dans l'eau, ralentissent ces mouvemens en altérant la vigueur de la plante. Le balancement d'une voiture fait d'abord fermer les feuilles; mais quand elles sont pour ainsi dire accoutumées à ce mouvement, elles se rouvrent et ne se ferment plus.» (1)

La dionée attrape-mouche a un genre d'irritabilité fort curieux. Ses feuilles sont composées de deux lobes réunis par une charnière qui règne le long de la ligne médiane. Si un insecte touche la surface supérieure de ces lobes, ils se rapprochent, saisissent l'animal, et ne le lâchent que

(1) En piquant ou brûlant la tige de la plante, en coupant avec des ciseaux une branche sans agiter les feuilles, les folioles ne se ferment point; mais si, au contraire, on applique sur la tige une goutte d'acide concentré, toutes les feuilles s'abaissent et se ferment promptement. M. Dutrochet a conclu, à la suite d'expériences en apparence décisives, que l'organe du mouvement, dans les feuilles de la sensitive, résidait dans une partie qu'il a nommée *bourrelet*, située à la base du pétiole et à la base de chacune des folioles. Ce bourrelet, qui n'est qu'un renflement du parenchyme ou de la *médule corticale*, est spécialement composé de cellules globuleuses disposées en séries longitudinales et remplies d'un fluide coagulable. Ces bourrelets, en se courbant, produisent la plicature des feuilles, ou ce que M. Dutrochet appelle l'*incurvation*. Cette incurvation est fixe, oscillatoire ou élastique. La transmission sympathique de l'irritabilité nerveuse de la sensitive paraît s'opérer, suivant M. Dutrochet, par la sève de la partie ligneuse du système central contenue dans les tubes qu'il nomme *corpusculifères*. M. Dutrochet regarde la lumière comme l'agent extérieur de la *motilité* des végétaux.

lorsqu'il est percé de mille dards dont les feuilles sont hérissées.

Les rossolis à feuilles rondes et à feuilles étroites (*drosera rotundifolia* et *angustifolia*), dont les fleurs blanches se font remarquer dans les marais de Meudon et de Montmorency, ont leurs feuilles munies de longues soies sur leurs bords. Si un insecte se pose sur leur limbe, elles se contractent et se ferment à la manière d'une bourse de jetons.

Les étamines de l'épine-vinette, de la rue, et de quelques autres plantes sont tellement irritables, que si on les touche à la base avec la pointe d'une épingle, elles se rapprochent brusquement du pistil.

Dans les lopézia, le pétale qui forme comme la labelle de ces fleurs irrégulières, est doué d'une irritabilité très remarquable, qui a été observée avec soin par Zuccagni. Robert Browne a de même observé l'irritabilité dans la labelle d'une plante de la Nouvelle-Hollande, qu'il a décrite et nommée *calœna major*.

Quelquefois l'irritabilité se manifeste dans une plante sans qu'on puisse attribuer ce phénomène à une cause extérieure. Les feuilles de l'hédysarum gyrans, plante du Bengale, sont composées de trois folioles; comme celles du trèfle; la foliole terminale est très grande, et les deux latérales fort petites. Ces deux dernières s'élèvent et s'abaissent continuellement en tournant sur leurs charnières par un mouvement de torsion, et ce mouvement est tellement rapide qu'on peut compter jusqu'à cinquante oscillations par minute. La foliole du milieu se tient immobile et dans une position horizontale pendant le jour; mais lorsque la nuit s'approche, elle se couche sur la tige et reste dans cette attitude jusqu'au jour. Les deux autres petites feuilles n'en continuent pas moins leurs oscillations.

L'extrémité des feuilles du *nepenthes distillatoria* a la forme d'un vase ovale fermé par un couvercle. Ce vase se remplit d'une liqueur qui suinte de ses parois, et le couvercle tantôt se ferme, tantôt s'ouvre, selon que le temps se met au beau ou à la pluie.

L'irritabilité des plantes se montre encore dans le phénomène auquel Linnée a donné le nom de *sommeil des feuilles*. Quand la nuit approche, les folioles d'un acacia s'abaissent et restent pendantes vers la terre jusqu'au point du jour;

alors elles s'étendent horizontalement, puis elles se redressent à mesure que le soleil monte sur l'horizon, et enfin, vers le milieu du jour, elles sont redressées vers le ciel. Le phénomène se passe d'une manière absolument contraire dans les feuilles du baguenaudier; elles s'élèvent aussitôt que la nuit a remplacé le jour. Pendant la nuit, le pétiole principal des feuilles de l'acacie pudique s'incline sur la tige; les pétioles secondaires se rapprochent, et les folioles s'appliquent les unes sur les autres comme les tuiles d'un toit, en dirigeant leurs pointes vers le ciel. Dans l'obscurité, les folioles de la casse du marylan s'abaissent en tournant sur leur articulation, de manière que les folioles de chaque paire s'appliquent l'une sur l'autre, non par la face inférieure, mais par la supérieure. Un grand nombre de plantes, principalement dans la famille des légumineuses, contractent leurs feuilles de diverses manières, pendant la nuit. Nous verrons, au chapitre de la lumière, comment de certaines fleurs ouvrent et ferment leurs corolles à de certaines heures déterminées.

Quelques fleurs sont hygrométriques et ferment leurs corolles à l'approche de la pluie; par exemple le souci des vignes, si commun dans les environs de Paris, et quelques *sonchus*.

De l'irritabilité reconnue dans les plantes, démontrée par le mouvement, le cultivateur doit tirer cette conséquence, que les végétaux sont capables d'éprouver une *souffrance organique*. Je me sers de ce mot faute de pouvoir en trouver un autre qui rende mieux ma pensée, et je suis bien loin de lui donner la même acception que l'on donne généralement au mot *douleur*. La douleur ne peut être sentie que par les animaux qui ont la sensibilité en partage, c'est-à-dire un centre commun de sensation. Les plantes n'ayant pas plus de centre commun que les animaux qui reprennent de bouture, ne peuvent en aucune manière se rendre compte de ce qu'elles éprouvent, et par conséquent ne peuvent pas sentir la douleur; mais, comme les animaux appartenant aux derniers chaînons de l'animalité, elles peuvent souffrir organiquement. En un mot, la plante souffre comme l'œuf que l'on brise ou que l'on plonge dans l'eau bouillante; comme le serpent et le loir que l'on dissèque pendant leur engourdissement; comme l'homme malade plongé dans un profond sommeil. Le malheureux que l'on vient d'amputer éprouve une douleur affreuse; quelques heures après il s'endort, et la douleur s'évanouit pendant tout le temps que dure son sommeil; mais la souffrance organique continue, car il ne cesse pas d'avoir la fièvre : la suppuration s'établit comme s'il veillait, il maigrit de même, et la gangrène qui doit l'emporter dans quelques jours n'en continue pas moins ses épouvantables ravages. Tel est le phénomène que j'ai trouvé dans les plantes, et auquel je donne le nom de *souffrance organique*.

Dans les animaux, lorsqu'une partie souffre, toutes les autres s'en ressentent également, et cela vient de ce que l'harmonie et l'équilibre de l'organisation se trouvent détruits, la relation d'un organe avec les autres étant interrompue. Si l'organe lésé ou détruit était en relation avec tous les autres, s'il remplissait par conséquent une fonction générale, comme le cœur, les poumons, l'estomac, etc., les fonctions de tous cesseraient à la fois, et l'animal périrait.

Il en est de même dans la plante, elle souffrira d'autant plus que l'organe altéré se trouvera en rapport avec un plus grand nombre d'autres organes. Par exemple, si dans un arbre on enlève l'écorce, les racines, le végétal périra infailliblement, parce que ces parties remplissent des fonctions générales; mais si on ne détruit que les fleurs, les fruits, l'arbre, quoique souffrant, ne périra pas, parce que ces parties ne remplissent pas des fonctions générales, et qu'elles ne se trouvent en rapport qu'avec le phénomène de la propagation de l'espèce.

Il ne faut donc jamais porter sur les végétaux une serpette indiscrète, surtout sur les parties qui remplissent des fonctions générales, si vous voulez les avoir dans toute la force de la végétation. Il y a plus, lorsque vous vous êtes déterminé à sacrifier la santé et la longévité d'un individu afin d'en obtenir des fruits d'un plus gros volume, il faut encore calculer la taille de manière à lui faire le moins d'amputation possible, et surtout éviter de lui faire de grandes plaies. Enfin, toute lésion est nuisible à un végétal, et ceci est bien évident si l'on compare le développement et la vigueur d'un arbre en plein vent abandonné à la nature, avec l'espalier, le vase et la quenouille que nous martyrisons dans nos jardins.

L'irritabilité est la cause de la vie, elle est aussi la cause de la souffrance. Mais à la longue la souffrance l'use, la détruit totalement, et la mort suit. Si nous voulons étudier les causes générales qui amènent cette souffrance organique, son action sur l'irritabilité, sa marche, ses progrès, cette étude constituera la *phytothérosie*, ou histoire des maladies des plantes.

## MALADIES DES PLANTES.

La connaissance des altérations des végétaux se divise en *pathologie végétale*, ou examen des maladies des plantes, et en *nosologie végétale*, ou classification et nomenclature des maladies des plantes.

La PATHOLOGIE VÉGÉTALE a occupé un grand nombre d'auteurs, parmi lesquels nous citerons, comme ayant rendu de véritables services à la science, les Labretonnerie, Duhamel, Adanson, Roger-Schabol, Tessier, Thouin et Tillet, parce qu'ils n'ont envisagé ce sujet que sous le rapport de la botanique appliquée à l'agriculture.

Les maladies des plantes sont *générales* quand elles affectent à la fois tout le système organique, et dans ce cas elles peuvent être *constitutionnelles*, c'est-à-dire produites par une cause qui agit dès la formation de l'embryon, ou au moins depuis le moment de son premier développement; *accidentelles*, quand la cause du mal agit lorsque la végétation est commencée. Elles sont *locales* lorsqu'elles n'affectent qu'une partie de la plante, et elles peuvent encore être constitutionnelles ou accidentelles.

Toute maladie constitutionnelle peut se transmettre par la génération, au moins dans un grand nombre de plantes, surtout si elles se trouvent placées dans les mêmes circonstances qui ont produit la maladie. C'est ainsi que plusieurs fruits reproduisent identiquement leur variété par le semis, les pêches madelaines, les variétés de cucurbitacées, les fleurs doubles, etc., etc. Toute maladie accidentelle ne peut se transmettre par la voie de la génération, et c'est pour cela que par le semis d'une bonne poire on n'obtient le plus souvent qu'un fruit retourné à l'état de sauvageon. Pour fixer les maladies accidentelles, telles que la panachure et autres monstruosités, on n'a que trois moyens, le drageon, la bouture et la greffe.

Les maladies sont *endémiques* lorsqu'elles sont particulières à certaines races ou certaines familles; *sporadiques* lorsqu'elles attaquent indifféremment telle ou telle autre espèce; *épidémiques* lorsqu'elles attaquent tout d'un coup un grand nombre d'individus dans une même contrée; *contagieuses* lorsqu'elles se communiquent d'individu à autre, soit par un contact immédiat, soit par des molécules morbifiques portées, par le vent, d'une plante sur une autre.

La première cause des maladies doit être attribuée à la nature du sol dans lequel les plantes croissent. S'il est très maigre, elles n'y trouvent pas une nourriture suffisante, et se développent mal; elles atteignent rapidement cette première période de désorganisation annonçant la vieillesse. Leur écorce se couvre de mousses, de lichens, de chancres; la sève charrie peu de carbone, mais elle se charge d'une quantité surabondante de matières alcalines et terreuses, qui obstruent les vaisseaux conducteurs et occasionnent le dessèchement des branches. Si, au contraire, le sol est trop gras, s'il contient une grande quantité de détritus animaux, les plantes bulbeuses y pourrissent, les autres y fournissent une végétation très vigoureuse, mais au détriment de la fructification. Tantôt la sève afflue dans les rameaux et les feuilles, et abandonne les fleurs, qui avortent faute de nourriture; tantôt elle se porte avec trop d'abondance aux organes de la fécondation, et métamorphose les étamines et les pistils en pétales, d'où résulte l'avortement des ovaires. Les fleurs semi-doubles et pleines, brillantes monstruosités qui sont tant admirées dans nos jardins, n'ont pas d'autre origine.

L'eau est la seconde cause générale de l'altération des végétaux. Si les pluies sont très abondantes, elle remplit les vaisseaux séveux sans s'y élaborer, les sucs propres ne se forment point, le végétal s'étiole, languit, les feuilles jaunissent et tombent, les fruits n'ont aucune saveur, les graines ne mûrissent pas, les racines moisissent, se pourrissent, et entraînent l'individu dans leur perte. Outre cela, les chancres, les ulcères, les écoulemens, etc., sont ordinairement le résultat d'une humidité stagnante sur une partie du végétal. La stérilité résulte souvent de l'eau des pluies, qui, se trouvant en contact avec le pollen, fait éclater les vésicules et écouler la matière spermatique. Beaucoup d'autres causes viennent se joindre à celles-ci, ou agissent seules, pour exciter d'abord l'irritabilité, et la détruire ensuite. Tels sont la chaleur excessive, l'obscurité ou une lumière trop vive, le froid, les odeurs méphitiques, l'absence d'air, etc., etc.

Nous allons donner un tableau de pathologie végétale, d'après Plenck :

CLASSE 1. *Lésions externes.*

Genre 1. *Blessure,* quelle qu'en soit la cause : par la foudre, par le vent, par la neige.

2. *Fente* (gélivure) : par polysarcie, par le froid.

3. *Exulcération :* par blessure ; gommeuse ; par l'effet des insectes ; spontanée ; par communication ; totale.

4. *Défoliation :* par les insectes, par une fumée âcre ; artificielle ; automne ; phyllotopsie.

CLASSE 2. *Écoulemens.*

5. *Hémorrhagie :* par blessure ; spontanée ; par désorganisation.

6. *Les pleurs :* par blessure ; spontanées.

7. *Le blanc, ou meunier :* par les champignons ; par les pucerons.

8. *Le miélat :* par les pucerons.

CLASSE 3. *Débilités.*

9. *Faiblesse :* par manque d'eau ; par manque d'air ; naturelle ; par méphitisme ; par trop de lumière.

10. *Suspension d'accroissement* (léthargie) : par défaut d'air ; par racines trop voisines ; par plantes volubiles ; par insectes ; par stérilité de sol ; par maladie particulière.

CLASSE 4. *Cachexies.*

11. *Chlorose :* par défaut de lumière ; par les insectes.

12. *Ictère :* par l'effet du froid ; par cessation d'accroissement.

13. *Anasarque :* par longues pluies ; par trop d'arrosement.

14. *Taches :* par le soleil, les insectes; ferrugineuses, par urédo (taches ferrugineuses); naturelles.
15. *Ptériasie :* des plantes saines; des plantes malades; par cochenilles.
16. *Vermination :* des fruits; des feuilles; des graines.
17. *Phthisie* ou *langueur :* par sol stérile; par climat contraire; par transplantation; par blessure; par chancre; par défoliation; par floraison excessive; par plantes parasites; par empêchement d'accroissement; par maladie.

CLASSE 5. *Putréfaction.*

18. *Teignes* des pins : par sécheresse; par froid; par vent.
19. *Rouille.*
20. *Charbon* ou *nielle.*
21. *Ergot :* malin et bénin.
22. *Nécrose :* par brume; par froid; par chaleur; par défaut de sève; par le vent; par sclérotium.
23. *Gangrène :* par sol humide; par sol gras; par contusion; par contagion (pourriture).

CLASSE 6. *Croissance.*

24. *Gales* de diverses sortes : du lierre terrestre; de l'orme, etc.
25. *Bédéguard* du rosier.
26. *Squamation* des bourgeons : le saule, le pin, le chêne.
27. *Carnosités* des feuilles.
28. *Folioles charnues* sur les feuilles : aiguës, larges.
29. *Carcinome* des arbres : ouvert, caché.
30. *Lèpre* des arbres : par humidité (mousse).

CLASSE 7. *Monstruosités.*

31. *Plénitude* des fleurs : du calice; des nectaires; des fleurs composées; de la corolle pleine, multiple, prolifère.
32. *Mutilation* des fleurs : de la corolle; des étamines; du pédoncule; du calice.
33. *Difformité :* de la corolle; des feuilles; des tiges; des fruits; par un sol gras, le climat, les insectes, le vent; lésion; hybridisme.

CLASSE 8. *Stérilité.*

34. *Polysarsie :* par sol trop gras; par engrais.
35. *Stérilité :* par pluie, froid, insectes, fumée, polysarsie, climat, défaut de fécondation, hybridisme; plénitude de fleurs, lésion.
36. *Avortement :* par trop de fruits, sécheresse, insectes, sol stérile, vieillesse.

CLASSE 9. *Animaux ennemis.*

37. *Mammifères.*
38. *Oiseaux.*
39. *Vers et mollusques.*
40. *Insectes.*

La NOSOLOGIE VÉGÉTALE, ou nomenclature des maladies des plantes, a été traitée d'une manière très savante par Philippe Ré. Mais malheureusement il ne se proposait, dans son travail, aucun but utile à l'agriculture, de manière que le fruit de ses travaux est à peu près perdu pour l'utilité. Néanmoins nous devons en donner une courte analyse :

CLASSE 1. *Maladies constamment sthéniques.*

Ces maladies viennent d'un excès de substance nutritive, de la trop forte chaleur, lumière ou électricité.

Genre 1. *Anthéromanie :* lorsqu'il y a plus d'anthères que dans l'état naturel.
2. *Pétalomanie :* nombre surnaturel de pétales.
3. *Prolification :* partie sortant d'une autre partie.
4. *Périanthomanie :* multiplication de calice.
5. *Carpomanie :* surabondance de fruits.
6. *Sphrygosapanthésie :* accroissement excessif du végétal.
7. *Polyanthacarpie :* avortement de tous les fruits.
8. *Phyllomanie :* abondance de feuilles, dans laquelle on doit faire entrer la *lussuria delle biade* (Ré), qui attaque quelquefois les moissons.
9. *Cormemphytège :* greffe naturelle des rameaux.
10. *Gourmand* (suchione) : lorsqu'un rameau prédomine.

11. *Pinguedine :* obésité végétale des racines de certains arbres.
12. *Gomme :* extravasion du mucilage.
13. *Brûlure* (*arsura*) *:* feuilles des arbres noircies.
14. *Desséchement* (*seccherеccio*, Ré) : lorsque tout le végétal se dessèche spontanément.
15. *Feu :* sécheresse des parties du pêcher en feuilles et fruits.
16. *Pleurs* (*lacrimazione*) *:* abondance d'écoulement de sève.
17. *Gale* (*scabbia*) *:* rugosité extraordinaire des végétaux.
18. *Teigne des pins* (*tarlo de' pini*) *:* nécrose particulière aux pins, que des auteurs ont rangée dans la pourriture.
19. *Rachitis* (*carolo*, Ré) *:* dépérissement du riz.

CLASSE 2. *Maladies des végétaux, constamment asthéniques.*

Genre 1. *Stérilité :* toutes les parties de la fleur impropres à concourir au développement du fruit.
2. *Apanthérosie :* défaut d'anthères, soit en totalité, soit dans le nombre.
3. *Apétalisme :* manque de pétales.
4. *Carpomosie :* avortement des fruits.
5. *Distrophie :* inégalité dans le développement des parties semblables des végétaux.
6. *Phyllosystrophie :* enroulement et altération des feuilles.
7. *Chlorose :* pâleur ou jaunisse des végétaux.
8. *Taches :* altération du tissu des feuilles dans un point de leur surface.
9. *Callosité :* dérivation de la sève pour former de tubercules inutiles.
10. *Le blanc* (*albugine*) *:* feuilles couvertes de blanc.
11. *Léthargie :* suspension de la végétation, sans mort de la plante.
12. *Nécrose :* mort des végétaux.
13. *Cadran* (*quadrante*) *:* fente des troncs d'arbres.
14. *La roulure* (*rotolo*) *:* fente circulaire.
15. *Faux-aubour :* aubier imparfait.

16. *Carcinome :* excroissance toujours humide et altérée, dans les arbres.
17. *Brouîre* (*selone*) *:* lorsque les épis de blé sont sans grains.
18. *La rage :* maladie particulière aux *pois chiches*, qui rend les feuilles crépues.
19. *Phryganoptosie :* chute naturelle des rameaux.
20. *Suffocation* (*strozzamento*, Ré) : action de végétaux sur d'autres végétaux qui en sont étouffés.
21. *Lèpre :* corps étrangers à l'arbre, et croissant à sa surface.
22. *Vieillesse :* caducité prématurée des arbres.

CLASSE 3. *Maladies qui tiennent et d'asthénie et de sthénie.*

Genre 1. *Moscoséransie :* desséchement des pistils, et perte de leur onctuosité.
2. *Anthophtosie :* chute des fleurs spontanément.
3. *Carpoptosie :* chute spontanée des fruits.
4. *Avortement :* lorsque les fruits n'ont pris qu'un développement imparfait.
5. *Acaulosie :* privation extraordinaire de tiges.
6. *Phyllorrhyssème :* crispation des feuilles.
7. *Stéléchorriphyssie :* tortuosité contre nature des rameaux, des arbres et arbustes.
8. *Phylloptosie :* chute des feuilles à une époque différente de celle qui leur est assignée par la nature.
9. *Hétérophyllie :* modification accidentelle de la forme des feuilles.
10. *Polysarcie :* croissance subite d'un végétal.
11. *Anasarque :* gonflement aqueux de toutes les parties d'un végétal.
12. *Fente* (*screpolo*, Ré) : séparation spontanée des parties d'un arbre.
13. *Phthisie :* dépérissement de toutes les parties d'un végétal.
14. *Botanopséphide :* endurcissement de toutes les racines des végétaux.
15. *Ulcère :* ouverture qui se fait au tronc des arbres, par où s'écoulent des sucs altérés, provenant de la décomposition du bois.

16. *Ictère :* jaunisse des feuilles de tout une plante.
17. *Gangrène :* pourriture spontanée du végétal.
18. *Langueur :* état maladif indéterminé.
19. *Hémorrhagie :* écoulement d'humeur d'un endroit quelconque d'un végétal.

CLASSE 4. *Lésions.*

Genre 1. *Blessure.*
2. *Fracture.*
3. *Amputation.*
4. *Secousse.*
5. *Contusion.*
6. *Excoriation.*
7. *Difformité* (*lordosi*).
8. *Flagellation.*
9. *Effeuillaison.*
10. *Lacération.*
11. *Perforation.*

CLASSE 5. *Altérations dont les causes sont inconnues.*

Genre 1. *Rouille :* effet de l'*uredo segetalis.*
2. *Jaunée* (*giallume*, Ré) : *melume* des Lombards.
3. *Miélat : fumana* dans la Lombardie.
4. *Charbon : fulugine* et *carboncino* des Italiens.
5. *Carie : fama; volpa* ou *golpe* des Italiens.
6. *Ergot : grano-sprone, grano-ghiottone* des Italiens.
7. *Le fungus :* sorte de charbon du maïs.
8. *Rachitis.*
9. *Taches solaires :* Adanson leur donnait le nom de *blanc.*
10. *Asphyxie.*
11. *Contagion radicale.*
12. *Maladie du jasmin*, nommée par les Italiens *faschetto, salvanello, mosca, cancro, idropisia.*

Sans égard pour les savantes classifications de Plenck et de Ré, nous allons ici analyser les maladies dans l'ordre où les a classées M. Noisette.

1°. *Maladies occasionnées par les plantes parasites.* Elles résultent ordinairement d'une humidité qui a été stagnante sur l'écorce. Il y en a de plusieurs sortes.

La mousse. Lorsqu'un arbre souffre, soit que son altération résulte d'un mauvais terrain, d'une culture mal entendue, ou de toute autre cause, son écorce noircit, se gerce, devient rude, écailleuse, et susceptible de retenir l'humidité. Le vent y apporte les graines imperceptibles des mousses, lichens, et autres cryptogames vivant en fausses-parasites. Elles y germent, se développent, bientôt augmentent l'humidité, et attirent les insectes, auxquels elles fournissent des refuges. La fermentation se met dans le tissu cellulaire de l'écorce, dont les pores se trouvent bouchés; quelques parties se décomposent, et il se forme des chancres et des ulcères. C'est particulièrement sur les vieux arbres que l'on observe cette maladie.

Si la cause du mal tient à la mauvaise nature du sol, il faut y remédier par le moyen des engrais. Quelquefois la stagnation de l'humidité vient de ce que le feuillage trop épais empêche la libre circulation de l'air. Dans ce cas, il faut élaguer quelques branches. Si on pense que l'état maladif du sujet vienne d'une terre trop humide, on ouvre des tranchées pour faciliter le libre écoulement des eaux, etc. Dans tous les cas, la propreté de l'arbre doit être entretenue avec le plus grand soin, et il faut scrupuleusement enlever les mousses à mesure qu'elles paraissent. On se sert, pour cette opération, d'émoussoirs de différentes formes. On indique encore, comme moyens pour détruire les fausses-parasites, des arrosemens faits sur les parties attaquées avec de l'eau de chaux, ou d'étendre dessus une couche de chaux vive délayée dans de l'eau. Quand l'arbre est jeune, en bon terrain, les mousses annoncent un vice constitutionnel qui dégénère toujours en rachitisme; le plus court est de l'arracher et de le remplacer par un autre.

Le gui est une plante fort singulière, réellement parasite; c'est-à-dire qu'au lieu de vivre seulement de l'humidité stagnante sur l'écorce, comme les précédentes, elle se greffe sur le sujet qui la porte et se nourrit de sa propre substance. Il ne s'agit que de l'enlever.

Le blanc, *meunier* ou *lèpre*, s'annonce par une poussière blanchâtre, ou quelquefois sous la forme d'une moisissure, au sommet des jeunes rameaux, surtout sur le pêcher. Bientôt cette lèpre s'étend, gagne la base des rameaux; les parties infectées ne tardent pas à se dessécher et mourir: quelquefois elles entraînent l'arbre dans leur perte. Cette maladie est occasionnée par un champignon parasite, du genre *uredo*. Elle est contagieuse par contact. Aussitôt qu'elle paraît, on coupe les parties qui en sont affectées, on les enlève et on les brûle ; on aère le végétal si la chose est possible, et surtout on l'abrite des pluies continues au moyen de paillassons. L'essentiel est de maintenir son feuillage, autant qu'on le pourra, dans un état permanent de sécheresse. On a remarqué que les arbres placés à bonne exposition, en terrain sec, sont peu ou point exposés au blanc. Il n'attaque guère que ceux qui sont à l'exposition du nord et de l'ouest.

La MOISISSURE est un autre champignon qui attaque de même les jeunes pousses des végétaux, surtout de ceux que l'on renferme l'hiver dans une serre humide, peu éclairée et sans air. On arrête aisément ses progrès en plaçant le sujet dans des circonstances plus favorables.

La ROUILLE n'attaque guère que les feuilles, rarement les jeunes rameaux. Cette maladie, occasionnée, comme le blanc, par un champignon du genre *uredo*, s'annonce par des taches rousses ou jaunâtres, rarement noirâtres, un peu proéminentes, et s'étendant assez rapidement. Elle est contagieuse et fort difficile à guérir. Du reste on la traite comme le blanc, avec lequel elle a beaucoup d'analogie.

Le CHARBON n'attaque guère que le blé, le maïs, l'avoine, et quelques autres graminées. C'est un champignon qui se développe dans l'intérieur même du grain, en dévore la substance, et la remplace par une poussière fétide et noire. Un ciel nébuleux et des pluies continues favorisent beaucoup le développement de cette maladie. On ne connaît point de moyen pour en arrêter les progrès une fois qu'elle s'est manifestée ; mais on la prévient par le moyen de chaulage que l'on fait subir aux graines avant de les semer. Cette opération consiste à les passer par l'eau de chaux.

L'ERGOT n'attaque que le blé. C'est une maladie qui s'annonce par un allongement prodigieux du grain, ce qui le fait ressembler à l'ergot d'un coq. Si on le brise, on le trouve rempli d'une poussière blanchâtre et inodore, que quelques naturalistes attribuent à un champignon. L'ergot, lorsqu'il se trouve en trop grande abondance dans le pain, devient un poison dont les effets sont aussi violens que singuliers; la gangrène se déclare presque subitement aux extrémités. En 1817, j'ai vu plusieurs malheureux cultivateurs qui avaient perdu les pieds ou les mains, pour avoir mangé du pain qui en contenait. On en préserve les récoltes par le moyen du chaulage.

Le ROUGE est une maladie qui n'attaque guère que le pêcher et le rosier; du moins je ne l'ai jamais observé sur d'autres espèces. Le jeune bois prend une teinte rougeâtre qui augmente peu à peu d'intensité; elle gagne la base des rameaux, et fait ordinairement périr l'arbre en trois ou quatre ans. On croit que cette affection est encore produite par un champignon du genre *uredo*. On ne connaît qu'un moyen pour arrêter les progrès du mal, mais il n'est praticable que sur les jeunes sujets, car il consiste à enlever l'arbre et à le transplanter dans un terrain abrité, substantiel et sain.

La CONTAGION RADICALE a son foyer dans la racine des végétaux. Elle attaque les arbres et arbrisseaux, quelques plantes vivaces, et particulièrement les ognons de safrans. Elle est occasionnée par un champignon blanc, de forme pulvérulente, qui s'attache d'abord aux fibrilles, aux radicules, gagne les grosses racines, et les désorganise assez promptement. Elle s'annonce à l'extérieur par des symptômes très apparens; l'arbre languit d'abord, puis jaunit, se défeuille, et enfin périt. Dès qu'on aperçoit le premier signe d'altération, on visite les racines, et si l'on voit du blanc, on déterre entièrement l'arbre, on lave et on brosse ses racines, on coupe jusqu'au vif toutes celles qui sont attaquées, et on le replante. Mais si on veut le remettre à la même place, ou même que l'on veuille le remplacer par un autre, il faut préalablement enlever toute la terre, et la remplacer par d'autre. Sans cette précaution indispensable la maladie reparaît de suite. On se débarrasse de la terre de la fouille en la transportant dans un champ où on la laisse fermenter en tas pendant deux ou trois ans avant de s'en servir, mais surtout il faut bien se donner de garde de la déposer à proximité d'autres arbres, car elle porte avec elle un ferment très contagieux. Si on s'aperçoit qu'un arbre d'avenue soit infecté de cette maladie, il faut promptement l'isoler de ses voisins au moyen d'une profonde tranchée, afin d'empêcher le mal de les gagner. Quant aux ognons de safrans, rien n'est plus aisé que de reconnaître ceux qui sont affectés; on les jette, et on replante les autres dans un autre terrain.

2°. *Maladies organiques, dont les causes varient et sont quelquefois inconnues.* Cette section nous fournira un grand nombre d'altérations, dont quelques unes sont fort difficiles à guérir.

La CLOQUE est particulièrement funeste aux pêchers. Lorsqu'ils en sont affectés, les feuilles sont boursouflées, crispées, épaisses, d'un vert terne et jaunâtre. Les bourgeons se tuméfient, cessent de croître; les pucerons et les fourmis sont attirés par des pertes de substance; l'arbre devient stérile, languit quelque temps et ne tarde guère à périr. Un terrain maigre, trop humide ou trop sec, joint à une mauvaise exposition, sont le plus souvent la cause de cette maladie. Assainir le sol, l'amender avec de bons engrais, rabattre de suite les bourgeons attaqués, tels sont les moyens que l'on peut employer pour arrêter les progrès du mal.

La GOMME est particulière aux arbres à noyau; le pêcher, le cerisier, le prunier et l'abricotier y sont très sujets. Cette substance s'amasse dans de certaines parties entre l'écorce et le bois, s'y coagule, intercepte la marche du cambium, et occasionne la désorganisation de la partie. Le mal est surtout dangereux quand le dépôt ne peut pas se faire jour au-dehors par une fistule; car, dans ce cas, la matière s'amasse en plus grande quantité, fermente, acquiert une âcreté corrosive, et désorganise plus promptement une partie d'écorce beaucoup plus grande. Cette maladie peut résulter de plusieurs causes : la faiblesse du sujet et la mauvaise qualité du terrain; dans ce cas, le mal est à peu près sans remède; une taille mal faite et intempestive, enfin une meurtrissure ou une autre lésion. Aussitôt qu'on voit un dépôt se former, il faut s'empresser de l'ouvrir, puis, pour donner plus d'activité à la sève, on amende le terrain avec de bons engrais végétaux ou mixtes, et on donne quelques arrosemens si la terre est très sèche.

Le CHANCRE résulte de plusieurs causes : d'une humidité stagnante, d'une lésion, d'une mauvaise taille, du rachitisme, etc. C'est une ulcération quelquefois sèche, le plus ordinairement avec un écoulement sanieux plus ou moins abondant. Il ronge, creuse, exfolie les parties, de manière à amener plus ou moins promptement la perte de l'arbre, si on n'en arrête les progrès. En prenant le mal dès son principe, on le guérit assez aisément, surtout s'il est accidentel. Avec un instrument tranchant, on enlève toutes les parties malades, en coupant jusqu'au vif, et l'on recouvre la plaie avec de la cire à greffer, ou avec la composition suivante recommandée par Forsith : argile, cendre, poussière de charbon, plâtre pulvérisé; le tout mélangé, passé au tamis, et formant une espèce de pâte, au moyen d'une certaine quantité d'eau qu'on y ajoute.

Le RACHITISME, connu plus généralement sous le nom de *rabougrissement*, est une altération ordinairement constitutionnelle. Quand un arbre en est atteint, il languit, pousse peu et d'une manière irrégulière; il se couvre de mousses et de lichens, son écorce prend une couleur terne, elle se gerce, devient raboteuse, chancreuse; le tronc est noueux, bas, difforme; enfin le sujet, quoique jeune, annonce toute la décrépitude de la vieillesse : malgré cela il vit encore long-temps, mais il reste stérile. Quand le mal est constitutionnel, qu'il tient à la nature du sujet, il est sans remède; mais s'il a sa source dans la mauvaise qualité du sol, il peut se guérir au moyen des engrais; il faut, avec cela, tailler l'arbre court pendant deux ou trois ans, afin de le forcer à pousser du bois.

Les LOUPES sont des excroissances presque toujours verruqueuses, qui finissent par s'ulcérer et devenir chancreuses. Elles résultent d'une déviation du cambium, occasionnée par la lésion accidentelle d'un des tissus corticaux. On les enlève avec un instrument tranchant, et l'on recouvre la plaie comme nous l'avons dit pour le chancre.

Les CREVASSES ou GÉLIVURES sont ordinairement un effet du froid, de la pléthore et de l'humidité. Le froid, en saisissant l'écorce, augmente considérablement la densité de ses tissus, la contracte et la force à se déchirer. Quand les crevasses résultent de la pléthore, c'est le cambium qui s'est porté plus particulièrement à la formation du liber; celui-ci, devenu trop épais, force de même l'écorce qui l'enveloppe à se fendre. Si l'on a la précaution de recouvrir de suite la plaie avec de la cire à greffer, afin d'empêcher le contact de l'air, cette maladie est peu de chose, surtout dans le cas de pléthore.

La LANGUEUR, assez improprement nommée *phthisie* par Plenck, s'annonce par la décoloration du feuillage et sa chute prématurée, par une végétation plus ou moins ralentie, et par la stérilité. La langueur étant le premier symptôme de presque toutes les maladies mortelles, peut avoir une infinité de causes. Néanmoins nous allons tâcher de prévoir les principales. Si elle résulte d'un sol mauvais ou malsain, on la guérit en amendant le terrain ou en l'assainissant; si elle provient d'un excès de sécheresse, les irrigations la font sécher sur-le-champ. Quelquefois elle peut provenir d'une altération des racines; dans ce cas on déterre l'arbre, on le visite avec attention, on coupe jusqu'au vif les parties malades, puis on replante dans un autre terrain.

L'ÉTIOLEMENT ne peut jamais venir que d'un manque de lumière ou d'air. Les tiges ou les rameaux s'allongent outre mesure, mais sans prendre d'épaisseur; ils sont mous, décolorés, faute de carbone, et par les causes que nous détaillons au chapitre de la lumière. Pour guérir cet accident, il ne s'agit donc que de rendre à la plante les agens qui lui manquent; mais il faut les lui rendre peu à peu et avec le temps, car si on l'exposait tout à coup à l'air et à une grande lumière, il ne faudrait qu'un instant pour la dessécher et la tuer presque subitement. Les végétaux qui ont passé l'hiver dans une serre sont toujours plus ou moins étiolés, aussi ne leur rend-on de l'air qu'avec précaution, et, pour les sortir, on choisit un jour sombre et nébuleux.

Les ÉCOULEMENS sont le résultat d'une légère blessure, quelquefois de la piqûre d'un insecte. Les sucs qui sortent de la plaie acquièrent par le contact de l'air une qualité caustique; ils s'étendent sur les bords de la plaie, les corrodent, et y forment bientôt un ulcère ou un chancre. On traite cette maladie comme le chancre.

La PHYLLOPTOSIE, ou défoliation, s'annonce par la langueur et la cessation totale de végétation. Les feuilles se décolorent, jaunissent, tombent, et la plante s'en trouve dépouillée dans la saison la plus favorable à la végétation. Cette maladie, qui ordinairement emporte l'arbre dans le courant d'une année, peut avoir les mêmes causes que la langueur, et se traite de même.

La GANGRÈNE, ou pourriture, attaque plus particulièrement les plantes, ou les parties de plantes, charnues et succulentes. Les plantes grasses et les fruits y sont très exposés. Les vaisseaux s'engorgent par l'effet d'une meurtrissure ou d'une humidité stagnante qui leur fait perdre leur irritabilité; il en résulte une ulcération qui augmente rapidement si le défaut d'air vient se joindre au mal. Cette affection est contagieuse; elle se communique non seulement aux parties saines de la plante malade, mais encore aux parties des plantes voisines qui se trouvent en contact avec elle. Lorsqu'elle ne fait que commencer, on peut arrêter ses progrès en faisant l'amputation jusqu'au vif, et en exposant la plaie à une lumière vive et à l'air, afin de la dessécher promptement et d'en préparer ainsi la cicatrisation. Quand elle est parfaitement sèche, on peut la couvrir de cire à greffer, et par ce moyen on évite le contact de l'humidité qui pourrait faire renaître l'altération.

La DIFFORMITÉ est toujours occasionnée par une marche irrégulière de la sève, résultant de plusieurs causes, d'une blessure, du vent, des insectes, de la pauvreté du sol, etc., etc. Elle se reconnaît au port, au *facies* du sujet, qui n'est pas semblable à celui des individus de la même espèce. On répare la difformité au moyen d'une taille bien combinée, des tuteurs et des engrais.

La CARPOMANIE est une maladie dont il serait très difficile d'assigner les causes. La sève abandonne les feuilles, les tiges, et généralement toutes les parties de la plante, pour se porter sur les organes de la fructification. L'arbre produit pendant deux ou trois ans une grande quantité de fruits petits et médiocres, il s'épuise et périt. La carpomanie attaque particulièrement les vieux arbres. On y remédie par des engrais et une taille courte, combinée de manière à forcer le sujet à produire du bois.

La POLYANTHACARPIE est une maladie précisément contraire à la précédente. La sève, au lieu de se porter aux organes de la fructification, les abandonne entièrement, et afflue dans les branches et les rameaux auxquels elle donne un développement prodigieux aux dépens des fruits qui avortent constamment. On vient à bout d'arrêter cet excès de végétation par le moyen de l'arcure et de l'incision annulaire; quelquefois on est obligé de faire des incisions longitudinales dans l'écorce du tronc, et même de supprimer quelques racines.

La BRULURE, ou coup de soleil, résulte le plus souvent d'une transition subite que l'on fait éprouver à une plante en la faisant passer d'une serre peu éclairée, aux rayons d'un soleil trop ardent; ils agissent sur ses tissus comme sur la peau d'un homme qui a reçu un coup de soleil. Si la brûlure est générale, ses feuilles se dessèchent, l'écorce se détache du bois, et la plante périt très promptement. Quand le mal est fait, il est sans remède; mais on peut le prévenir en abritant les plantes des rayons du soleil, lorsqu'ils ont de la vivacité. C'est pour éviter la brûlure que les jardiniers couvrent les panneaux de leurs serres ou de leurs châssis avec des toiles et des paillassons, pendant la grande ardeur du soleil.

La GELÉE, lorsqu'elle a saisi tous les organes d'un individu, est sans remède; mais lorsqu'elle n'a attaqué que quelques parties, on y remédie aisément. Nous allons laisser parler M. Noisette: « Si des gelées tardives de printemps saisissent les jeunes pousses des plantes, les fleurs de pêchers, abricotiers, etc., le mal n'est pas toujours sans remède si l'on s'en aperçoit avant que le soleil ait achevé la désorganisation des parties. On commencera par les garantir de ses rayons au moyen de toiles ou paillassons, et on fera dégeler lentement. Pour cela, on prendra un arrosoir à pomme criblée de trous extrêmement fins, et on arrosera, à plusieurs reprises, sur les bourgeons gelés, avec l'eau la plus froide que l'on pourra se procurer, car il ne s'agit que d'éviter une transition trop subite. Pour les fleurs, ce remède serait pire que le mal, car l'eau ferait éclater et disséminer le pollen, et les fruits avorteraient nécessairement; aussi on agira par un autre procédé. On fera de distance en distance des petits tas de paille ou de foin humide, on y mettra le feu, et, en profitant de la direction du vent, on en dirigera la fumée sur les fleurs gelées. Si on ne parvient pas à les sauver toutes, au moins on s'assurera la conservation d'une quantité suffisante pour espérer une récolte plus ou moins bonne. Si le mal n'est pas grand, on peut se contenter de tenir les plantes à l'ombre et de les laisser ainsi dégeler lentement. Mais si le soleil voit les parties avant qu'elles soient entièrement remises, en dix minutes, elles noircissent, elles se dessèchent entièrement dans la journée, et tout espoir de récolte est perdu. »

La LÉTHARGIE est une suspension de végétation, qui dure plus ou moins long-temps, mais qui n'est pas mortelle; l'irritabilité n'est seulement qu'engourdie; quand elle se réveille, la végétation recommence, et quelquefois avec autant de vigueur que si le végétal eût toujours été dans son état naturel. Ce phénomène fort singulier se fait principalement remarquer dans de certaines plantes tuberculeuses. Les tubercules de *dahlia*, par exemple, restent quelquefois une année ou deux dans la terre sans donner le moindre signe de végétation; si on les place ensuite dans une circonstance favorable, ils poussent avec la même vigueur que s'ils n'eussent pas été malades. Ordinairement la léthargie est le résultat d'un manque de chaleur ou d'humidité.

L'ASPHYXIE est occasionnée par le défaut d'une quantité suffisante d'air, ou par des gaz non respirables pour les plantes. Un végétal, placé dans le vide de la machine pneumatique, est assez promptement asphyxié; mais il n'en est pas de même dans les cultures, où il reçoit toujours une certaine somme d'air, malgré les obstacles qui peuvent seulement empêcher qu'il en ait une quantité suffisante. Si une plante se trouve placée dans des circonstances telles que l'air ne puisse circuler librement autour de toutes ses parties, elle languit d'abord, et par la suite périt asphyxiée. Le cultivateur doit donc mettre tous ses soins à placer ses plantes, soit dans la serre, soit en pleine terre, de manière à laisser à l'air une libre circulation. Il ne fera pas ses semis trop épais, n'entassera pas ses arbrisseaux les uns sur les autres dans la plantation des massifs, etc., etc.

3°. *Maladies occasionnées par des insectes parasites.* Si nous voulions traiter ce sujet à fond, il nous faudrait faire l'histoire des capricornes, des vrillettes, des lucanes, des lamies, des leptures, et d'une foule d'insectes dont la nomenclature ne finirait plus. Comme on connaît leurs dégâts sans connaître de moyens à leur opposer, ce long chapitre serait de toute inutilité. Nous nous bornerons donc ici à parler de ceux dont les dévastations sont les plus générales, et contre lesquels on peut employer quelques procédés avec plus ou moins d'avantages.

Les COCHENILLES, gallinsectes, kermès, aussi nommés punaises par quelques cultivateurs, sont des insectes de la classe des hémiptères. Ils ont le corps ovale ou arrondi, en forme de bouclier ou d'écaille, appliqué contre l'écorce des jeunes rameaux que ces insectes percent au moyen de leur trompe, pour en pomper la sève qui sert à leur nourriture. Ces piqûres multipliées occasionnent une perte de substance qui fatigue beaucoup les arbres. Dès qu'on s'aperçoit qu'un végétal en est infecté, on le visite scrupuleusement dans toutes ses parties, on les écrase avec un morceau de bois, puis, avec de l'eau et une éponge, ou une brosse, on lave les parties qu'ils occupaient, mais avec précaution, pour ne pas enlever l'épiderme.

Les PUCERONS appartiennent à la même classe d'insectes que les précédens. Ils sont très petits, pullulent prodigieusement, et vivent en sociétés nombreuses sur les arbres et sur les plantes qu'ils sucent et épuisent. Quelquefois les piqûres qu'ils font aux jeunes feuilles et aux rameaux naissant font prendre à ces parties des formes irrégulières, ou produisent des excroissances, des espèces de vessies renfermant des familles de pucerons. Il résulte encore un inconvénient de la présence des pucerons, c'est que, déposant sur les feuilles un suc mielleux très recherché des fourmis, ils attirent celles-ci qui augmentent encore le mal. Ces insectes se détruisent très difficilement; cependant on parvient à les tuer en arrosant les parties des plantes qui en sont attaquées, avec des décoctions âcres, telles que celles de tabac, de feuilles de noyer, etc., ou en les saupoudrant avec de la fleur de soufre. Une manière beaucoup plus sûre, c'est de les asphyxier avec de la fumée de tabac, que l'on dirige sur eux au moyen d'un soufflet au bout duquel on adapte une boîte de fer-blanc contenant le tabac allumé, et se terminant par un tuyau qui conduit la fumée.

Les PSYLLES, ou FAUX PUCERONS, sont des insectes hémiptères très voisins des précédens, mais qui cependant en diffèrent par la faculté qu'ils ont de sauter, et parce que les deux sexes ont des ailes. On les trouve sur les arbres et les plantes, qu'ils piquent avec leur trompe pour en pomper les sucs; ils occasionnent ainsi des monstruosités ou des apparences de galles. On les détruit par les mêmes procédés que les pucerons.

Les CYNIPS appartiennent aux insectes hyménoptères, et sont des espèces de mouches longues, bossues, souvent ornées de couleurs agréables; les femelles portent une tarière avec laquelle elles piquent les végétaux. La sève s'épanche à l'endroit qui a été piqué, et y forme une excroissance ou une tumeur qui prend le nom de galle. Ces excroissances prennent différentes formes singulières : tantôt c'est celle d'un artichaut, d'un champignon, d'un mamelon, d'une pomme, d'une groseille, d'une nèfle, etc. ; quelquefois elles ressemblent à un paquet de mousse qui se développe sur le rosier, et alors elles se nomment *bédéguard*. Les œufs renfermés dedans ces monstruosités éclosent, et les larves se nourrissent des sucs extravasés du végétal. Pour guérir les altérations occasionnées par les cynips, il suffit de les enlever.

Les chenilles, les tiquets, les araignées, les guêpes parmi les insectes; les limaces, les lombrics; les loirs et beaucoup d'autres petits mammifères, font beaucoup de tort aux végétaux, mais nous ne pouvons pas envisager les ravages qu'ils font chez eux comme des maladies, puisque ce sont de simples lésions qui rentrent dans la classe de celles dont nous avons parlé.

Nous venons d'étudier les causes qui détruisent l'irritabilité; il nous reste à voir celles qui l'excitent, et peut-être même qui la produisent. On peut les réduire à deux principales, qui sont : 1°. le calorique, 2°. la lumière. Il existe encore d'autre stimulant, mais que la principale énergie de leur action nous fera placer au chapitre des phénomènes de la nutrition. Quelques physiciens ont regardé le fluide électrique comme un des agens de la végétation : nous pensons qu'en effet il a de l'influence sur l'irritabilité végétale, mais nous n'en savons guère davantage. Il paraît que lorsqu'il est abondamment répandu dans l'atmosphère, il excite l'action de l'oxigène et détermine l'écoulement des fluides aqueux. M. Davy a remarqué que du blé plongé dans de l'eau chargée d'électricité positive germait plus vite que dans celle qui contient le principe opposé. On a observé que les corps fermentent avec plus de rapidité aux approches d'un orage, et c'est là tout ce que l'on sait de positif.

## DU CALORIQUE.

On entend par *calorique* la cause de la chaleur, et non pas la chaleur.

Le calorique, comme la lumière, est classé parmi les élémens impondérables, ou que l'on ne peut pas peser. Nous avons également deux hypothèses sur sa nature : dans l'une, celle de Newton, on considère le calorique comme une matière fluide, d'une ténuité inappréciable, dont les molécules sont douées de pouvoirs répulsifs définis, et qui, par leur distribution en proportions diverses parmi les molécules de la matière pondérable, les dilatent et modifient l'attraction de cohésion, de manière à produire les trois formes générales, gazeuse, liquide et solide.

Dans l'autre hypothèse, adoptée par plusieurs savans distingués, et regardée comme démontrée par sir Humphry Davy, il n'existe pas de matière calorique, et les phénomènes qu'on lui attribuait sont dus à un mouvement vibratoire ou intestin des molécules de la matière ordinaire ou pondérable.

Les savans qui regardent le calorique comme un fluide, sont partagés d'opinion. Les uns supposent que ce fluide est universellement répandu dans les corps, et qu'il donne lieu à la production de divers effets que l'on attribue au calorique, lorsqu'il exécute certains mouvemens; les autres pensent que, dans de certaines circonstances, sous l'influence de certaines causes, il abandonne les corps ou s'y accumule, et produit alors les phénomènes du froid et de la chaleur.

Enfin, MM. Dulong et Petit cherchent à établir aujourd'hui de l'analogie entre les phénomènes produits par le calorique et quelques uns de ceux appartenant au fluide galvanique ou électrique ; d'autres leur voient de l'identité avec ceux de la lumière.

Nous n'entrerons dans aucune de ces discussions qui sont étrangères à notre sujet, et nous nous bornerons à regarder le calorique, quelle que soit sa nature, comme l'agent qui produit les phénomènes de chaleur et de combustion.

Si on chauffe modérément une baguette de fer ou autre métal, et qu'on la mesure, on la trouvera plus longue qu'elle n'était avant d'avoir été chauffée, et si l'on augmente progressivement sa chaleur, on verra progressivement augmenter sa longueur; c'est d'après ce principe que sont construits les divers instrumens destinés à mesurer la chaleur. Si le corps dont on a fait choix pour indiquer, par l'augmentation de son volume, l'augmentation de la chaleur, éprouvait des dilatations égales par des accroissemens égaux du pouvoir calorifique, alors l'instrument serait parfait, et nous aurions un pyromètre ou thermomètre exact; mais il est très douteux qu'une substance quelconque, solide, liquide ou aériforme, conserve ce rapport égal entre son augmentation de volume et l'accroissement de chaleur. Cependant un thermomètre de mercure, lorsqu'il est bien fait, peut être considéré comme un moyen suffisamment exact pour mesurer la température; et même, pour les expériences de culture, on peut se servir d'un thermomètre à l'esprit de vin.

On possède plusieurs espèces de thermomètres, mais trois seulement sont d'un usage général : le thermomètre *centigrade*, celui de *Réaumur*, et celui de *Farheinheit :* ils ne diffèrent entre eux que par le nombre de degrés dans lesquels l'espace entre les deux points de la congélation et de l'ébullition a été divisé. Dans celui de *Réaumur*, l'échelle est divisée en 80 degrés; elle commence au point de la congélation qui est zéro, et finit au point de l'ébullition qui est 80°. Dans le thermomètre *centigrade*, l'échelle est divisée en 100 degrés; elle commence au point de la congélation qui est zéro, et finit à celui de l'eau bouillante qui est 100. Dans le thermomètre de *Farheinheit*, l'intervalle entre les deux points extérieurs de l'échelle est divisé en 212 degrés; l'échelle commence à la température produite par un mélange de neige et d'hydrochlorate de soude, qui est de 32° au-dessous du terme de congélation : ainsi, dans ce thermomètre, la congélation est indiquée par 32°, et l'ébullition de l'eau par 212°.

Le thermomètre à mercure consiste simplement dans un tube de verre hermétiquement scellé à une de ses extrémités, et dont l'autre se termine par une boule qui y est soufflée. On remplit de mercure cette boule, ainsi qu'une partie du tube. Lorsque la boule est plongée dans un corps chaud, le mercure se dilate et s'élève conséquemment dans le tube; mais si cette boule est plongée dans un corps froid, le mercure se condense, et alors il descend dans le tube. L'ascension du mercure dans ce tube indique l'augmentation de température, et son abaissement sa diminution; c'est par la quantité dont il monte ou descend, qu'on détermine la proportion de l'un et l'autre effet. Pour faciliter l'observation, le tube est divisé, comme nous l'avons dit, par un certain nombre de parties égales appelées *degrés*.

M. Breguet, sur la connaissance de la propriété qu'ont les métaux de se dilater inégalement, a fondé la théorie d'un thermomètre très sensible et très exact, d'une exécution on ne peut plus facile : c'est un assemblage de petites lames d'argent, d'or et de platine, contournées en spirale, et portant à leur extrémité une aiguille ; le moindre changement de température fait tordre et détordre la spirale, et tourner l'aiguille qui indique ce changement sur un cercle gradué. *Voyez* pl. II, fig. 59.

Le calorique, comme on le voit, a la propriété d'étendre, de dilater tous les corps; le froid, au contraire, les resserre et les condense. Ce fluide est inaltérable, et peut-être est-il la seule substance fluide par elle-même. Il est le principe du mouvement, son action est générale sur tous les corps; il existe dans tous, seulement à des proportions différentes. Le plus souvent il y existe à deux états : 1°. à celui de combinaison, et alors il est indépendant de la température, prend le nom de chaleur spécifique, et n'a aucune apparence sensible; 2°. à celui de liberté, et alors il excite une chaleur d'autant plus grande qu'il est plus abondant. Sa tendance à l'équilibre fait qu'un corps moins chargé de calorique, combiné ou spécifique, attire le calorique combiné de celui qui en a davantage, jusqu'à ce que son équilibre soit rétabli. Pour cela il faut que les corps soient en contact. Son plus ou moins d'abondance dans un corps porte ce dernier de l'état solide à l'état liquide, à celui de vapeur ou gazeux, et le corps retourne à l'état solide avec les mêmes phénomènes, mais en série inverse, à mesure que le calorique l'abandonne. Il s'excite par le choc, le frottement, la fermentation ou pénétration mutuelle des substances différentes, par la présence de la lumière, et surtout par la réunion des rayons solaires. La pénétration de deux substances ne produit cependant quelquefois que du froid, malgré les frottemens, quand cette pénétration est lente, parce qu'alors le calorique, que chasse toujours toute pénétration, n'est pas suffisamment remplacé par celui excité par les frottemens de la pénétration elle-même. La propagation de la chaleur n'est que sa tendance à l'équilibre, mais l'embrasement est une addition, une multiplication de chaleur, occasionnée par le dégagement du calorique de l'oxigène qui se combine dans ce phénomène. Une once de charbon consume près de quatre fois son poids d'oxigène dans sa combustion ; aussi les corps les plus combustibles sont ceux qui ont plus d'affinité avec l'oxigène, que l'oxigène n'en a avec le calorique.

Tous les corps ne se pénètrent pas aussi facilement de calorique. Ceux qui s'en pénètrent le plus aisément, comme la cire, fondent à mesure qu'ils en sont pénétrés ; ceux qui lui résistent davantage, comme les métaux, fondent instantanément quand ils en ont acquis la mesure nécessaire.

Toutes les substances ne laissent pas échapper le calorique avec la même facilité ; l'expérience a prouvé que les corps dont la surface est noircie et dépolie en rayonnent plus que ceux dont les surfaces sont blanches et polies. L'absorption suit les mêmes lois ; c'est le corps qui s'en laisse pénétrer le plus facilement qui le dégage aussi avec le plus de facilité. Les corps cessent de conduire le calorique dès que ce fluide change leur état, comme la glace qui se réduit en eau sous l'influence de la chaleur ; alors le calorique se combinant avec les molécules de la matière, passe de l'état libre à l'état latent.

On a distingué les corps en *bons* et en *mauvais* conducteurs du calorique, d'après la facilité plus ou moins grande qu'ils possèdent de conduire le calorique. L'expérience a démontré que, de tous les corps solides, les métaux, surtout l'argent et l'or, sont les meilleurs conducteurs ; ensuite viennent le cuivre, l'étain, le platine, à peu près égaux entre eux ; enfin le fer, l'acier et le plomb, qui sont bien inférieurs aux autres. Les pierres, et principalement la brique, jouissent de cette propriété à un degré assez faible. Le verre et la porcelaine conduisent aussi moins qu'aucun métal. Le charbon et les diverses espèces de bois, quand ils sont secs, conduisent peut-être plus mal encore ; mais rien ne transmet moins la chaleur, à poids égal, que les substances composées de filamens très fins ou de petites parcelles qui se touchent par très peu de points, comme le cuir, la laine en flocon, la paille, la soie en brins, le duvet, le son, la cendre, etc. C'est sur cette théorie que les cultivateurs doivent calculer la matière qu'ils emploient pour garantir les plantes de la gelée. Il est évident que si l'abri ou la couverture est faite avec un *mauvais conducteur*, il ne laissera pas échapper la chaleur des plantes, et empêchera par conséquent le froid de pénétrer jusqu'à elles.

Les liquides paraissent aussi doués d'une puissance conductrice extrêmement faible, et, s'ils s'échauffent, c'est par déplacement plutôt que par conductibilité. En effet, quand on place un vase plein d'eau sur le feu, le calorique appliqué à la surface inférieure échauffe la couche la plus basse du liquide; celle-ci se dilatant devient spécifiquement plus légère : pressée par les couches supérieures, elle se déplace et monte dans la partie supérieure du vase; elle est remplacée par une couche plus froide, à laquelle succèdent bientôt une troisième et ensuite une quatrième couche, jusqu'à ce que toute la masse du liquide soit échauffée : ce mouvement est très rapide.

### *Des effets du calorique sur les végétaux.*

La chaleur agit sur les plantes de deux manières : indirectement, en opérant la fermentation et la décomposition des humus qui doivent leur fournir la nourriture; directement, comme agent principal des phénomènes de la vitalité. Nous ne nous occuperons ici que de ce dernier mode d'action.

Dans son action directe sur les végétaux, la chaleur agit, 1°. d'une manière purement physique; 2°. comme stimulant.

J'ai dit qu'une des propriétés du calorique était de dilater les corps en s'interposant entre leurs molécules; essayons d'en déduire quelques conséquences. On sait que la végétation ne se montre que lorsque le printemps ramène la température à un certain degré de chaleur; on voit alors tous les végétaux se développer, produire de nouvelles parties, et accroître le volume de celles qu'ils possédaient déjà. On a remarqué, aussi, que cet accroissement est d'autant plus rapide, que la chaleur est plus forte, quand, néanmoins, il y a humidité nécessaire. Voici comment je suppose que s'effectue ce phénomène : le calorique intercalé entre les molécules organiques les sépare jusqu'à un certain point, et rend ainsi plus facile la circulation des fluides nourriciers par la dilatation des vaisseaux; ces fluides, pendant le jour, c'est-à-dire pendant qu'ils se trouvent en contact avec la lumière, se décomposent, en partie pour parvenir à l'état solide par la fixation de quelques uns de leurs gaz, en partie pour s'échapper sous forme de vapeur. Il en résulterait un vide dans les vaisseaux si les racines ne fournissaient en même temps de nouveaux liquides qui montent jusqu'à l'extrémité du végétal par deux lois physiques bien connues : 1°. celle de la capillarité ; 2°. celle qui fait que tous les liquides forment des courans ascendans à mesure qu'ils reçoivent du calorique, et qu'ils forment des courans descendans à mesure qu'ils en perdent. Les racines pompent dans le sein de la terre des fluides dont la température se trouve beaucoup au-dessous de celle des autres parties de l'arbre ; ils commencent à monter par la loi de la capillarité (abstraction faite d'une troisième force, la contraction, dont nous parlons à l'article de la sève). Parvenus dans cette partie du végétal où la chaleur est plus forte, ils obéissent à une seconde loi, celle des courans, et montent avec d'autant plus d'activité qu'ils se trouvent dans des organes plus en contact avec la chaleur atmosphérique.

Quoique le calorique tende toujours à se mettre en équilibre en passant d'un corps dans un autre, il est constant que cet équilibre ne peut jamais exister à distance. Aussi des expériences positives faites par MM. Jean Hunter, Schopff, Bierkander, Pictet, Maurice, et renouvelées par moi, ont prouvé que les arbres, non seulement n'ont pas de chaleur naturelle comme la plupart des animaux, mais sont même à une température beaucoup au-dessous de celle que peut acquérir l'atmosphère. Que l'on fasse un trou dans le tronc d'un arbre vivant, qu'on y enfonce un thermomètre, on observera que la température sera la même que celle d'un thermomètre semblable enfoncé dans la terre à cinq pieds de profondeur ; c'est-à-dire qu'elle sera beaucoup plus basse que celle de l'air en été, et beaucoup plus haute en hiver. On sait d'ailleurs que le bois est un très mauvais conducteur de la chaleur. M. de Saussure a fait remarquer que la neige fondait aussi vite au pied d'un arbre mort que d'un arbre vivant. Ainsi donc il est établi que les végétaux n'ont pas une chaleur qui leur est propre et qui appartiendrait à la vitalité.

La température régnant dans le tronc d'un arbre, étant toujours la même que celle qui règne dans la terre où il est planté, à cinq pieds de profondeur, il est évident qu'il la reçoit des liquides pompés par les racines, et que si la somme de calorique qu'ils entraînent avec eux est la même que celle du corps ligneux, c'est à cause de la loi de l'équilibre et de la transmission. On sait, d'après les expériences de M. Rumfort, que les molécules des corps liquides ne se transmettent pas la chaleur les uns aux autres, mais qu'ils la reçoivent des corps solides et la leur rendent. « Si nous appliquons ces données à la végétation, dit M. De Candolle, nous voyons qu'un arbre a l'extrémité inférieure de ses vaisseaux plongée dans le sol, et aspire toujours un liquide plus frais que l'air, en été, et plus chaud en hiver; ce liquide s'élève jusqu'au sommet sans difficulté, et met tout l'intérieur de l'arbre au niveau de la température du sol. Lorsque, changé en suc propre, il redescend le long des parties extérieures de l'arbre, il a acquis toutes les qualités qui peuvent le faire résister au froid; il est devenu plus visqueux, son mouvement est devenu plus lent, sa quantité moins considérable. La structure même de l'écorce des dicotylédones concourt à émousser l'action de la température extérieure. Ainsi les poils et les cellules externes de l'écorce contiennent de l'air captif, qui est l'un des corps les moins perméables au calorique; la surface extérieure de l'écorce est souvent charbonnée, et enfin toute la charpente des végétaux est composée de matières qui transmettent le plus difficilement le calorique. C'est sans doute à la structure même de l'écorce qu'on doit attribuer la faculté qu'ont la plupart des dicotylédones de résister au froid, tandis que les arbres monocotylédons, qui sont dépourvus d'écorce, sont presque tous incapables de supporter la gelée. Concluons donc que, si certains végétaux résistent aux extrêmes de la température, si tous sont plus chauds en hiver et plus frais en été, il n'est point nécessaire d'admettre que les végétaux développent de la chaleur, mais que ces faits s'expliquent facilement en appliquant aux végétaux les lois connues des physiciens sur la transmission de la chaleur. »

On a observé que dans les plantes le tissu cellulaire gèle avant le tissu vasculaire, et que celles dans lesquelles ce premier tissu domine, comme, par exemple, dans les végétaux herbacés ou charnus, sont beaucoup plus susceptibles d'être tuées par le froid. La raison en est assez facile à expliquer. On sait que l'eau gèle plus facilement quand sa masse est plus grande ; M. Sénebier a vu qu'elle résiste à 7° de froid dans des tubes capillaires, qui sont cependant d'un plus grand diamètre que les vaisseaux des plantes. On sait encore que l'évaporation est d'autant plus facile que l'ouverture des tubes est plus large ; or, selon ces principes, la faculté des végétaux, pour résister à l'extrême de la température, devant être en raison inverse du diamètre de leurs vaisseaux, il en résulte que ceux qui ont beaucoup de grandes cellules pleines de liquides (comme est composé le tissu cellulaire), doivent être plus vite saisis par le froid que ceux dont le tissu vasculaire est sec et serré.

On a encore remarqué que les arbres en végétation, munis de leurs feuilles, gelaient beaucoup plus facilement que les autres, ce qui fait généralement redouter les gelées d'automne, et surtout du printemps. L'action du calorique est beaucoup moins active sur les solides que sur les liquides, et pour s'en convaincre, il ne s'agit que de remarquer combien il faut un froid ou une chaleur plus intense pour désorganiser une graine mûre et sèche, que lorsque cette même graine contient de l'humidité résultant soit d'un commencement de germination, soit d'un défaut de maturité. Le bois et les couches extérieures de l'écorce contenant peu d'humidité résistent bien au froid, mais l'aubier, le liber, les jeunes pousses, les feuilles, les fleurs et les fruits charnus, le craindront d'autant plus qu'ils contiendront plus d'humidité et de parties parenchymateuses. Une seconde raison vient se placer à côté de celle-ci : lorsque les arbres sont en végétation leurs liquides sont en mouvement ; or, on sait que l'eau, quand elle est dans un repos parfait, résiste à plusieurs degrés de froid, et qu'elle s'évapore moins par la chaleur. On peut expliquer, par cette théorie fort simple, pourquoi les végétaux qui croissent dans les lieux bas, humides et marécageux, qui, par conséquent, absorbent une plus grande quantité d'eau, sont aussi plus exposés aux rigueurs de l'hiver.

La chaleur, soit que dans ce phénomène elle agisse sur l'irritabilité, ou seulement en vaporisant les liquides, augmente beaucoup la transpiration des végétaux ; aussi, dans les pays très chauds, elle peut nuire à la végétation en opérant le desséchement des parties. Si, au contraire, la température est trop basse, il ne se forme point d'acide carbonique, ce qui rend la nutrition plus difficile. La nature a placé dans chaque climat les espèces qui peuvent y vivre, et prospérer entre certaines limites du chaud et du froid.

On sait que la chaleur agit sur l'irritabilité, parce que tous les phénomènes que nous avons rapportés pour prouver ce principe de la vitalité dans les plantes, sont accélérés par la chaleur et retardés par le froid.

La nature a varié l'organisation des végétaux de telle manière, que le calorique agit très-diversement sur eux ; on en trouve qui peuvent résister à un degré de chaleur très élevé. M. Sonnerat a trouvé le *vitex agnus castus* tout auprès d'une source dont l'eau était chaude à 62°, et M. Forster a rencontré la même plante au pied d'un volcan, où le sol était à 80°. La verveine officinale croît à Baguère de Luchon, sur les bords d'un ruisseau dont l'eau est à 31°; elle y a été observée par M. Ramond. Adanson dit avoir trouvé dans les sables du Sénégal, chauds à 61°, certaines plantes ayant toute leur verdure. D'autres végétaux résistent à un froid très intense. Les chênes, en Danemarck, ont résisté à une gelée de 25°, et des bouleaux, en Laponie, à 32°. De 32° de congélation à 80° de chaleur, il y a la différence de 112°, et cependant il ne faut qu'un ou deux degrés au-dessous de zéro pour tuer sans ressource le plus grand nombre des végétaux que nous cultivons en serre chaude. Si deux degrés sont aussi essentiels à l'existence des plantes, quelle prodigieuse différence doit-il y avoir dans l'organisation de celles qui supportent 80° de chaleur et 32° de froid?

Ceci nous conduit naturellement à une question d'autant plus singulière, que non seulement je mets en doute une chose généralement reçue par tous les agriculteurs, mais encore par toutes les sociétés savantes qui se sont occupées d'agriculture. Je veux parler de l'*acclimatation*.

### *De l'acclimatation* (1) *et de la naturalisation.*

Dans le commencement de 1828, je publiai, dans mon *Annuaire du Jardinier et de l'Agronome*, une Notice sur ce sujet. Un rédacteur du journal de M. de Férussac, mécontent de me voir relever (2) les erreurs qui fourmillent dans les *Annales* publiées par des amateurs de jardins réunis sous le nom de Société d'Horticulture de Paris, d'autant plus mécontent que j'ai lieu de croire que la plus grande partie de ces erreurs venaient de lui; ce rédacteur, dis-je, déterminé à critiquer mon livre, me fit un grave reproche, celui d'avoir échafaudé mon article sur une dispute de mots; car, selon cet écrivain, *acclimatation* et *naturalisation* sont deux mots tout-à-fait synonymes. Comme il est possible que quelques personnes, n'ayant encore aucune teinture des premiers élémens de l'agriculture, fassent la même erreur que ce rédacteur, je dois commencer par définir rigoureusement ces deux mots, dans l'acception que leur donnent et que leur ont toujours donnée les cultivateurs instruits. Citons d'abord la définition que M. Noisette a faite de l'acclimatation.

« *Acclimater* une plante, dit ce savant agriculteur praticien, c'est l'accoutumer à vivre dans un climat plus chaud ou plus froid que celui d'où elle est originaire, c'est modifier sa nature de manière à la rendre insensible, en pleine terre, aux influences d'un climat différent du sien; en un mot, c'est la chose impossible. » (*Journal des Jardins*, année 1828, page 86.)

« *Naturaliser* une plante, c'est livrer à la pleine terre une espèce apportée d'une autre contrée, et la mettre dans des circonstances telles, qu'elle y croisse avec vigueur et y mûrisse ses produits sans qu'on ait besoin de lui donner un sol et une température artificielle. Dans un sens plus rigoureux, celui que les naturalistes donnent à ce mot, un végétal n'est naturalisé dans une contrée que lorsqu'il y croît spontanément et que la nature seule fait les frais de culture; en

---

(1) Ce mot a été francisé par l'usage; s'il ne l'était pas, il devrait l'être, et je ne m'en servirais pas moins.

(2) Dans le *Journal des Jardins*.

agriculture, nous ne devons pas l'entendre ainsi. « Si on transporte un végétal d'un pays très éloigné dans un autre ayant la même température, dans une situation semblable, où il rencontre les mêmes circonstances environnantes, où il prospère comme les plantes indigènes, c'est le naturaliser, dit M. Noisette. »

Les plantes ont chacune une organisation particulière qui fait qu'elles ne sont pas également sensibles au froid; celles qui naissent dans les contrées assujetties à des hivers rigoureux, sont d'un tissu fibreux, sec, serré, renfermant peu de matière parenchymateuse, encore moins de parties charnues ou liquides; leur écorce est peu spongieuse et le liber en est très serré; leurs feuilles, toutes articulées, se dessèchent, meurent et tombent chaque année; leurs gemmes sont garantis du froid, tantôt par une humeur visqueuse empêchant le contact de l'humidité et de l'air, comme dans les peupliers, tantôt par une résine, comme dans les conifères; d'autres fois par un duvet cotonneux, des écailles sèches et scarieuses, etc. La sève, pendant l'hiver, abandonne en grande partie les tiges, et se concentre dans les racines, où elle est hors de l'atteinte des plus fortes gelées; dans les arbres, elle abandonne l'aubier et l'écorce pour se retirer, et seulement en quantité suffisante pour l'entretien de la vie, dans le centre du corps ligneux. Ces plantes ont une grande activité de végétation, on les voit développer leurs bourgeons, fleurir, nouer leurs fruits et les amener à maturité, dans l'espace de six à sept mois au plus, et quelquefois en beaucoup moins de temps. Sans ce privilége de la nature, la Russie septentrionale, la Sibérie, etc., n'auraient aucune récolte. Il est à remarquer que dans les zones glaciales on trouve très peu de plantes dont les tiges soient bisannuelles, tandis que dans les contrées extrêmement chaudes on en voit un très grand nombre, comme, par exemple, le *bananier*, la plus grande et la plus intéressante de toutes.

Dans les zones constamment réchauffées par un soleil presque perpendiculaire, l'organisation végétale est modifiée d'une manière tout-à-fait différente. Là, sont les *aloès*, les *cactiers*, les *ficoïdes*, les *euphorbes*, et une foule d'autres végétaux dont les tissus, mous, succulens, aqueux, pleins de sucs propres, seraient promptement désorganisés par la plus légère atteinte du froid. Là, se trouvent ces plantes qui ne fructifient qu'une fois dans le cours de leur vie, mais dont les tiges mettent cependant plusieurs années pour devenir adultes. Par exemple, l'*ananas* végète dix-huit mois avant de donner son fruit délicieux, le *bananier* deux ou trois ans, plusieurs *pandanus* ne fleurissent, à Bourbon, qu'à l'âge de quatre à dix ans; enfin, le *sagoutier* ne donne son unique récolte que lorsqu'il est parvenu à l'âge de trente ans. En général, les plantes des climats chauds sont d'un tissu lâche, spongieux; leurs feuilles sont persistantes, rarement articulées, mais simplement un prolongement et un épanouissement des fibres de l'écorce. Cette dernière, quand elle a de l'épaisseur, est le plus souvent très parenchymateuse, presque charnue; elle est pleine de vaisseaux renfermant des sucs propres, ce qui la rend ordinairement odorante, comme dans les canneliers et autres lauriers, les orangers, etc., etc.; d'autres fois sa partie herbacée a une très grande épaisseur, comme dans les jeunes chênes-liége; quelquefois, au contraire, son tissu est si mince, que l'écorce tout entière ne consiste qu'en une légère pellicule, par exemple, dans la plupart des monocotylédones. Enfin, la substance des tiges a tellement peu de consistance, qu'un enfant armé d'un couteau pourrait se faire jour et abattre les grands arbres qui gêneraient son passage dans les forêts d'*yucca*, de *bacquois*, d'*opuntia*, de *ravenales*, et de *lianes* de diverses sortes, qui couvrent la zone torride. Si l'on examine les gemmes de la plupart des arbres qui croissent entre les tropiques, on les trouvera le plus souvent nus, ou, s'ils ont une enveloppe, elle sera mince et membraneuse, comme, par exemple, cette espèce de spathe qui protége les bourgeons du *ficus elasticus*. Pourquoi, dans le fait, la nature leur aurait-elle donné des vêtemens pour les protéger contre le froid, puisqu'il est inconnu dans les contrées qui les voient naître et mourir? La plus grande partie a des fleurs, des fruits verts et des fruits mûrs, en tout temps et en même temps; ces fruits mettent quelquefois plus d'une année pour atteindre leur maturité : le double coco des Maldives, le fruit du calebassier sont dans ce cas, et même, dans les pays moins chauds, l'orange et quelquefois la grenade. Mais ce qui caractérise encore mieux la végétation des plantes des pays chauds, c'est la présence de la sève et des autres liquides en tout temps et dans toutes les saisons, et c'est peut-être à cette dernière circonstance qu'ils doivent cette extrême sensibilité pour le moindre froid.

L'organisation des plantes des climats chauds est tellement différente de celle des plantes de notre pays, que nous avons de la peine à reconnaître certaines espèces pour congénères avec des espèces très communes de nos climats. Qui reconnaîtra dans un arbre de quinze à seize pieds de tronc, une espèce voisine de ces fougères que nous foulons dans nos bois sans presque les apercevoir, de ces capillaires qui croissent dans les fissures de nos vieilles murailles? Qui croirait que ce *géranium cicutin*, dont les tiges menues se mêlent à celles de la violette sans les dépasser, a dans l'Inde un frère qui s'élève à quinze ou vingt pieds, sans que ses tiges aient besoin d'un appui étranger? Mais ces géans ne sont cependant pas plus ligneux que nos pygmées, et la même faucille qui coupe les uns pourrait aisément abattre les autres.

Nous savons que la chaleur a la propriété de dilater les corps, que le froid les contracte; mais quand ce froid est arrivé au degré de la congélation, nous savons aussi qu'en réduisant les liquides à l'état de glace, il augmente considérablement leur volume, et voilà la raison qui fait briser un vase dans lequel on a mis de l'eau exposée à une gelée assez forte pour la convertir en glace. Or, si nous transportions une plante de l'Inde dans nos jardins, et que nous l'exposions en pleine terre, qu'en résulterait-il? que les chaleurs du printemps et de l'automne n'étant pas assez fortes pour opérer dans son système vasculaire une dilatation, une *stimulation* suffisante, les fluides nourriciers ne circuleraient que lentement dans leurs vaisseaux, trouveraient les pores du tissu cellulaire fermés, et laisseraient par conséquent la plante dans un état languissant de végétation; c'est ce que nous voyons dans toutes les plantes transportées du midi au nord, dans les espèces même qui supportent bien nos gelées. Il faudrait n'être jamais sorti de son village pour n'avoir pas fait cette observation. Mais lorsque les rigueurs de l'hiver se feront sentir, deux phénomènes différens auront lieu et feront périr la plante subitement: 1°. les sucs propres et la sève seront glacés dans leurs canaux; ils en briseront les parois par l'augmentation de leur volume, d'où suivra des épanchemens et la désorganisation de la fibre ligneuse.

Jusque-là le végétal ne donnera pas des signes de mort spontanée; mais, 2°. ces liquides, en dégelant, se trouveront décomposés, d'où naîtront sur-le-champ de nouvelles combinaisons chimiques, et toutes les apparences de la mort qui cependant était déjà arrivée. La force vitale étant anéantie, chaque combinaison prendra la couleur qui lui est propre, et la surface de la plante se trouvant en contact avec l'oxigène de l'air, prendra aussi une couleur particulière, en raison des combinaisons qui se feront avec ce gaz. J'ai dit que les liquides, en se dégelant, se trouveront décomposés, parce que la congélation a la propriété de séparer plusieurs corps en mélange, même combinés, et de précipiter la plupart des sels. On sait qu'en faisant geler du vin, par exemple, on concentre l'alcool; on sait qu'en faisant geler de l'eau de mer, on la dessale au point de la rendre presque buvable. Ce phénomène très simple résulte de ce que tous les corps n'ont pas la même affinité pour le calorique, et qu'il s'empare des uns, ou s'en dégage, avec beaucoup plus de facilité qu'il ne fait des autres.

La force vitale n'étant que le résultat de l'organisation, dès le moment qu'il y a désorganisation elle cesse et elle abandonne la matière aux lois ordinaires des affinités chimiques. Aussi voit-on les surfaces, les parties minces, celles en un mot qui peuvent se combiner avec l'oxigène, se dessécher plus souvent que pourrir; cela vient de ce que ce gaz formant des acides par sa combinaison avec le plus grand nombre des substances, la fermentation putride doit avoir plus difficilement lieu. Les parties épaisses, charnues, pourrissent plus aisément dans l'intérieur, parce qu'elles ne se trouvent pas en contact avec l'oxigène, que chacune des substances qui les composent se combinent ensemble selon leur plus ou moins d'affinité, d'où résulte la formation de nouveaux fluides sanieux, ayant chacun leur odeur particulière. Cette odeur est le plus souvent désagréable, néanmoins ce n'est pas une nécessité physique; la preuve en est dans la *racine de patate*, qui exhale une agréable odeur de rose lorsqu'elle commence à pourrir.

La nature a donc donné à chaque végétal une organisation particulière, qui, le plus ordinairement, le condamne à végéter pour toujours, et sans pouvoir en sortir, dans la zone où elle l'a placé, ou même dans une localité assez restreinte.

De même que les plantes des pays chauds ne peuvent s'habituer à la rigueur de nos hivers, celles des pays tempérés ne prospèrent que très mal dans nos serres chaudes, et y meurent pour la plupart en très peu de temps; les *erica*, les *protea*, les *phyllica*, les *epacris*, et une foule d'autres en sont la preuve. La raison en est simple à expliquer : que l'on regarde le tissu ligneux de ces végétaux, on le trouvera sec, cassant, grêle; une trop grande dilatation résultant d'un excès de température peut leur occasionner les mêmes désordres qu'un excès de froid dans les autres. La facilité avec laquelle on les rompt prouve que leurs molécules organiques ont fort peu de cohésion, et qu'une certaine quantité de calorique peut diminuer encore leur intimité, au point de faire plus ou moins souffrir la plante.

Les plantes qui croissent dans l'eau ne peuvent, en aucune manière, s'accoutumer à vivre hors de leur élément. La liqueur visqueuse qui enduit leur surface entière pour empêcher l'eau de pénétrer leurs tissus, se dessécherait à l'air et les couvrirait d'un vernis imperméable aux influences atmosphériques; il n'y aurait plus ni respiration, ni transpiration, et la mort viendrait les frapper après une langueur d'une durée plus ou moins grande.

Tout ceci prouve assez que les végétaux sont soumis en esclaves aux lois d'organisation qui les enchaînent pour toujours au sol ou aux localités qui les ont vu naître. Les *lichens* croissent sur les rochers et les écorces, et jamais à d'autres places; les *champignons* comestibles que l'on cultive dans d'obscurs souterrains ou sous des amas de fumiers, ne pourront jamais croître dans un sol sec et découvert. Le *pêcher* résiste et donne même des fruits dans un pays où la température descend jusqu'à 15 et 16°, tandis que l'abricotier y languit et y reste stérile. On pourrait faire presqu'autant de citations qu'il y a de plantes dans la nature, car je crois qu'il en est très peu qui soient organisées de manière à réussir également sous tous les climats et dans toutes les localités.

On m'objectera que nous cultivons en France des végétaux exotiques des contrées chaudes, et qu'ils réussissent parfaitement en pleine terre. Parmi les plantes herbacées, on me citera, par exemple, le *maïs*, la *courge*; l'*hortensia* parmi les arbrisseaux; le *marronnier d'Inde* parmi les arbres, etc., etc.; et l'on me dira que toutes ces plantes sont acclimatées. Il nous sera aisé d'établir qu'il y a simplement naturalisation.

Toutes les plantes annuelles ou vivaces, qui, étant semées, se développent, fleurissent et mûrissent leurs graines dans l'espace de quelques mois, peuvent très bien réussir en France, et même dans des pays plus froids, quand même elles seraient originaires des contrées chaudes du globe. Il ne faut qu'une seule condition, c'est que l'intervalle de temps entre la dernière gelée blanche du printemps et la première de l'automne, soit assez long pour qu'elles accomplissent toutes leurs évolutions jusqu'à la maturité des graines. Le maïs est dans ce cas, et l'on pourra cultiver par la même raison toutes les plantes de l'Inde qui ne mettent que six ou sept mois à germer, croître et donner leurs fruits. Mais ces plantes seront-elles acclimatées pour cela ? non, et je vais le prouver. La *courge*, dont on voit des champs immenses dans quelques départemens de la France, particulièrement de ceux formés par l'ancienne Bresse et la Dombe, la courge, qui chez nous est une plante annuelle assez délicate pour ne pas résister aux atteintes de la plus petite gelée, est, dans l'Inde, non seulement une plante vivace, mais ses tiges mêmes deviennent ligneuses comme celles des lianes, et sont chargées, pendant plusieurs années et à la fois, de fleurs, de jeunes fruits, et de fruits en maturité. Le *ricin palma-christi*, qui forme, dans nos jardins, une plante annuelle d'une belle décoration, mais qui disparaît aux premières atteintes de l'hiver, est, dans son pays, un arbre d'une assez longue durée. La *capucine*, que l'on trouve abondamment sur le bord des ruisseaux dans les contrées les plus chaudes de l'Amérique méridionale, est au Pérou une plante vivace, et cependant nous la cultivons comme annuelle. Dans le midi de la France, on sème annuellement le *cotonnier*, et cependant c'est un arbrisseau très ligneux dans les climats où la nature l'a fait naître. Je pourrais, s'il était nécessaire, citer un grand nombre d'exemples tous aussi frappans, mais je crois que c'en est assez pour démontrer la vérité de mon assertion.

Dans les pays même les plus chauds de la terre, on trouve des localités tempérées, et même froides. Tout le monde sait qu'il existe, jusque sous la ligne, des montagnes élevées éternellement couvertes de neige; les glaciers ne sont pas rares sur les Cordilières, entre les deux tropiques. Ces localités ont aussi leurs végétaux, et la nature a modifié leur organisation de manière à pouvoir les faire résister à la rigueur de la température existant sur les lieux élevés qu'ils habitent. Un voyageur, parcourant l'Amérique méridionale ou les montagnes de l'Inde, recueille dans ces localités les graines d'une plante, et nous les envoie en Europe. Qu'arrive-t-il? nous lisons sur l'étiquette *plante de l'Inde* ou du *Chili*, cela veut dire pour nous *plante de serre chaude*. Nous nous hâtons de la semer sur couche chaude, nous plaçons le jeune sujet dans la tannée, et il végète languissamment. Nous redoublons de soins, nous lui donnons plus de chaleur, il périt, et nous attribuons la cause de sa mort à des causes positivement contraires à celles qui l'ont tué. Mais si la plante est tombée entre les mains d'un de ces habiles cultivateurs pour lesquels la nature n'a plus guère de secret, entre celles d'un Cels ou d'un Noisette, la chose se passe différemment. Il examine la contexture du végétal, sa gemmation surtout : il conclut de ses observations que, quoique né dans l'Inde, il lui faut moins de chaleur, parce qu'il est originaire des montagnes; il le fait d'abord passer dans la serre tempérée, puis dans l'orangerie, et enfin en pleine terre. Mais il ne dit pas, j'ai acclimaté cet *hortensia;* il dit seulement, j'ai trouvé la température convenable à l'hortensia, et je l'ai naturalisé.

L'ignorant agit différemment; il multiplie la plante dans la serre chaude, et fait passer sa génération dans la serre tempérée; il transporte dans l'orangerie une seconde génération; puis il en risque une troisième en pleine terre. Si elle résiste à un hiver, il n'hésite pas à croire qu'il a modifié la nature de la plante, et il dit qu'il l'a *acclimatée*. Le plus souvent il n'a pas même calculé la somme de froid qu'elle a supporté : il se hâte de publier sa précieuse expérience; et, lorsque ses Mémoires parviennent aux Académies d'agriculture auxquelles il les adresse, il éprouve déjà la petite mortification de voir sa plante acclimatée succomber au froid un peu plus intense d'un second hiver. « A Paris, dit M. Noisette, les rigueurs de l'hiver sont extrêmement variables; dans de certaines années, le thermomètre de Réaumur ne descendra pas à 8 degrés de congélation, tandis que dans d'autres il descendra jusqu'à 16; et telle plante qui résistera très bien à 8 et même à 10 degrés, périra infailliblement si elle en éprouve 15 ou 16. Ainsi, non seulement une plante qui aura passé un hiver ne doit pas être regardée comme acclimatée, mais encore quand elle en aurait passé quatre, huit, ou même dix. Si elle a supporté un de nos hivers les plus rigoureux, et sans abri, cela prouve qu'elle peut se naturaliser; mais ce ne sera pas encore ce que l'on appelle une *acclimatation,* car sa nature n'aura pas été changée par l'art du jardinier; mais seulement celui-ci se sera trompé sur son organisation, et mon opinion est qu'il se sera donné des peines et des soins inutiles en cultivant long-temps en serre chaude et en orangerie une espèce qu'il aurait dû placer de suite en pleine terre. »

« Citons un exemple à l'appui de mon opinion. On croit avoir acclimaté le *marronnier d'Inde*, le *magnolier*, l'*hortensia*, le *mespilus glabra*, le *mespilus japonica*, le *salisburia adianthifolia*, le *rosa multiflora*, le *rosa banksiana*, etc., et je me suis assuré qu'on n'a fait que les naturaliser. Depuis plusieurs années, j'avais conçu l'opinion que je publie aujourd'hui; mais il me restait encore quelques doutes que ma position commerciale m'a mis à même de lever. J'écrivis à mes correspondans dans les Indes, de m'envoyer, parmi d'autres objets, plusieurs pieds de ces anciennes espèces prétendues acclimatées, et des semences de toutes. Les individus, qui m'arrivèrent au printemps, furent sur-le-champ plantés en pleine terre, et se trouvèrent ainsi tout à coup acclimatés; car ils réussirent parfaitement, et leur végétation n'offrit aucune différence avec les autres. Il en fut de même pour les sujets provenus de graines, que je semai de la même manière que celles que l'on recueille sur les individus naturalisés chez nous. Quant à ceux qui m'arrivèrent en automne, j'en plaçai quelques uns en orangerie et les autres en pleine terre; ces derniers, dans un état maladif, résultant de la durée du voyage, ne purent résister à la rigueur des fortes gelées qui les saisirent sur-le-champ. »

Si l'on croit avoir acclimaté quelques végétaux des contrées chaudes, c'est donc simplement parce que le hasard a fait placer en pleine terre ceux qui croissent dans leur pays natal dans des localités où la température est à peu près la même que chez nous. Mais il faut renoncer à l'espoir séduisant de voir jamais prospérer en pleine air, en France, ceux dont la constitution ne se trouve pas appropriée à notre climat. L'art du cultivateur peut, jusqu'à un certain point, modifier la végétation; mais il ne parviendra jamais à changer la nature d'une plante. Si nous jetons les yeux sur celles qui sont cultivées, et que nous les comparions à leurs types croissant librement dans les champs et les forêts, quelles sont les différences que nous remarquerons entre elles? Quelques modifications dans le volume, la couleur et la saveur des fruits, mais jamais autre chose. Nous leur retrouverons toujours les mêmes caractères spécifiques, les mêmes tissus, les mêmes sucs propres et les mêmes besoins; la plus légère nuance d'organisation peut cependant faire que telle plante réussira parfaitement en pleine terre dans une localité, tandis qu'elle y périra dans une autre. C'est ainsi que l'on cultive à Honfleur, au nord de Paris, des melons en plein champ, et qu'il leur faut la couche chaude et le châssis dans les environs de Paris; c'est ainsi que plusieurs arbres, qui périssent en pleine terre dans notre climat, réussissent très bien dans les environs de Londres; par exemple, l'*araucaria imbricata*.

Si les arbres pouvaient s'acclimater, il est certain que les myrtes et les orangers, que nous tirons du midi de la France et de l'Italie, le seraient depuis fort long-temps, car il y a près de quatre cents ans que nous les cultivons en serre à Paris. Il est certain, cependant, que les jeunes sujets qui sont descendus des fameux orangers dont François I$^{er}$ orna les châteaux royaux, sont aussi délicats que ceux qui nous viennent actuellement de Nice. J'irai plus loin : je défie que l'on me cite une seule espèce de plante qui se soit acclimatée, c'est-à-dire qui bravera les intempéries de la mauvaise saison, tandis que la même espèce, transportée de son pays natal actuellement, y succombera.

Il faut donc renoncer à cette douce chimère, qui, si elle pouvait se réaliser, nous montrerait au moins un exemple d'acclimatation, exemple que l'on chercherait vainement. Mais il faut faire des expériences sur les plantes que nous cultivons en serre chaude et orangerie, car il est à peu près certain que dans le nombre il s'en trouve plusieurs organisées pour passer l'hiver à l'air libre. Il est vrai que ces expériences, si on les faisait absolument au hasard, pourraient devenir coûteuses, à cause du prix et de la rareté des individus que l'on s'exposerait à perdre. Cet inconvénient grave, qui occasionne tant de tâtonnemens inutiles, et qui retarde beaucoup les progrès de l'horticulture, disparaîtrait en grande partie si nos botanistes voyageurs se donnaient la peine de joindre au nom et à la description de chaque plante, une petite notice de géographie-botanique, renfermant la description des localités, la hauteur des lieux, la nature du terrain, et l'exposition de l'endroit où ils la recueillent.

Si, depuis des siècles que l'on cultive des végétaux exotiques, on avait pu les habituer à croître et à prospérer à d'autres températures que la leur, pourquoi ne verrait-on pas depuis long-temps, dans nos jardins, des bosquets et des allées d'orangers, de grenadiers et de myrtes, et de grandes plantations d'oliviers dans les environs de Paris? À coup sûr, nos dames seraient enchantées de pouvoir cueillir des grenadilles, du cacao, du café, des ananas, des bananes et des lit-chi, au bois de Boulogne; et nos cultivateurs donneraient certainement leurs soins aux thé, camphrier, palmier-dattier, et à tant d'autres arbres utiles et agréables, plutôt qu'aux sureaux, cornouillers, azeroliers, etc. Malheureusement depuis plusieurs années que l'on cultive, en France, une partie des végétaux que je viens de nommer, on ne s'aperçoit pas que l'art d'*acclimater* ait eu une grande influence sur eux, et que l'on ait réussi à étendre leur culture à l'air libre, au-delà (seulement de quelques lieues) des limites que la nature leur a tracées.

Si l'on consulte les archives, les chartres, les chroniques et enfin les ouvrages les plus anciens, on trouvera que la culture de la vigne, de l'olivier et du maïs, ne s'est aucunement étendue au nord depuis l'antiquité. Que l'on prenne une carte de France, que l'on tire une ligne depuis le mont Saint-Béat, dans les Pyrénées, jusqu'au mont Saint-Bernard, dans les Alpes, et il n'y aura plus d'oliviers au nord de cette ligne. Que l'on tire une seconde ligne depuis la tour de Cordouan, qui est à l'embouchure de la Garonne, jusqu'à Strasbourg, et il n'y aura pas de maïs au-dessus de cette ligne. Que l'on tire une ligne depuis Guérande, près de l'embouchure de la Loire, jusqu'à l'embouchure de la Moselle, dans le Rhin, cette ligne passera à Mantes et à Chantilly, près de Paris, et il n'y aura plus de vignes par-dessus. Comment se fait-il que ces végétaux, si généralement et si anciennement cultivés, soient restés absolument immobiles dans leurs positions ? comment se fait-il qu'ils ne se soient pas acclimatés ?

Mais ce ne sont pas seulement les végétaux des climats chauds que l'on ne peut pas acclimater dans nos contrées ; ceux des pays extrêmement froids sont dans le même cas. Par exemple, on est obligé de cultiver, en orangerie, beaucoup de plantes de la Sibérie. Il est vrai que cela tient autant aux phénomènes météorologiques qui ont lieu dans ces contrées glacées, qu'à une organisation particulière des plantes ; il est même à remarquer que cette organisation se rapproche davantage de celle des plantes des pays méridionaux que des plantes des climats tempérés. Les végétaux de la Sibérie, pendant tout l'hiver, se trouvent ensevelis sous une considérable épaisseur de neige ; là ils se trouvent à l'abri du froid comme dans une orangerie, et, au printemps, lorsque les neiges fondent il n'est pas rare de leur voir découvrir des violettes et des primevères en pleine floraison.

La naturalisation des plantes cultivées n'est pas toujours aussi facile qu'on pourrait le croire. Elle exige des soins, dont les conseils de M. Noisette vont nous instruire. « L'art de naturaliser les plantes, consiste à rendre, autant que possible à chaque espèce, l'exposition qu'elle avait dans son pays natal, et un terrain convenable à la délicatesse ou à la rusticité de sa nature. Il n'est pas de cultivateur qui n'ait remarqué que telle plante, qui réussit bien à l'exposition du nord, où elle ne reçoit que très peu les rayons du soleil, languit et meurt à l'exposition du midi. Dans quelques familles de plantes, cette exposition du nord est indispensable à Paris, tandis qu'elle devient de toute inutilité dans de certains autres climats, par exemple, en Angleterre. Telles sont toutes les espèces appartenant à la famille des *rosages* ou *rhododendrons*. Les variations subites de température, si communes chez nous et assez rares en Angleterre, paraissent être la principale cause de cette différence. Dans nos jardins, il faut les garantir des vents de l'ouest, soit par des constructions, soit par des plantations de grands arbres qui les protégent en outre par leur ombrage. La plupart des plantes alpines sont dans le même cas. Généralement tous les arbres à feuilles persistantes craignent, pendant les gelées, les positions où les rayons du soleil peuvent atteindre leur feuillage, et fondre les frimas qui le couvrent pendant quelques momens de la journée. Dans ce cas, lorsque le soleil disparaît, la gelée qui saisit de nouveau le végétal dont tous les vaisseaux sont gonflés par l'humidité, les crispe subitement, ce qui brise les fibres du tissu cellulaire, et désorganise la substance des feuilles et quelquefois l'écorce délicate des rameaux. Si la plante résiste quelque temps à cette funeste révolution, elle se défeuille, languit, et finit tôt ou tard par mourir. Les arbres à feuilles caduques, mais délicats, sont moins sensibles à ces accidens, et cependant ils ne laissent pas que d'en souffrir beaucoup. Dans une position où les arbres ne peuvent éprouver ces transitions, soit que leurs feuilles soient caduques ou persistantes, ils supportent sans souffrir un froid beaucoup plus rigoureux. »

Puisque tous les végétaux ne peuvent croître et prospérer exposés à une température modérée, puisque beaucoup ne résistent pas à 1 ou 2 degrés de congélation, il a bien fallu chercher des moyens de procurer une chaleur artificielle aux plantes originaires des pays chauds que l'on a voulu cultiver chez nous. Ces moyens peuvent se diviser en deux sections. Dans la première, qui traitera des *abris*, on classera les procédés employés pour empêcher le froid de saisir les végétaux pendant l'hiver, et pour leur donner plus de chaleur l'été, sans néanmoins employer des matières fermentescibles. Dans la seconde section, je parlerai des méthodes employées pour procurer aux plantes un haut degré de chaleur par des moyens artificiels.

### *Des abris naturels.*

En agriculture, on ne connaît guère que les abris naturels, c'est-à-dire ceux résultant d'une exposition privilégiée. On pourrait reconnaître autant d'expositions que de rumbs de vent; mais on se borne à huit, dont les influences sont parfaitement marquées. Le midi ou sud; le sud-est; l'est ou le levant; le nord-est; le nord; le nord-ouest; l'ouest ou le couchant; le sud-ouest (Pl. II, fig. 70.)

L'exposition la plus chaude est celle du midi. Elle résulte de la pente du terrain s'inclinant du nord au sud, ou, s'il n'y a pas pente, d'un abri réfléchissant la chaleur, ou interrompant le cours des vents froids; par exemple, une montagne, des rochers, ou simplement une muraille. Généralement les auteurs regardent les forêts comme des abris; mais l'expérience m'a convaincu du contraire. J'ai vu constamment les vignes placées au midi des forêts, geler beaucoup plus souvent au printemps que celles qui étaient à des expositions ouvertes; j'en attribue la cause à l'humidité et aux brouillards qu'attirent les grands bois.

Les végétaux, qui aiment la chaleur, se plaisent au midi; leurs fruits y acquièrent plus de qualités. Ceci est remarquable dans la vigne, le figuier, le pêcher, les melons, le maïs, etc., et en général dans toutes les plantes qui sont originaires d'un climat plus chaud que celui où on les cultive avec des abris. La qualité du sol contribue beaucoup à rendre une exposition plus ou moins chaude; par exemple, dans les terres légères, poreuses, siliceuses, sèches, la chaleur augmente beaucoup d'intensité. Au contraire, l'effet de l'exposition au midi devient quelquefois nul dans les terres humides, fortes, alumineuses.

L'exposition du levant est la meilleure après celle du midi et du sud-est, parce que les plantes jouissent des rayons du soleil, aussitôt que cet astre se montre sur l'horizon. Il débarrasse aussitôt leurs feuilles de la rosée froide et de l'humidité de la nuit, et leur communique, dès le matin, une chaleur vivifiante. Mais il arrive quelquefois, lors des gelées tardives du printemps, que les rayons du soleil, en frappant sur les parties glacées, les décomposent et les font périr en les dégelant.

L'exposition du sud-est éprouve moins cet inconvénient: elle participe des deux précédentes.

Celle du nord est la plus froide de toutes, parce que c'est elle qui reçoit le moins de rayons calorifiques et de lumière. Cependant elle convient à quelques pommiers, et on en tire parti pour obtenir, en été, les produits que quelques légumes auraient donné au printemps à une exposition plus chaude. Généralement les fruits y acquièrent une maturité imparfaite; ils y croissent sans couleur et sans saveur. Cependant, l'exposition du nord peut devenir très avantageuse dans de certains cas; citons-en un exemple. Plusieurs végétaux ne croissent naturellement qu'à une assez grande élévation au-dessus du niveau de la mer; on les trouve sur le sommet des montagnes du second ordre, et au bas des glaciers éternels qui couronnent les monts les plus hauts. Ces végétaux, auxquels on donne l'épithète d'*alpins*, semblent s'être réfugiés là pour éviter les chaleurs de l'été qui leur sont funestes ; ils ne prospèrent qu'à une température de 8 à 15 degrés de Réaumur. Tels sont les sapins et généralement tous les conifères, les végétaux délicats auxquels nos jardiniers ont donné assez improprement le nom de *plantes de terre de bruyère*, etc., etc. Lorsque nous les transportons dans nos pays de basses plaines, où la température s'élève beaucoup pendant l'été, cette saison les fait souffrir, et tuerait certainement les plus délicats si l'on n'employait un procédé pour les soustraire à ces pernicieux effets. Ce procédé consiste à les placer au nord, et à compenser ainsi la température des lieux élevés par celle de l'exposition. S'il était possible de leur donner en même temps de la lumière, la compensation serait exacte, et je suis certain qu'ils réussiraient chez nous comme sur leurs montagnes; mais comme il est impossible de réunir ces deux conditions de température et de lumière, je doute fort que la culture des plantes alpines ait jamais un grand succès dans les pays de plaines basses.

L'exposition du nord-est participe de celle du nord et de celle de l'est; comme elle jouit jusqu'à un certain point des influences des rayons du soleil, je pense que c'est celle que l'on doit préférer pour la culture des plantes alpines.

L'exposition de l'ouest ou du couchant est moins chaude que celle du levant. La raison en est fort simple; elle ne reçoit les rayons du soleil que pendant la dernière moitié du jour, par conséquent la fraîcheur de la nuit s'y conserve pendant une grande partie de la matinée; à peine la terre est-elle réchauffée, que l'humidité du soir vient de nouveau la refroidir. L'exposition du couchant est ouverte aux vents de l'ouest qui, au moins dans nos climats, soufflent pendant la plus grande partie de l'automne; mais, si elle offre cet inconvénient, elle a aussi l'avantage de moins craindre les gelées tardives de printemps, parce que la glace est fondue quand les rayons du soleil y parviennent.

L'exposition du nord-ouest participe de celles du nord et du couchant.

Il ne nous reste plus à parler que de celle du sud-ouest, qui jouit des propriétés combinées de celles du midi et du couchant.

En horticulture, on a tiré un grand parti des expositions. Par le moyen d'un mur plus ou moins élevé, on concentre la chaleur dans des plates-bandes, et l'on obtient ainsi des produits plus hâtifs; on établit des espaliers contre ces murs, etc., etc. Nulle part cette pratique n'a été poussée aussi loin et avec autant d'intelligence qu'à Montreuil, près Paris. Les habitans divisent leurs jardins en longues plates-bandes, larges de 15 à 25 pieds, et chaque plate-bande est abritée par un mur donnant, d'un côté, l'exposition du midi, pour les espaliers de pêchers, poiriers, vigne, etc. Le côté du nord est utilisé par la culture d'espèces qui exigent moins de chaleur.

L'amateur de jardin qui se plaît à cultiver des espaliers ne cherchera pas l'exposition directe des quatre points cardinaux, parce qu'il en perdrait une, celle du nord. Mais, à supposer qu'il fasse son clos carré, il établira un côté à l'exposition du sud-ouest, un autre à l'exposition du sud-est, le troisième à celle du nord-ouest, et le quatrième à celle du nord-est; par ce moyen, les quatre faces intérieures et même celles extérieures, jouiront des rayons du soleil pendant une partie de la journée.

Lorsque le sol à mettre en culture est plat, de niveau, sans abri, on dit que l'exposition est libre. Enfin, je terminerai cet article des expositions par un tableau qu'en a fait M. Noisette, en appliquant sa théorie à la culture des jardins. Selon ce savant cultivateur, on doit considérer les expositions sous les rapports :

| | | EXPOSITIONS. |
|---|---|---|
| D'une chaleur | faible ................ | Froide, ou du nord. |
| | modérée. ............... | Du nord-est.<br>Du nord-ouest.<br>Du sud-est.<br>Du sud-ouest. |
| | forte. ................. | Chaude, ou du midi. |

| | | |
|---|---|---|
| De l'air | circulant librement autour de plusieurs végétaux groupés | Libre. |
| | circulant librement autour d'un seul | Découverte ou aérée. |
| | Concentré dans un petit espace, et ne circulant pas librement | Étouffée. |
| D'une lumière | faible | Ombragée. |
| | modérée | A mi-soleil. |
| | forte | Au soleil. |

*Des abris artificiels.*

De ce nombre sont toutes les constructions, les instrumens et les matières dont on se sert, non pas pour produire une chaleur surnuméraire, mais simplement pour concentrer celle qui existe et l'empêcher de s'évaporer. On ne se sert de ce genre d'abris que pour soustraire les végétaux aux rigueurs de l'hiver.

Dans la grande culture, on ne connaît guère, pour abriter les plantes du froid, que les *couvertures* de différentes matières. Les meilleures couvertures sont celles faites avec les corps connus pour être mauvais conducteurs de la chaleur. La paille, sous ce rapport, est la meilleure chose que l'on puisse employer. On en entoure les tiges et les rameaux de certains arbres qui ne peuvent résister aux gelées dans nos climats; on en couvre les racines de plusieurs plantes, par exemple des artichauts; on en fait des paillassons pour couvrir les espaliers, des espèces de cages ou de ruches dont on couvre les tiges de quelques plantes sous-ligneuses, etc., etc. Après la paille, les meilleures couvertures se font avec des feuilles sèches; quelques personnes emploient de la litière longue et sèche, de la fougère et différentes autres matières que l'on peut se procurer en suffisante quantité. Quelques cultivateurs font des couvertures avec du fumier, mais il y a un grave inconvénient : si l'hiver est humide, il pourrit, et la pourriture se communique très souvent aux racines que l'on voulait préserver. Très souvent on emploie simplement de la terre en couverture, et on appelle cette méthode *buttage* : elle n'est pas la meilleure, mais, faute d'une suffisante quantité d'autre matière, la grande culture n'a guère d'autre ressource. Cette opération consiste à rapprocher sur les racines d'une plante une quantité suffisante de terre pour empêcher la gelée de la pénétrer. Il arrive parfois que de mauvais cultivateurs, faute de raisonner, et pour ne pas se fatiguer à transporter de la terre l'espace de quelques pieds, l'enlèvent d'autour de la plante et de dessus ses racines pour l'amonceler autour du collet. Il en résulte qu'ils livrent le végétal aux rigueurs du froid par ses parties les plus délicates. J'ai vu cent fois des carrés d'artichauts entièrement détruits par ce procédé. Dans les environs de Paris, on cultive des champs entiers de figuiers, quoique le climat ne soit pas favorable à cet arbre. Aux approches des fortes gelées, on ouvre des tranchées dans le terrain, on y couche les tiges, et on les recouvre de terre. Elles s'y conservent très bien jusqu'au printemps.

C'est particulièrement en horticulture que l'on a perfectionné les abris. Les principaux sont : la cloche ou verrine, le châssis, la bache et l'orangerie.

La *cloche* (Pl. II, fig. 71) est une pièce de verre soufflée, ayant à peu près la forme d'une cloche de métal : c'est le plus simple et le plus ancien des abris. Son usage est encore aujourd'hui généralement répandu. On en a de différentes formes et de plusieurs grandeurs : en verre blanc, plus ou moins brun, transparent ou dépoli, suivant l'usage que l'on en veut faire, et le plus ou moins de lumière que l'on veut donner à la plante qui est dessous. La cloche concentre les rayons du soleil, et, sous ce rapport, n'est pas simplement un abri ; mais quand on en exige une augmentation de chaleur, point de vue sous lequel je ne l'envisage pas ici, on la place sur une couche chaude. Une cloche peut empêcher 3 à 4 degrés de froid de pénétrer sur une plante, plus ou moins, selon la chaleur spécifique du terrain sur lequel elle est placée ; mais il ne faut pas en attendre davantage. Aussi, lorsque le thermomètre descend plus bas, on doit la recouvrir avec de la paille, des feuilles sèches ou autres substances. L'expérience a prouvé que celle dont le verre reflette une couleur bleuâtre, concentre moins la chaleur que les autres.

Les verrines ne diffèrent des cloches que parce qu'elles

sont construites de plusieurs morceaux de verres ou vitres assemblés avec du plomb. On leur donne ordinairement une forme octogone.

Le *châssis* tient le milieu entre la cloche et la serre. Il se compose de deux parties, la caisse et les panneaux. La caisse varie dans sa longueur et sa largeur, l'une et l'autre sont indifférentes; cependant, la longueur, dans l'usage le plus commun, ne varie que de 4 à 8 pieds, et la largeur de 3 à 5. La caisse se fait en planche dans les châssis portatifs que l'on ne pose que l'hiver, quelquefois en brique ou même en maçonnerie, quand elle ne doit jamais changer de place.

La difficulté consiste à lui donner la coupe nécessaire pour l'inclinaison déterminée des panneaux vitrés qui doivent la couvrir. Ici nous allons laisser parler M. Noisette.

« Un ouvrier ordinaire sait rarement se servir du quart de cercle et du rapporteur; s'il n'a un châssis pour modèle, il tâtonnera et inclinera ses panneaux au hasard, d'où il résultera que l'on aura plus de chaleur qu'il n'en faut pour de certaines plantes, et pas assez pour d'autres: car plus les verres présentent perpendiculairement leur surface aux rayons du soleil, plus le calorique se concentre sous le châssis; et par la raison inverse, il y a moins de chaleur lorsque les rayons solaires frappent les verres obliquement. Ceci s'applique plus particulièrement aux serres qu'aux châssis. »

« Pour mettre tout le monde dans le cas de donner aux panneaux d'une serre, d'une bache ou d'un châssis, l'inclinaison nécessaire, sans être obligé de se servir d'instrumens, nous avons dressé une table, (Pl. II, fig. 74), dans laquelle nous avons indiqué toutes les proportions. Nous allons citer deux exemples, pour faire parfaitement concevoir la manière de s'en servir. Supposons que l'on veuille établir quatre châssis, le premier de trois pieds de largeur avec dix degrés d'inclinaison; le second de quatre pieds avec quinze degrés d'inclinaison; le troisième de cinq pieds, incliné de vingt degrés; et le quatrième de six pieds, incliné de vingt-cinq degrés. »

« 1°. Pour le premier on commence à établir le devant (Pl. II, fig. 73) *a, a, a, a,* auquel on donne la hauteur déterminée par la hauteur du feuillage ou des tiges des plantes que l'on doit y cultiver. On établit ensuite les côtés comme lui *a, b, a, c,* auxquels on donne, ainsi qu'au derrière, la même hauteur que celle de devant. On a une caisse de trois pieds de largeur, dont les quatre côtés, tous de la même hauteur, vont servir de base pour calculer l'inclinaison. La ligne *a, b,* nous servant de base, représente la ligne A, B de notre table d'inclinaison. Comme dans notre première supposition notre châssis doit avoir trois pieds de largeur, nous cherchons à la base de la table le chiffre 3, en *d,* qui nous donne trois pieds; nous cherchons aussi le rayon qui marque dix degrés, puisque c'est l'inclinaison déterminée, et nous le trouvons d'A en H. Alors, en cherchant le point où la perpendiculaire *d, d,* coupe le rayon A H, nous trouvons le chiffre 7, qui nous indique que la hauteur de la perpendiculaire, depuis sa base jusqu'au rayon, est de sept pouces : or, comme cette hauteur représente celle du derrière du châssis, nous savons que nous devons lui donner, de b en i (fig. 73), sept pouces de hauteur si nous voulons obtenir, de i en a, une inclinaison de dix degrés. »

« 2°. Pour le second châssis de quatre pieds de largeur et de quinze degrés d'inclinaison, on agit de la même manière; et quand la caisse *a, a, b, c,* est faite, il s'agit de recourir à la table pour savoir de combien on élevera le derrière. On trouve, à la ligne formant la base de la table, la largeur de quatre pieds, en 4 *e;* le point où le rayon de quinze degrés, A, K, coupe la perpendiculaire *e, l,* indique 13 pouces; donc il faudra élever de treize pouces le derrière de la caisse *b, i,* pour obtenir d'*a* en *i* une inclinaison de quinze degrés. »

« 3°. Le troisième châssis ayant cinq pieds de largeur et vingt degrés d'inclinaison, on trouvera les cinq pieds à la base de la table, en 5 *f,* et le rayon de vingt degrés d'A en M. Le point de section de la perpendiculaire *f, n,* indiquant vingt-deux pouces, on élevera d'autant le derrière du châssis *b, i.* »

« 4°. On cherchera de la même manière les proportions du quatrième châssis, en observant que depuis la perpendiculaire *g, o,* jusqu'à la dernière *p, q,* notre tableau n'indique plus des pouces seulement, mais des pieds et des pouces séparés par des traits d'union. Ainsi, si on nous a bien compris, on trouvera pour les six pieds de largeur et les vingt-cinq degrés d'inclinaison, deux pieds dix pouces d'élévation, ainsi marqués 2-10, qui seront la hauteur du derrière *b, i,* du châssis. »

« Pour le second exemple, nous supposerons qu'il n'est plus question d'un châssis, mais d'une serre. Le problème à résoudre sera celui-ci : construire une serre de dix pieds de largeur, dont les panneaux seront portés sur le devant par un mur de trois pieds de hauteur, et déterminer la hauteur du mur du fond pour procurer aux panneaux vitrés une inclinaison de 45 degrés ? On commence par tracer sur le terrain les dimensions de la serre, puis on fait élever le mur de devant A (Pl. II, fig. 72), et celui du fond B, jusqu'à la hauteur de l'horizontale *c, d*, c'est-à-dire à trois pieds. Alors on a recours à la table où l'on prend la perpendiculaire 10, *e*, et le rayon A, N ; le point de section donne neuf pieds onze pouces, qui, ajoutés aux trois pieds du mur déjà bâti, donneront un total de douze pieds onze pouces depuis E jusqu'à F, et le panneau *c*, F, par ce moyen, se trouvera incliné de manière à former un angle de 45 degrés. »

« Mais il arrive quelquefois que l'on veut donner une grande profondeur à une serre, douze ou quinze pieds, par exemple ; comme il lui faudrait une élévation considérable pour que les panneaux, inclinés supposons à 55 degrés, pussent porter sur le mur de devant et celui de derrière, et qu'outre cela il ne serait pas possible de les faire solides à cause de leur grande longueur, on est dans l'usage de placer un toit sur le derrière, comme nous l'avons figuré par des points en *g, h*. Pour obtenir l'inclinaison des panneaux à 45 degrés, il ne s'agit plus de savoir la hauteur que l'on donnera au mur du fond, mais bien celle qu'aura le toit au point *i*, c'est-à-dire au sommet des panneaux. Pour y arriver, on commencera par déterminer avec justesse la largeur de la serre qui en sera couverte. Supposons qu'elle ait quinze pieds de profondeur, et que l'on veuille donner cinq pieds au toit *g, h*, il restera à couvrir avec des panneaux la largeur de dix pieds, d'A en K, qui, cherchés à la table, donneront quatorze pieds deux pouces d'élévation de K en *i*. On peut calculer de la même manière l'inclinaison du toit *i, h*, afin de lui faire former un angle plus ou moins ouvert avec les panneaux. Il en sera de même pour une serre chinoise ou un jardin d'hiver vitré des deux côtés, c'est-à-dire couvert par deux panneaux appuyés l'un sur l'autre comme *c*, *i*, *l*. Après avoir élevé les deux murs *a*, *c*, *l*, *m*, on prendra le milieu K, et par le moyen de la table on déterminera la hauteur du faîte *i*, de la serre, selon le degré d'inclinaison que devront avoir les deux panneaux. »

Lorsque la caisse du châssis est faite, on la couvre avec les panneaux vitrés qui doivent s'ajuster avec la plus grande justesse et fermer hermétiquement. Le châssis, abstraction faite des couches chaudes que l'on peut établir dedans, ne pourrait guère défendre les plantes d'un froid au-dessous de trois à quatre degrés, si on n'avait la précaution de l'entourer de réchauds, de fumier et de le couvrir de paillassons.

Les châssis sont généralement en usage, parce qu'ils sont peu dispendieux, et qu'au moyen de couches, on peut y faire des primeurs, et y cultiver non seulement des plantes d'orangerie, mais même des végétaux de serre tempérée et de serre chaude. On y établit des couches sans chaleur de terreau très consommé, de terre composée, ou de terre de bruyère, des couches tièdes, chaudes, et des tannées. Mais il y a toujours un inconvénient, comparativement aux serres, c'est que les plantes y sont beaucoup plus sujettes à être attaquées par l'humidité, la moisissure et le pourri, outre les coups d'air, les coups de soleil et l'étiolement.

La *bache* n'est rien autre chose qu'un grand châssis, monté en murs de briques ou de pierres, ordinairement enterré, et pouvant recevoir deux couches avec un sentier au milieu.

L'*orangerie* est un bâtiment consacré à abriter pendant l'hiver les orangers, les myrtes, et autres végétaux qui sans exiger une grande chaleur craignent néanmoins le froid. Comme les arbres et arbrisseaux qu'on y cultive prennent un assez grand développement, il est nécessaire qu'elle soit construite dans de grandes proportions, et c'est pour cette raison que l'économie ne permet pas de la couvrir en panneaux vitrés. Pour lui donner de la lumière, elle est percée, du côté du midi, de croisées aussi grandes et aussi nombreuses qu'il est possible de les faire sans nuire à la solidité du bâtiment. Quelquefois, quand on craint que le froid pénètre dans une bache ou une orangerie, on y établit des poêles de briques avec des tuyaux en terre.

Beaucoup d'horticulteurs confondent l'orangerie avec la serre tempérée, quoiqu'il y ait une très grande différence. La première ne doit jamais être chauffée qu'à un, deux ou quatre degrés au plus ; la seconde doit être constamment maintenue entre huit et dix degrés Réaumur. C'est par la température seule qu'elles diffèrent, et non par aucune autre cause.

*Des serres.*

Si l'on veut cultiver des végétaux des contrées chaudes de la terre, il faut nécessairement avoir plusieurs serres, afin de rendre à chaque plante, autant qu'il est possible, la température qu'elle avait dans son pays natal. De même que l'on a divisé notre globe en zones glaciale, tempérée et torride, on a aussi fait des serres froides ou orangeries, tempérées, et chaudes. Comme l'orangerie est simplement un abri, nous l'avons placée dans la section précédente, il nous reste à parler ici de la serre tempérée et de la serre chaude.

La *serre tempérée* devant recevoir des plantes qui sont toujours en végétation doit être très éclairée, aussi n'a-t-elle ordinairement pour toiture que des panneaux vitrés que l'on recouvre, pendant les nuits froides, avec des paillassons. La chaleur doit y être constamment entretenue entre huit et dix degrés; excepté pendant le fort de l'hiver où il est bon de la laisser tomber, pendant la nuit seulement, de six à huit. L'essentiel est d'entretenir dans les plantes une végétation assez forte pour maintenir leur verdure, sans néanmoins leur laisser pousser des bourgeons qui seraient toujours plus ou moins étiolés. On entretient la chaleur au moyen de couches chaudes, et de poêles dans lesquels on ne doit brûler que du bois. Le corps et les tuyaux de ces espèces de fourneaux doivent être en terre cuite. On donnera de l'air le plus souvent qu'il sera possible sans laisser pénétrer le froid, et l'on prendra garde aux coups d'air, c'est-à-dire à faire éprouver aux plantes une transition subite du chaud au froid, ce qui leur est souvent mortel.

La *serre chaude* s'établit comme la serre tempérée et doit être de même couverte avec des panneaux vitrés; ceux-ci doivent être inclinés à 55 degrés. Comme on y élève des plantes de la zone torride, la chaleur doit y être constamment maintenue, en hiver, à 10 degrés au-dessus de glace pendant la nuit, et à 15 pendant le jour. Du reste elle ne diffère pas de la serre tempérée, et se chauffe de la même manière.

*Des couches.*

C'est par leur moyen que l'on supplée à la chaleur qui manque dans un climat ou une saison, par une chaleur artificielle. En culture on distingue trois sortes de couches, les chaudes, les tièdes et les froides. Ces dernières n'ayant pour but que de placer les végétaux dans une terre plus appropriée à leurs besoins, nous ne nous en occuperons pas ici.

La chaleur d'une couche s'élève et se conserve en raison des matières que l'on emploie à sa confection. Comme il est indispensable de connaître ces qualités dans chacune, nous allons en donner le tableau.

1°. Le *fumier de mouton* peut faire monter le thermomètre de Réaumur de 60 à 75 degrés, mais il ne conserve sa chaleur que trois ou quatre mois.

2°. Le *fumier d'âne*, de *cheval* ou *de mulet*, donne de 55 à 60 degrés de chaleur, et la conserve pendant un an.

3°. La *tannée*, écorce de chêne ayant servi à tanner le cuir, donne 35 à 40 degrés de chaleur et la conserve pendant six mois.

4°. Le *fumier* mélangé par moitié avec des feuilles sèches, donne 40 à 50 degrés, et conserve sa chaleur de sept à neuf mois.

5°. Les *feuilles sèches*, mélangées à un tiers de fumier, donnent 30 à 40 degrés de chaleur, et la conservent de neuf à onze mois.

6°. Les *feuilles sèches*, sans mélange, donnent 35 à 40 degrés de chaleur, et la conservent pendant un an.

7°. La *poudrette*, dont on commence à faire usage dans les jardins fleuristes destinés à forcer les fleurs, donne de 50 à 60 degrés de chaleur, et la conserve un an.

8°. Les *marcs d'œillettes*, de pommes, d'olives, de noix, donnent de 25 à 30 degrés de chaleur, et la conservent pendant dix-huit mois.

9°. Enfin le *marc de raisin* donne de 40 à 50 degrés de chaleur, et la conserve quelquefois pendant plus de vingt mois.

Nous ne traiterons ici ni de la construction des serres, ni de la confection des couches : ce serait sortir de notre cadre. Si nous faisons quelquefois de légères excursions hors de notre sujet, c'est seulement quand nous avons à parler de choses neuves ou peu connues.

Nous venons de faire l'histoire d'un des principaux agens de la végétation, nous allons passer à un autre qui paraît aussi être un grand stimulant de l'irritabilité ; nous voulons parler de la lumière.

## DE LA LUMIÈRE.

La lumière est rangée par les chimistes et les physiciens dans la classe des élémens impondérables, ou qu'on ne peut pas peser. Sa nature est inconnue, et son existence serait entièrement hypothétique si elle ne nous était révélée par ses effets.

Deux hypothèses également spécieuses ont partagé les opinions des physiciens. Les uns ont soutenu, avec Newton, que la lumière est lancée par les corps lumineux, et ce système de l'*émission* a été presque généralement adopté jusqu'à ces derniers temps. Descartes pensait qu'elle résultait des vibrations d'un fluide élastique infiniment subtil, répandu dans l'espace. Ce système des *ondulations*, adopté par Huyghens et Euler, avait été presqu'entièrement oublié, lorsque M. Young l'a rappelé à l'attention des physiciens par des expériences curieuses qui en présentent une confirmation frappante. MM. Fresnel et Arago, par suite de leurs savantes recherches, ont établi la supériorité de cette théorie. Mais nous n'entrerons dans aucun détail à ce sujet, parce que, quelle que soit l'opinion adoptée, elle ne change rien aux conséquences que nous devons en tirer relativement à la végétation.

Envisagée sous ses rapports chimiques, la lumière offre ces phénomènes principaux : 1°. Puissance moyenne de réfraction et de dispersion ; 2°. action des différentes couleurs du prisme sur la matière chimique ; 3°. polarisation de la lumière ; 4°. production de la lumière et phosphorescence.

On appelle *réfraction* de la lumière cette loi par laquelle ses rayons, passant obliquement de l'air ou d'un milieu moins dense dans un milieu quelconque plus dense, éprouvent en y entrant une courbure en angle. Ces milieux transparens décomposent également ces rayons dans les différentes couleurs qui les constituent, et ce second phénomène se nomme *dispersion*. Tous les corps transparens ne sont pas réfringens au même degré, et dans le même corps les pouvoirs de réfraction et de dispersion ne sont pas proportionnels entre eux.

Si après avoir admis, dans une chambre absolument obscure, au moyen d'un petit trou pratiqué dans le volet d'une fenêtre, un rayon solaire, on fait passer ce rayon à travers un prisme de verre triangulaire, il se divisera en un certain nombre de couleurs brillantes qu'on peut recevoir sur une feuille de papier. Neuwton reconnut que si cette image colorée, que l'on appelle *spectre*, est divisée dans sa totalité en 360 parties, le rouge occupera 45 de ces parties, l'orangé 27, le jaune 48, le vert 60, le bleu 60, l'indigo 40, et le violet 80. Les rayons rouges sont les moins réfrangibles, et les rayons violets sont ceux qui le sont le plus. Tous ne répandent pas la même quantité de lumière; d'après les expériences de sir William Herschell, les rayons du vert le plus clair ou du jaune le plus foncé, sont ceux qui jouissent au plus haut degré de la faculté d'éclairer. Il paraît que les rayons rouges sont ceux qui portent avec eux la plus grande quantité de calorique, et que les rayons violets jouissent à un plus haut degré du pouvoir chimique; du moins telle est l'opinion d'Herschell, de Wollaston et de Ritter.

Malus a nommé *polarisation* la modification éprouvée par la lumière dans la double réfraction, modification en vertu de laquelle elle ne se comporte plus comme la lumière directe. Ces phénomènes, ainsi que ceux de la phosphorescence, sont étrangers à notre sujet.

### *Effets de la lumière sur la végétation.*

La lumière a une grande action sur les végétaux; c'est elle qui est la cause première de la solidité de leurs tissus, de la coloration de leurs parties, et de la formation de leurs sucs propres; elle augmente leur force de succion, et entretient leur transpiration aqueuse, qui est presque nulle dans l'obscurité.

Toute plante qui s'est développée dans l'obscurité est étiolée. Ses tiges fluettes, languissantes, sans couleur, s'allongent outre mesure, et finissent par périr; elles contiennent un excès de molécules aqueuses et sucrées; les sucs propres ne se forment pas, et l'équilibre des fluides, de leurs combinaisons, se trouve rompu. Si on transporte à l'obscurité une plante qui s'est développée à la lumière, ses feuilles cessent de transpirer et de décomposer le gaz acide carbonique; elles se remplissent de liqueurs stagnantes, meurent et tombent au bout de peu de temps sans que leur couleur soit notablement altérée.

Les végétaux, par un instinct de conservation existant dans tous les êtres vivans, cherchent la lumière et dirigent constamment leurs tiges de son côté. Ceux qui croissent à l'air libre présentent toujours la surface supérieure de leurs feuilles du côté le plus éclairé, c'est-à-dire vers le ciel, et principalement vers le midi. Que l'on couche les branches d'un arbrisseau, les rameaux d'une plante, de manière à ce que leur feuillage soit renversé, on verra bientôt les feuilles, par un mouvement très lent, mais fort remarquable, faire un tour sur leur pétiole et reprendre leur attitude naturelle, c'est-à-dire tourner leur face inférieure vers la terre, et leur face supérieure vers la partie de l'atmosphère la plus éclairée, vers le ciel.

Il n'est personne qui n'ait remarqué un fait qui prouve combien les plantes aiment la lumière. Que l'on examine, par exemple, la tige d'un hélianthème annuel, ou soleil, on verra sa fleur tournée vers l'orient le matin, vers le sud à midi, et vers le couchant le soir; elle suit d'une manière très remarquable le mouvement du soleil, et c'est ce qui a valu à cette plante le nom vulgaire de *tournesol*. Un très grand nombre de végétaux sont dans le même cas.

Si l'on place dans une cave des tubercules de pommes de terre, des raves, des carottes, ou autres plantes, elles poussent des tiges étiolées qui se dirigent constamment vers le soupirail qui laisse pénétrer un peu de lumière. Mustel a fait à ce sujet une expérience qui prouve combien ce penchant est irrésistible dans les végétaux. Il fixa sur une planche horizontale une planche verticale percée de trous à différentes hauteurs; il mit sur la planche horizontale un pot dans lequel était placé un jasmin des Açores, dans une place telle que la planche verticale lui masquait la lumière. La tige se dirigea vers le trou le plus voisin et passa de l'autre côté. Il retourna tout l'appareil, de manière que l'extrémité de la tige se retrouva dans l'ombre : elle regagna le second trou et repassa de l'autre côté ; il la changea encore de position, et continua cette manœuvre jusqu'à ce qu'elle eût passé dans tous les trous. (1)

J'ai dit que c'était par *instinct* que les plantes recherchaient la lumière, mais je n'ai pas voulu avancer par là, comme l'ont fait quelques naturalistes, que les végétaux soient doués, comme les animaux, d'une faculté ne pouvant jamais résulter que de cette espèce de raisonnement incomplet nommé *instinct*, et produisant des actions évidemment émanées d'une volonté. Les physiologistes qui ont soutenu cette absurde opinion l'ont appuyée sur l'expérience que je viens de citer; mais ce témoignage n'est pas d'un grand poids, parce que l'on explique très facilement ce phénomène par les lois connues de la physique végétale. La lumière, comme on le verra plus bas, agit sur les plantes en solidifiant les parties avec lesquelles elle se trouve en contact : si, par conséquent, le côté de la plante tourné vers les rayons de lumière se durcit par la fixation du carbone, sa croissance sera plus lente, et l'autre côté, en s'allongeant davantage, le fera nécessairement courber.

Il est constant que la lumière agit sur les plantes d'une manière qu'on ne peut pas expliquer par les lois ordinaires de la chimie, mais qui cependant est démontrée par l'expérience. L'acide carbonique, l'air et les gaz qu'il contient, s'insinuent dans les pores de la plante par toute sa surface, mais plus particulièrement dans les parties parenchymateuses, telles que les feuilles. Le contact de la lumière décompose l'air, fixe le carbone et dégage l'oxigène. Pendant l'obscurité, le phénomène est différent : les feuilles, au lieu de s'emparer de l'acide carbonique, le dégagent et retiennent l'oxigène. Toutes les parties vertes d'une plante agissent de

(1) Si on place un végétal dans une cave obscure ayant deux soupiraux, dont l'un interceptera la lumière et laissera passer l'air, l'autre interceptera l'air et laissera passer la lumière, les tiges se dirigeront toujours vers ce dernier.

la même manière; mais il n'en est pas de même des parties colorées, et principalement de la corolle. A la lumière, comme dans l'obscurité, elle exhale du gaz acide carbonique et jamais de l'oxigène. Ce fait explique pourquoi les fleurs odorantes sont dangereuses, causent des maux de tête, et pourraient même asphyxier, si l'air qu'elles vicient ne pouvait pas se renouveler. L'expérience a démontré que les fleurs très odorantes, comme, par exemple, la tubéreuse, dégagent plus d'acide carbonique que les autres; mais cependant celles qui n'ont aucune odeur ne laissent pas que d'être dangereuses si on les conserve dans un appartement petit et bien clos. Les fruits, tant qu'ils n'ont pas acquis leur maturité et qu'ils conservent leur couleur verte, se comportent comme les feuilles; mais lorsqu'ils sont mûrs, la lumière agit sur eux comme sur les corolles, et ils exhalent constamment de l'acide carbonique.

Nicholson a remarqué qu'en général les odeurs qui ne proviennent pas des corolles n'agissent pas sur les nerfs, même quand elles sont fortes. Le fait me paraît aisé à expliquer, quand on sait que les matières vertes décomposent l'acide carbonique au lieu de l'exhaler : ces différentes odeurs n'ayant pas les mêmes principes, ne peuvent agir de même.

Si la lumière fixe le carbone dans les plantes et durcit les parties, les rend ligneuses, il est certain qu'elle doit nuire à la germination des plantes délicates; car en combinant le carbone avec les élémens de l'eau et avec ceux contenus dans l'eau et circulant avec eux dans le tissu vasculaire, il en résulte que la fermentation spiritueuse est arrêtée, que l'embryon se durcit, et qu'il ne peut plus se développer, au moins jusqu'à un certain point. En effet, l'embryon, pour germer, a besoin d'être dans un état de mollesse, et il ne peut acquérir cet état qu'en se dépouillant de son carbone, dont l'oxigène s'empare pour former de l'acide carbonique. Or, un des effets de la lumière étant de décomposer le gaz acide carbonique, d'expulser l'oxigène et de fixer le carbone, il en résulte, comme je l'ai dit, un endurcissement des parties qui rend la germination impossible. Sennebier est le premier qui ait fait cette observation; Ingenhouz l'a confirmée par des expériences.

Néanmoins, M. de Saussure a prétendu avoir reconnu que

des graines exposées par lui pendant la germination, les unes à la lumière, les autres dans l'obscurité, ont également levé et dans le même laps de temps; M. le comte Chaptal, dans sa *Chimie appliquée à l'agriculture*, a beaucoup contribué à propager cette erreur. Voici une expérience dont je suis le résultat depuis quinze jours. Le 1er août j'ai placé sous un hangar, au nord, trois terrines remplies de terreau de saule; j'ai semé dans chacune la même quantité de graines d'oreilles d'ours (*primula auricula*), sans les enterrer : on sait combien ces semences sont délicates et difficiles à faire lever. J'ai recouvert la première terrine avec une cloche de verre transparent et blanc, la seconde avec une cloche de verre dépoli, et la troisième avec une cloche semblable, mais parfaitement enveloppée dans des chiffons noirs. Les terrines sont placées dans des vases d'eau, de manière à ce que la surface du terreau de saule reste constamment humide. Le 9 du même mois, les graines, entièrement privées de lumière, commencèrent à germer; le 12, les radicules de celles placées sous le verre dépoli se montrèrent à peine, et aujourd'hui, le 15, aucune des semences placées sous la cloche transparente n'a encore donné le moindre signe de végétation, et même, dans la plupart, l'embryon paraît avoir résisté à l'action de l'humidité et ne s'être pas gonflé dans ses enveloppes.

On peut cependant concevoir que telle semence germe malgré les effets contraires de la lumière, tandis que telle autre, différemment organisée, ne pourra pas le faire. Le périsperme farineux d'une plante est élémentairement composé, comme toutes les fécules, de quantités déterminées d'oxigène, d'hydrogène et de carbone, et, en cet état, il est insoluble dans l'eau. Pour toutes les plantes dont les graines sont munies de périsperme farineux, il faudra l'obscurité, afin de le rendre soluble par l'enlèvement du carbone qui se combine alors avec l'oxigène de l'air; mais cette condition sera t-elle aussi nécessaire pour celles dont le périsperme est corné, pour celles chez lesquelles il manque ou paraît manquer? Dans tous les cas, s'il existe des circonstances, ou, pour m'expliquer plus correctement, des espèces de graines dont la lumière ne gêne pas la germination, il est certain qu'elles sont peu nombreuses, et que celles-là même germent parfaitement dans l'obscurité. Le cultivateur doit donc négliger ces exceptions, et adopter, dans tous les cas possibles, le principe que je viens d'établir.

Il en tirera la conséquence que les plantes à graines délicates, très fines, ou d'une germination difficile par une cause quelconque, doivent être mises en stratification dans un lieu obscur, mais seulement jusqu'à ce que la végétation commence; car, comme je le dis à l'article de la germination, le phénomène change en sens invers dès que les cotylédons sont développés et que la plante commence à avoir besoin d'une nourriture autre que celle qui lui est fournie par l'humidité; il en conclura encore qu'il faut abriter ses jeunes semis des rayons du soleil jusqu'à ce que la plumule ait développé les premières feuilles.

La lumière peut aussi, dans un grand nombre de cas, nuire à la reprise des boutures et à celle des greffes. On sait que c'est le *cambium* qui est la seule liqueur organisatrice des végétaux. Cette liqueur se trouve dans presque toutes les parties des plantes en végétation; mais c'est particulièrement entre l'aubier et l'écorce qu'elle s'amoncèle pour régénérer l'individu, soit perpétuellement, comme dans quelques végétaux exotiques, soit annuellement, comme dans plusieurs arbres monocotylédons, soit deux fois par an, à l'époque des deux sèves, comme dans la plupart de nos arbres et arbrisseaux à feuilles caduques. Le cambium, d'abord limpide, ne prend de la solidité que par l'influence de l'air et de la lumière : l'air lui fournit une partie de l'acide carbonique que la lumière décompose en fixant le carbone; et cette opération se fait soit par le contact immédiat, comme dans les jeunes rameaux pendant la végétation, soit par la soustraction de l'oxigène, et alors le phénomène a lieu sous les écorces, aux racines, et dans toutes les parties non éclairées.

Une condition essentielle pour opérer la reprise d'une bouture ou d'une greffe, est d'entretenir dans la partie du végétal détachée de sa mère, le cambium qui s'y trouve, dans un état de mollesse et de liquidité nécessaire pour qu'il puisse s'élaborer et s'organiser de manière à produire de nouvelles racines dans la bouture, des mamelons servant à réunir l'écorce de la ramille ou de l'écusson avec celle du sujet, dans la greffe. Pour empêcher que le cambium ne soit mis à l'état ligneux par l'action de la lumière, il faudra donc placer le végétal opéré dans l'obscurité. Nous supposons cependant que la greffe se fait dans une saison contraire, et que la bouture est faite avec une espèce de végétal qui passe pour s'enraciner difficilement dans ce mode de multiplication.

Lorsqu'un végétal robuste est en pleine végétation, en pleine sève, pour me servir de l'expression consacrée, l'obscurité n'est pas nécessaire à la reprise d'une greffe, parce que, dans ce moment favorable, le cambium s'organise avec tant de rapidité, il afflue avec tant d'abondance, qu'il pénètre du sujet dans les vaisseaux de la greffe avant même que la soudure des écorces ait commencé à se faire. J'en ai eu un exemple cette année. Dans les derniers jours de juillet, pendant les pluies chaudes et abondantes qui ont eu lieu, je greffai en écusson plusieurs variétés de roses sur des églantiers. J'espérais ne voir pousser mes greffes qu'au printemps suivant, et je fus extrêmement étonné de trouver, trois jours après, les gemmes d'une grande partie de mes écussons extraordinairement gonflés et quelques uns ayant déjà émis des rudimens de feuilles. J'en déliai plusieurs que j'enlevai; je trouvai dessous un amas de cambium, mais il n'existait pas encore la moindre apparence de soudure.

La lumière ne nuit donc que jusqu'à un certain point à la reprise des greffes faites dans un temps favorable, mais cependant elle nuit, et en voici la preuve : que l'on coupe, en août, des rameaux de citronnier, qu'on en fasse des boutures, et qu'on les greffe en les plantant. On les placera sur une couche, et pour les couvrir chacune on se servira d'un bocal dont on enveloppera la base seulement avec une étoffe noire, et, au moyen d'une étoffe de la même couleur, montée sur un cercle de fil de fer, on partagera l'intérieur du vase en deux parties, dont l'une, celle d'en bas, sera obscure, et l'autre, celle d'en haut, sera éclairée. La base de la bouture sera dans l'obscurité, et sa partie greffée, passant par un trou fait pour cela à la cloison d'étoffe, se trouvera éclairée (planche II, fig. 68). Toutes les boutures ainsi arrangées, on en recouvrira la moitié avec des chiffons noirs, afin de priver les greffes de lumière, et on laissera l'autre moitié exposée au grand jour. Par ce moyen, toutes les circonstances seront les mêmes pour les unes et les autres, à la différence seule de la lumière : on verra la plus grande partie des greffes éclairées se dessécher, et néanmoins les boutures reprendront, tandis que la plus grande partie des autres greffes commenceront à végéter à mesure que les boutures émettront des racines. Je suppose, pour la réussite complète de l'expérience, que l'on aura pris les précautions ordinaires pour opérer la reprise des boutures étouffées.

Toutes les fois qu'il s'agira de multiplier par la greffe, dans une saison autre que celle de la sève, un végétal quelconque, l'horticulteur se donnera une chance de succès de plus en plongeant son appareil dans l'obscurité.

Pour les boutures comme pour les greffes, il n'est pas toujours nécessaire de soustraire l'appareil à la lumière, quoique cependant le principe émis plus haut soit général. Beaucoup de végétaux reprennent très bien, non seulement à la lumière, mais même exposés aux rayons du soleil : tels sont, par exemple, les saules, les peupliers et autres arbres de nos forêts; d'autres, et ce sont les plus nombreux, exigent une exposition ombragée; enfin il en est, même parmi nos plantes indigènes, qui exigent la privation d'air et l'obscurité.

Puisque la lumière agit en solidifiant les parties, on peut croire que les végétaux les moins ligneux sont ceux qui reprennent le plus aisément, quoique exposés à ses influences : aussi est-ce ce qui arrive. Les plantes les plus faciles à multiplier par boutures sont celles dont les tissus charnus ont le moins de solidité; par exemple, les cactiers, les aloës, les ficoïdes, et généralement toutes les plantes grasses. En second ordre viennent les plantes vivaces dont les tiges tiennent le milieu entre la nature herbacée et la nature vivace; par exemple, les giroflées. En troisième ordre, les arbres et arbrisseaux dont les rameaux, quoique ligneux, ont cependant la fibre lâche et des parties molles, comme beaucoup de moelle, une écorce épaisse et très parenchymateuse, le sureau, le figuier. D'autres végétaux ligneux, d'une nature sèche et dure, peuvent encore braver jusqu'à un certain point les influences de la lumière, mais on est obligé d'employer en bouture les jeunes rameaux, ceux qui, par conséquent, se rapprochent le plus de la nature herbacée, parce que leur cambium n'est pas encore solidifié. Enfin, plusieurs arbres et arbustes sont d'une reprise tellement difficile, que quelques horticulteurs croient que leurs boutures n'émettent jamais de racines, et en ceci ils se trompent : en les privant absolument de lumière et d'air, en leur donnant la quantité de chaleur et d'humidité nécessaires, tous les végétaux susceptibles d'émettre des gemmes peuvent reprendre de bouture.

Il en est de la lumière comme de l'air : les transitions subites sont très dangereuses pour les plantes. Lorsqu'un végétal a resté pendant long-temps dans l'obscurité, ses organes sont dans un état de mollesse et de faiblesse qui augmente beaucoup leur irritabilité. Si on les expose tout à coup au grand jour, la lumière irrite et crispe leurs fibres délicates, qui, en se retirant, interceptent le passage des fluides dans leurs vaisseaux : il en résulte des engorgemens qui, devenant ligneux par la fixation du carbone, ferment à jamais un passage à la sève ; le végétal languit, et s'il se trouve avec cela exposé à un certain degré de chaleur sèche, telle que celle des rayons du soleil, il périt presque subitement.

Ce sont ces funestes effets que veulent éviter les cultivateurs quand ils rendent lentement et par degrés la lumière aux greffes et boutures qu'ils ont étouffées : c'est pour la même raison qu'ils abritent, pendant quelques jours, des rayons du soleil, les plantes qu'ils ont tenues pendant l'hiver renfermées dans une serre ou une orangerie, ou du moins qu'ils choisissent, pour les en sortir, un ciel sombre et nébuleux.

La respiration des plantes n'est rien autre chose que l'effet de la lumière. Elle influe aussi sur la nutrition aérienne, sur la qualité, le goût et le parfum des fruits, comme sur leur coloration. Il est prouvé que les rayons solaires jouissent d'une grande énergie pour remplir ces différens objets, et que les produits venus à l'ombre sont d'une saveur incomparablement moins agréable que ceux qui ont joui de toutes les influences de l'astre du jour.

De certaines plantes, appartenant à la classe des cryptogames, semblent pouvoir se passer de lumière jusqu'à un certain point : tels sont les agarics et les bolets, qui croissent dans les lieux souterrains ; par exemple, le champignon, que les jardiniers élèvent, sur des couches, dans des caves ou autres lieux obscurs (1) : néanmoins il est reconnu qu'il leur en faut une quantité plus ou moins grande pour qu'ils acquièrent toute la perfection dont ils sont susceptibles. Le comte Chaptal, visitant les mines de charbon du Bousquet (arrondissement de Béziers), trouva, sur les pièces de bois qui soutiennent le toit de la longue galerie qui conduit aux couches de charbon, plusieurs champignons dont il ne détermina pas l'espèce. Ceux qui croissaient à l'entrée de la galerie, par conséquent à la lumière, étaient colorés en jaune ; leur tissu était si compacte, qu'on avait de la peine à le rompre à la main. A mesure qu'on avançait dans la galerie et que la lumière diminuait, la couleur jaune rougeâtre s'affaiblissait, le tissu devenait plus mou et plus lâche ; enfin, au fond de la galerie, où la lumière ne parvenait pas, les champignons, quoique aussi volumineux, étaient parfaitement blancs et presque sans consistance, à tel point qu'en les pressant avec les mains on n'en retirait qu'une liqueur limpide et presque point de tissu fibreux. Ce savant fit l'analyse de ces champignons : « L'examen comparé de ces produits, dit-il, ne m'a présenté, pour ceux du fond, que de l'eau saturée d'acide carbonique, une petite quantité de mucilage et un peu de parenchyme fibreux nageant dans le liquide : la proportion de l'acide a été beaucoup moins forte, et celle du tissu ligneux bien plus considérable dans les champignons cueillis dans le milieu, et surtout dans ceux qui ont été pris à l'entrée. »

Les moisissures aiment l'obscurité ; les lichens, les mousses, se plaisent aussi, non pas dans l'obscurité, mais à l'ombre. On sait combien ces plantes parasites nuisent aux arbres en s'attachant à leur écorce, en y entretenant une humidité funeste, principe des chancres, des ulcères sanieux, et autres maladies. Pour s'opposer à ces accidens trop fréquens, il faudra donc que le cultivateur habile dirige sa taille de manière à ce que toutes les parties d'un arbre puissent jouir non seulement des influences de l'air qui

---

(1) Les espèces les plus remarquables par leur antipathie pour la lumière, sont les *byssus speciosa, boletus ceratophorus* et *botrytes, gymnoderma sinuata, lichen verticillatus.* On ne les rencontre jamais que dans les cavernes les plus sombres.

essuie l'humidité, mais encore de celles de la lumière, qui entretient la vigueur de l'écorce, la rend capable de résister à l'invasion des cryptogames parasites; et nuit à la végétation des mousses, des lichens et des moisissures. Pour peu qu'un homme observateur se soit promené dans une forêt, il aura remarqué un fait qui prouve incontestablement celui que j'avance : les arbres ont toujours beaucoup plus de mousse du côté de l'ombre ou du nord que du côté exposé à une plus grande lumière, au midi. Jean-Jacques Rousseau avait fait cette observation, et il donne ce phénomène comme un moyen certain de s'orienter dans les plus sombres forêts.

S'il était nécessaire, après tout ce que nous venons de dire, de prouver que la lumière agit sur les plantes, non seulement comme principe de nutrition par la fixation des gaz, mais encore comme un agent puissant sur l'irritabilité qui constitue la vitalité, nous pourrions citer le phénomène nommé par Linnée *sommeil des plantes*.

Quand la nuit approche, les folioles de l'acacia s'abaissent et restent pendantes vers la terre jusqu'au point du jour : alors elles s'étendent horizontalement, puis elles se redressent à mesure que le soleil monte sur l'horizon, et enfin, vers le milieu du jour, elles sont redressées vers le ciel. Le phénomène se passe d'une manière absolument contraire dans les feuilles du baguenaudier; elles s'élèvent aussitôt que la nuit a remplacé le jour.

Pendant la nuit, le pétiole principal des feuilles de l'acacia pudique s'incline sur la tige, les pétioles secondaires se rapprochent, et les folioles s'appliquent les unes sur les autres comme les tuiles d'un toit, en dirigeant leurs pointes vers le ciel. Si, pendant le jour, on porte cette plante à l'obscurité, elle ferme ses feuilles comme pendant la nuit; elle les ouvre sur-le-champ dès qu'on l'expose au grand jour ou à une lumière artificielle.

Aux approches de la nuit, les folioles de la casse du Maryland s'abaissent en tournant sur leur articulation, de manière que les folioles de chaque paire s'appliquent l'une sur l'autre, non par la face inférieure, mais par la supérieure. Un grand nombre de plantes, principalement dans la famille des légumineuses, contractent leurs feuilles pendant la nuit, de différentes manières. Le célèbre botaniste De Candolle plaça plusieurs plantes dans un lieu sombre, où nulle lumière du jour ne pouvait pénétrer; il les éclaira fortement au moyen de flambeaux, et il en obtint ce résultat: quelques unes, plus sensibles aux effets de la lumière, ouvrirent leurs folioles pendant la nuit, et les fermèrent pendant que le soleil était sur l'horizon; d'autres persistèrent dans leurs habitudes, veillèrent et sommeillèrent à leurs heures accoutumées. Cette expérience prouve, ce me semble, que la lumière agit sur chaque végétal en raison de son organisation particulière, et que telle plante obéira à l'impulsion qui lui est donnée par les rayons du soleil, tandis qu'elle sera insensible aux effets d'une lumière artificielle. On peut encore en déduire que la chaleur résultant de la lumière solaire entre pour quelque chose dans les effets produits sur quelques plantes.

Beaucoup de fleurs épanouissent leur corolle à une heure déterminée du jour, et la referment à une autre heure déterminée. C'est encore un phénomène auquel la chaleur peut contribuer, mais qu'il faut certainement attribuer en majeure partie à la lumière. Ce qui le prouve évidemment, c'est que, lorsque le ciel reste couvert de nuages, sans que le thermomètre ait baissé, la plus grande partie de ces plantes ne se réveillent pas et restent fermées tout le jour.

Linnée, frappé de cette singularité, en a dressé un tableau auquel il a donné le nom d'*horloge de Flore*; mais, comme ce tableau a été dressé à Upsal, par 60 degrés de latitude boréal, il s'ensuit, comme l'a remarqué Adanson, qu'il doit y avoir une différence d'une heure dans le moment de l'épanouissement des mêmes plantes à Paris. Nous allons néanmoins le donner au lecteur. (1)

---

(1) La plupart des auteurs croient encore que cette particularité est due à la corolle, mais M. Desvaux a prouvé, en 1813, que cette propriété remarquable résidait dans le calice, dont les folioles, en se fermant, forçaient les pétales à se fermer aussi.

## HORLOGE DE FLORE.

| HEURES de l'épanouissement. | NOMS DES PLANTES. | HEURES auxquelles les fleurs se ferment. | |
|---|---|---|---|
| | | Matin. | Soir. |
| *Matin.* | | *Matin.* | *Soir.* |
| 3 à 5 | Tragopogon luteum.... | 9 à 10 | » » |
| 4 à 5 | Cichorium scanense..... | 10 » | » » |
| 4 à 5 | Crepis tectorum....... | 10 à 12 | » » |
| 4 à 5 | Leontodon taraxacoïdes. | » » | 3 » |
| 4 à 5 | Picris magna......... | 12 » | 2 » |
| 4 à 6 | Scorzonera tingitana.... | 10 » | » » |
| 5 » | Hemerocallis fulva..... | » » | 7 à 8 |
| 5 » | Papaver nudicaule..... | » » | 7 » |
| 5 » | Sonchus lævis......... | 11 à 12 | » » |
| 5 à 6 | Convolvulus rectus..... | » » | 7 à 8 |
| 5 à 6 | Crepis alpina.......... | 11 » | » » |
| 5 à 6 | Lampsana glutinosa..... | 10 » | » » |
| 5 à 6 | Lampsana rhagadiolus.. | 10 » | 1 » |
| 5 à 6 | Leontodon taraxacum... | 8 à 9 | » » |
| 5 à 6 | Tragopogon columnæ... | 11 » | » » |
| 6 » | Hieracium fruticosum... | » » | 5 » |
| 6 » | Hypocharis pratensis... | » » | 4 à 5 |
| 6 à 7 | Crepis rubra.......... | » » | 1 à 2 |
| 6 à 7 | Hieracium pulmonaria... | » » | 2 » |
| 6 à 7 | Hieracium rubrum..... | » » | 3 à 4 |
| 6 à 7 | Sonchus belgicus....... | » » | 2 » |
| 6 à 7 | Sonchus repens........ | 10 à 12 | » » |
| 6 à 8 | Alyssum alyssoïdes..... | » » | 4 » |
| 7 » | Anthericum album..... | » » | 3 à 4 |
| 7 » | Calendula pluvialis..... | » » | 3 à 4 |
| 7 » | Hieracium latifolium.... | » » | 1 à 2 |
| 7 » | Lactuca sativa......... | 10 » | » » |
| 7 » | Leontodon chondrilloïdes............... | » » | 3 » |
| 7 » | Nymphæa alba........ | » » | 5 » |

| Heures de l'épanouissement. | NOMS DES PLANTES. | Heures auxquelles les fleurs se ferment. | |
|---|---|---|---|
| | | *Matin.* | *Soir.* |
| *Matin.* | | | |
| 7 » | Sonchus laponicus...... | 12 » | » » |
| 7 à 8 | Hypochœris hispida.... | » » | 2 » |
| 7 à 8 | Lampsana rhagadioïdes.. | » » | 2 » |
| 7 à 8 | Mesembryanthemum barbatum ............. | » » | 2 » |
| 7 à 8 | Mesembryanthemum linguiforme.......... | » » | 3 » |
| 8 » | Anagallis rubra........ | » » | 3 » |
| 8 » | Dianthus prolifer ...... | » » | 1 » |
| 8 » | Hieracium pilosella..... | » » | 2 » |
| 9 » | Calendula arvensis ..... | 12 » | 3 » |
| 9 » | Hieracium chondrilloïdes. | » » | 1 » |
| 9 à 10 | Arenaria purpurea ..... | » » | 2 à 3 |
| 9 à 10 | Malva helvula......... | » » | 1 » |
| 9 à 10 | Mesembryanthemum crystallinum........... | » » | 3 à 4 |
| 10 à 11 | Mesembryanthemum napolitanum .......... | » » | 3 » |
| *Soir.* | | | |
| 5 » | Mirabilis jalapa........ | 9 à 10 | » » |
| 6 » | Geranium triste ....... | 10 à 11 | » » |
| 9 à 10 | Silene noctiflora ....... | 7 à 8 | » » |
| 9 à 10 | Cactus grandiflora..... | » » | 12 » |

Tous les phénomènes que nous venons d'analyser se rapportent à la lumière solaire, et je ne crois pas que des expériences aient été faites, autres que celle de M. De Candolle que j'ai citée, pour savoir si une lumière artificielle produirait les mêmes effets (1). Cependant ceci serait d'au-

(1) L'opinion de ce savant est que la lumière artificielle de nos

tant plus intéressant à apprendre, que, si elle agit comme l'autre, quoique moins énergiquement, cette découverte serait fort utile par les moyens qu'elle donnerait pour prévenir, jusqu'à un certain point, l'étiolement des plantes renfermées pendant l'hiver dans une serre obscure. Tout se bornerait, pour donner à une lumière artificielle les mêmes propriétés qu'à celle qui émane du soleil, à chercher une matière inflammable dont les rayons décomposés par le prisme donneraient les mêmes faisceaux colorés que le spectre solaire et dans les mêmes proportions. (1)

Ce sont les sucs propres qui donnent aux végétaux, non seulement leur parfum, mais encore leur saveur. Cette saveur n'est pas toujours agréable, même dans les plantes alimentaires; elle est d'une amertume trop prononcée dans la chicorée, les feuilles d'artichaut, de cardon, trop aromatique dans le céleri, un peu vireuse dans la laitue, etc. Comme cette saveur est due aux sucs propres, et que ceux-ci sont le résultat de la lumière, il est certain qu'en privant une plante de la clarté, on empêchera que ses sucs propres ne se forment, d'où il résultera que sa saveur sera beaucoup plus douce. C'est aussi ce que font les jardiniers, et ils appellent cette opération faire *blanchir*. En effet, les végétaux qu'ils ont liés, buttés ou placés dans une cave obscure, ne peuvent plus être colorés par les rayons lumineux, et restent blancs ou le deviennent. Il en résulte encore que leurs parties, ne se solidifiant pas par la fixation du carbone, restent molles et tendres, qualités recherchées pour la cuisine.

---

lampes produit des effets semblables, mais dont l'intensité est proportionnée à celle de la lumière elle-même. Quelques essais, qu'à la vérité je n'ai pas suivis assez long-temps, me font douter un peu de ces effets produits par la lumière émanant d'une lampe entretenue avec de l'huile à quinquet.

(1) La lumière qui n'a pas toutes ses proportions élémentaires ne peut donner une clarté complète ayant toutes ses propriétés chimiques. Beaucoup de corps, dans leur combustion, ne réfléchissent qu'un seul rayon du spectre. Par exemple, la flamme de l'hydrogène pur réfléchit le violet; celle de l'alcohol ou du soufre, le bleu; celle du gaz muriatique, de la baryte, du cuivre, du zinc, le vert; celle de la strontiane, le pourpre; celle de la plupart des résines, le jaune; celle de la partie ligneuse de certains végétaux, le rouge.

A l'article de la *Théorie de la lumière* (page 198), j'ai dit que les rayons rouges du spectre sont ceux qui jouissent au plus haut degré de la faculté de répandre du calorique, que les rayons violets ont la plus grande somme d'activité chimique, que les verts pâles et les jaunes foncés sont ceux qui donnent le plus de lumière. Ne pourrait-on pas déduire de ces faits que la lumière nécessaire à la végétation doit être composée, dans de certaines proportions, de ces trois sortes de rayons? Le rouge agirait par stimulation, comme le calorique, et donnerait du mouvement et de la fluidité aux sucs; le violet fournirait les élémens de la couleur et les combinerait; le jaune foncé, par une action encore inconnue, aiderait à la combinaison des gaz, et solidifierait les parties. Voici un fait qui me prouve la nécessité du rayon jaune : Que l'on plante autour d'une pièce d'eau, au nord, un massif d'arbres délicats, s'étendant de l'est à l'ouest, on verra la lumière du soleil, frappant la surface de l'eau, se décomposer, refléter sur le feuillage des rayons évidemment rouges et violets, et l'on verra aussi les feuilles et même les jeunes pousses en être affectées, au point de se flétrir et de se dessécher.

On sait que les rayons de lumière se décomposent en traversant les vapeurs aqueuses dont l'atmosphère se trouve quelquefois chargée : l'arc-en-ciel le prouve assez. Ne pourrait-on pas attribuer au même phénomène, aux mêmes causes, cette maladie qui attaque les végétaux dans les saisons chaudes et pluvieuses, qui noircit et dessèche les jeunes feuilles, et à laquelle les cultivateurs donnent le nom de *nielle*, de *brûlure*? L'observation prouve que la lumière blanche, c'est-à-dire celle qui se compose de toutes les couleurs du spectre, n'amène jamais cet accident, quelle que soit sa vivacité. On peut ajouter que les phénomènes de la végétation dans l'obscurité, ou l'étiolement, n'ont aucune analogie avec cette nielle.

On peut aisément se rendre compte de la manière dont la lumière agit sur les végétaux pour leur coloration. Faisons d'abord observer que les corps nous paraissent colorés en raison de la qualité qu'ils ont, chacun en particulier, d'absorber de certains rayons de lumière, et de réfléchir les autres; par exemple, si une surface nous paraît bleue, c'est parce qu'elle absorbe le jaune, le rouge, le violet, le vert, etc., et réfléchit le bleu. Si elle nous paraît rouge, c'est qu'elle absorbe le bleu, le jaune, etc., et qu'elle réfléchit le rouge. Les surfaces blanches sont celles qui réfléchissent toutes les couleurs, parce que la lumière blanche est produite par le mélange de toutes les teintes du spectre; les noires sont celles qui les absorbent toutes. Tous les corps varient plus ou moins dans la faculté de réfléchir un nombre déterminé de rayons du spectre; par exemple, ceux qui réfléchissent le jaune et le bleu, en absorbant les autres, nous paraissent verts, parce que le mélange du jaune et du bleu produit le vert; ce vert pourra varier à l'infini dans ses nuances, parce qu'il tiendra d'autant plus du jaune ou du bleu que l'action du corps réfringent aura plus d'énergie pour le jaune ou pour le bleu. Telle autre surface pourra réfléchir, trois, quatre, cinq rayons du spectre, et se peindre, par conséquent, de la nuance résultant de leur mélange. Cette nuance variera encore en raison de l'intensité de chaque couleur réfléchie. Ceci nous explique pourquoi les végétaux offrent un nombre si considérable de teintes qu'elles n'ont pu être calculées, quoique résultant toutes de la combinaison de sept couleurs élémentaires ou même de cinq. (1)

La lumière, en combinant sans cesse de nouveaux gaz dans les organes des plantes, doit aussi faire varier leur nature, et par conséquent leur faculté de réfléchir tel ou tel rayon coloré. C'est ainsi que l'on voit une rose, en s'épanouissant, présenter à la lumière des pétales qui se colorent ensuite du plus beau carmin, puis qui, par de nouvelles combinaisons, passent à des teintes plus foncées ou plus claires, jusqu'à ce que la corolle soit flétrie. La fleur d'hortensia est d'abord verdâtre, puis rose, puis violâtre, et enfin d'un blanc sale. Mais, dans de certains terrains, les principes nutritifs ou immédiats fournis à cette plante par les racines n'étant pas les mêmes, il en résulte que les combinaisons résultant du contact de la lumière sont aussi différentes; l'hortensia, dans ces circonstances, au lieu de

---

(1) Quelques physiciens n'ont même reconnu que trois couleurs élémentaires, le jaune, le rouge et le bleu, produisant, par leurs combinaisons, l'immense série de teintes que la nature nous présente.

passer du verdâtre au rose, au violâtre et au blanc, passera au bleu, au violâtre et au rouge pourpre. Que ceci vienne des fluides fournis par le sol, ou par tout autre accident, le phénomène n'en a pas moins la même cause.

Comme la nutrition entretient, renouvelle et augmente sans cesse la substance végétale, la lumière doit aussi agir continuellement pour qu'il y ait coloration complète : ceci est fort remarquable dans la corolle du glaïeul versicolore, et d'une variété du phlox en croix que j'ai vu cette année chez M. Lémon. Dans le *gladiolus versicolor*, elle est brune vers le matin, passe au bleu clair dans la journée, redevient brune pendant la nuit, et ce changement s'exécute tous les jours jusqu'à ce que la fleur soit fanée. Dans la variété du *phlox decussata*, le phénomène est absolument semblable; mais la corolle est d'un violet très prononcé pendant le jour, et d'un beau bleu le soir, pendant la nuit et le matin.

Toutes les parties vertes des végétaux, les seules qui dégagent de l'oxigène à la lumière, et qui deviennent blanches à l'obscurité, doivent leur couleur à un principe immédiat résineux, composé d'oxigène et d'un excès d'hydrogène. Ce principe est par lui-même incolore, ou très légèrement coloré, comme on peut le voir dans l'étiolement; mais, combiné avec le carbone par le contact de la lumière, il devient d'un vert très prononcé, et plus ou moins foncé. Lorsque ses élémens viennent à n'être plus dans les mêmes proportions, les combinaisons avec les acides ne sont plus les mêmes; et l'on voit, en automne, quelque temps avant la défeuillaison, les parties vertes passer au jaune, au pourpre ou au rouge brun. La couleur fondamentale du tissu végétal est d'un blanc jaunâtre, le carbone est d'un bleu noir très foncé, d'où M. Senebier conclut que c'est du mélange de ces deux couleurs que le vert est produit. (1)

Les végétaux contiennent un grand nombre de principes colorans, qui n'ont pas encore été séparés des substances auxquelles ils sont unis : tels sont le jaune de la gaude, le

---

(1) Quelques chimistes attribuent ce passage des feuilles du vert à la couleur feuille morte, à l'action du gaz oxigène qui, n'étant plus dégagé, réagit sur le végétal ; ou au gaz acide carbonique non décomposé.

rouge de la garance, etc. Lorsque ces principes colorans se trouvent en contact avec un acide, contact qui, dans la nature, est le plus souvent un effet de la lumière, ils se combinent et produisent une nouvelle couleur. C'est ainsi qu'il a été reconnu, par M. Guyton, que la couleur rouge des fruits est due à la combinaison d'un acide avec un principe colorant bleu, et, par M. Chevreul, que presque toutes les fleurs pourpres, rouges et bleues, sont colorées par un principe analogue à celui des fruits. On peut voir avec quelle énergie les acides agissent sur les fleurs, en exposant une rose à la vapeur de l'acide sulfurique : elle blanchit sur-le-champ, et ne reprend sa couleur naturelle que plusieurs heures après. Quelquefois aussi la couleur d'une fleur change, non par la combinaison d'un nouvel acide, mais par la soustraction d'un acide qu'elle contenait; c'est ainsi que quelques fleurs rouges peuvent passer au bleu, tandis que des bleues passent au rouge.

Le jaune pur paraît être la couleur la plus constante dans les fleurs; et néanmoins on le voit passer au bleu violacé dans le myosotis des champs, au rouge dans le nyctage faux-jalap et la rose églantier, au blanc dans l'anthyllide vulnéraire, etc. Le rouge, le bleu et le blanc, passent de l'un dans l'autre avec une telle facilité qu'ils ne peuvent guère être produits que par des substances de même nature. L'orangé, comme celui de la capucine, varie fort peu. Il est remarquable que dans les fleurs composées dont les rayons sont bleus et les fleurons jaunes, jamais ces couleurs ne changent de place; si parfois le disque devient bleu, les fleurons ont disparu pour faire place à des demi-fleurons.

M. Lemaire de Lisancourt, en 1824, a lu, à l'Académie de Médecine, à Paris, un Mémoire sur la coloration des fleurs, dans lequel il établit que leurs nuances sont des résultats physiologiques et chimiques du mode d'absorption des fluides gazeux ou liquides. Il déduit ces conséquences des nombreuses expériences qu'il a faites sur des plantes appartenant aux familles des gentianées, malvacées et boraginées. Les corolles, qui contiennent de l'alcali en certaines proportions, sont généralement violacées, bleues, jaunes ou vertes; celles qui contiennent de l'acide acétique ou de l'acide carbonique sont roses, rouges ou écarlates; celles où l'on ne trouve nulle prédominance acide ou alcaline, sont blanches.

Nous avons parlé de tous les phénomènes qui constituent ou qui stimulent l'irritabilité, nous avons étudié ceux qui ont lieu quand ce principe de la vie perd de son énergie; il nous reste à apprendre quels sont les phénomènes qui se passent dans les végétaux quand l'irritabilité cesse tout-à-fait.

## DE LA MORT DES VÉGÉTAUX.

Dans tous les êtres, la vie cesse dès que l'irritabilité est tout-à-fait éteinte, et dès-lors la matière qui les composait rentre sous la puissance des lois connues de la chimie et de la physique. Chez tous les individus, la mort n'est que la cessation de la force vitale qui faisait résister une plante ou un animal à ces lois. La mort arrive chez tous par les maladies et la vieillesse. Nous avons déjà traité des premières, il ne nous reste à parler que de cette dernière.

Les plantes, que l'on nomme assez improprement *annuelles*, meurent de vieillesse aussitôt qu'elles ont produit leurs graines; les plantes vivaces meurent de même, mais leurs racines se renouvellent chaque année, ou vivent plusieurs années; les plantes ligneuses ne meurent de vieillesse qu'après un certain temps dévolu à chaque espèce par la nature. Quelques plantes monocotylédones et ligneuses meurent après avoir fructifié, mais ne donnent leurs fruits qu'après avoir vécu plusieurs années, comme, par exemple, le *sagus farinifera*, le *corypha umbraculifera*, et quelques autres espèces de palmiers.

Dans les plantes herbacées, le *cambium* ne se renouvelle pas, il s'épuise dans le cours d'une seule végétation; les vaisseaux nourriciers s'engorgent, perdent leur souplesse; l'irritabilité cesse ainsi que l'absorption; de là plus de nutrition, et la mort.

Dans les plantes ligneuses, la mort de vieillesse est plus difficile à expliquer : aussi quelques botanistes célèbres la nient-ils; je ne puis être de leur opinion. Ils disent : la seule partie qui entretienne la vie dans les arbres, est la couche annuelle et herbacée fournie par le cambium. Cette couche étant, par conséquent, toujours jeune, doit jouir toujours de la plénitude de sa force vitale : il ne peut y avoir ni engorgement de vaisseaux, ni endurcissement de fibres. Ils conservent toute leur irritabilité, et, par suite, les fonctions de la vitalité ne peuvent être interrompues que par des causes accidentelles. Aussi a-t-on des exemples d'arbres qui doivent exister depuis la plus haute antiquité; et, si l'on s'en rapporte aux calculs du célèbre Adanson, plusieurs baobabs, qu'il a mesurés au Sénégal et dans les îles de la Madeleine, n'ont pas moins de cinq à six mille ans. Sans discuter ces argumens qui, en effet, paraissent assez plausibles, voici le raisonnement que je me fais. Dans tous les êtres, c'est la force vitale qui constitue la vie; sans chercher à pénétrer quelle est la cause cachée de cette puissance qui se manifeste si évidemment par ses effets, il n'en est pas moins vrai que par la seule raison qu'elle existe elle doit avoir une fin; je l'ai vue commencer dans un individu, donc on l'y verra finir. Quand on ferait la supposition mystique que ce n'est qu'une force d'impulsion donnée à la graine au moment de sa germination ou, si l'on veut, de sa fécondation, il n'en serait pas moins vrai que cette puissance, à force d'agir, de s'étendre dans la croissance de l'individu, de se diviser dans la formation de nouveaux organes, finirait par s'épuiser et s'anéantir. Nous en voyons un commencement de preuve dans les plantes que l'on a long-temps multipliées de boutures ou d'éclats de racines : elles n'ont plus assez de force vitale pour produire de la graine fertile; le topinambour en est un exemple. La graine d'un arbre recevra par la fécondation une impulsion de force vitale dont l'énergie devra augmenter pendant un siècle et demi, puis diminuer pendant le même espace de temps, et enfin se perdre tout-à-fait, et alors l'arbre mourra : il mourra, parce que le cambium diminuera chaque année en raison égale de la force vitale, et finira par ne plus se régénérer lorsque l'irritabilité des parties sera réduite à rien; il mourra, parce que, chose sur laquelle les botanistes se sont trompés, ce n'est pas le renouvellement du cambium qui fait la force vitale, mais bien la force vitale qui fait le renouvellement du cambium. Mon hypothèse fait concevoir la mort naturelle; on n'est plus forcé d'admettre l'opinion absurde qu'un être a commencé pour n'avoir point de fin. Et, d'ailleurs, comment expliquerait-on la courte durée de quelques arbrisseaux qui ne vivent pas plus de huit à dix ans, et qui, cependant, ont le même mode de végétation que le chêne qui existe plusieurs siècles? comment expliquer les bornes précises que la nature a fixées d'une manière irrévocable dans la grandeur et l'élévation de chaque espèce en particulier? pourquoi le lilas, le genêt, le thym, n'acquerraient-ils pas, avec les siècles, la taille gigantesque du cèdre du Liban ou du baobab?

## DES AGENS DE LA NUTRITION.

On appelle *nutrition*, cette faculté qu'ont les végétaux de s'emparer de certaines substances extérieures, et de les transformer en leur propre substance. Tous les matériaux qui servent à la nutrition sont fournis aux plantes par la terre, l'air et l'eau. Comme la terre en fournit la plus grande partie, nous allons commencer par l'étudier sous ce rapport, avant d'entrer dans des détails sur le mode d'absorption.

### DU SOL.

Il ne suffit pas qu'une plante soit placée dans une exposition convenable, dans un terrain profond afin qu'elle puisse y étendre à l'aise ses racines verticales, ni trop sec ni trop humide, il faut encore qu'elle y trouve les substances nutritives indispensables à sa végétation, et toutes ces substances ne conviennent pas également à toutes les plantes; il faut donc que nous les étudiions chacune en particulier, puis que nous apprenions quelles sont leurs principales combinaisons.

Toutes les terres végétales, sans exception, ne peuvent être composées que de trois sortes d'*humus* : 1°. les humus minéraux, résultant de la décomposition des rochers formant le noyau et la base de notre globe; 2°. les humus végétaux, ou débris décomposés des végétaux; 3°. les humus animaux, résultant de la désorganisation des animaux.

#### *Composition des humus minéraux.*

Les chimistes nomment *terres* ces masses pierreuses ou pulvérulentes qui forment les montagnes, les vallons et les plaines, et que l'analyse a démontré être des mélanges variés des neuf terres primitives auxquelles on a donné les noms de *barite*, *alumine*, *chaux*, *strontiane*, *magnésie*, *silice*, *glucine*, *zircone*, *yttria*.

1°. La *barite*, *barioxide*, *spath pesant*, *protoxide de barium*, découverte par Schéèle, n'existe dans la nature qu'à l'état salin. C'est un oxide de barium dans les proportions de 11,669 oxigène; 100 barium. Dans son état de pureté elle est en morceaux poreux, d'un blanc grisâtre, très caustique, verdissant les couleurs bleues végétales, et décomposée par le fluide électrique. Son poids spécifique, selon Fourcroy, est de 4,000. L'eau agit sur elle comme sur la chaux, avec cette différence que l'hydrate de barite ne retient que 0,1175 d'eau. L'eau bouillante en dissout un tiers de son poids, et l'eau froide un vingtième. Cette solution bouillante donne, par le refroidissement, des cristaux octaèdres, ou des prismes hexaèdres terminés par des sommets tétraèdres, etc. Les solutions de barite enlèvent l'acide sulfurique à toutes les solutions salines, et y produisent un précipité blanc, insoluble, qui est un sulfate de barite.

Cette terre est dépourvue d'odeur. Prise à l'intérieur elle est un poison violent. On ne la compte pour rien dans la composition des terres arables, à cause de sa rareté.

2°. L'*alumine* ou *oxide d'aluminium* était autrefois appelée argile ou terre argileuse, dont elle est en effet le principe constituant, ainsi que des ardoises, des mines d'alun. Elle entre dans la composition de tous les sels et de presque toutes les roches; c'est la base de la porcelaine, des poteries, des briques et des creusets; on s'en sert pour préparer des laques, des teintures; ses combinaisons natives constituent la terre à foulon, les ocres, les bols, les terres à pipe, etc. L'alumine pure est blanche, pulvérulente, douce au toucher; elle happe à la langue et forme dans la bouche une pâte douce et sans gravier; elle est insipide, inodore, et ne produit aucun changement sur les couleurs végétales; elle est insoluble dans l'eau, mais elle se mêle avec ce liquide dans toute proportion, et elle en retient une portion avec une force considérable; elle est infusible à la plus forte chaleur de nos fourneaux qui lui font seulement éprouver une diminution de volume, et lui donnent par conséquent de la dureté; au chalumeau à double courant de gaz oxigène et hydrogène, elle se fond en petite quantité. Son poids spécifique est de 2,000.

Elle entre pour une très grande portion dans la composition du plus grand nombre de terres arables.

3°. La *chaux*, *protoxide de calcium* ou *calcioxide*, est la base de toutes les terres calcaires; elle constitue, à l'état de carbonate, les marbres et une partie des montagnes qui existent à la surface du globe; à l'état de sulfate elle produit les gypses ou plâtres; à celui de phosphate elle constitue les os des animaux; enfin elle fait partie d'une foule de minéraux. Elle est formée de 38,1 oxigène; 100 calcium. Sa pesanteur spécifique est de 2,3. Son caractère est d'être précipitée de ses dissolutions par l'acide oxalique, ou mieux par l'oxalate d'ammoniaque. La chaux est d'un blanc sale, susceptible de cristalliser en hexaèdres, d'une saveur âcre et très caustique, irréductible par la chaleur, verdissant le sirop de violettes, infusible dans nos fourneaux, et se fondant au chalumeau de Bloock en un verre jaune; le fluide électrique la décompose; elle est inaltérable à l'air et l'oxigène sec; humide, attirant l'eau, se goûflant, se délitant, blanchissant, dégageant beaucoup de calorique, et passant successivement de l'état de sous-carbonate à celui de carbonate calcaire. La quantité d'eau que la chaux peut solidifier, sans perdre elle-même son état solide, est de 0,31; en se combinant ainsi avec ce liquide, la chaux passe à l'état d'hydroxide ou hydrate.

Cette terre est très répandue dans la nature. Elle entre pour beaucoup dans la composition de certaines terres arables.

4°. La *strontiane*, *strontianoxide* ou *protoxide de strontium*, n'existe dans la nature qu'à l'état de carbonate ou de sulfate. Elle est composée de 18,273 oxigène; 100 strontium. A l'état de pureté elle est d'un blanc grisâtre, très caustique, agissant sur les couleurs bleues végétales, l'eau, l'oxigène et l'air, comme la barite. Elle est soluble dans vingt parties d'eau bouillante et dans quarante de froide; la solution bouillante cristallise par le refroidissement; son poids spécifique est de 4,000.

On ne l'a pas trouvée dans la composition des terres arables.

5°. La *magnésie*, *magnésoxide* ou *oxide de magnesium* est une partie constituante de beaucoup de minéraux; elle ne se trouve cependant seule, à l'état natif, qu'à celui d'hydrate. On la rencontre dans l'amiante, le mica, la pierre ollaire, et elle donne à ces minéraux un tact pour ainsi dire onctueux. Dans son état de pureté elle est blanche, douce au toucher, insipide, inodore, infusible et phosphorescente par la chaleur. Elle verdit le sirop de violettes, est insoluble dans l'eau, inaltérable à l'air, formant des sels avec les acides, dégageant l'oxigène de l'eau oxigénée sans éprouver aucun changement. Son poids spécifique est de 2,3.

On trouve la magnésie dans beaucoup de terres arables, principalement sur les bords de la mer et dans les sols granitiques.

6°. La *silice* ou *oxide de silicium*, est généralement connue sous les noms de *quartz*, *cristal de roche*, *terre vitrifiable*. Elle existe presque à l'état de pureté dans le cristal de roche, et elle forme la principale partie constituante des cailloux et généralement des pierres qui font feu avec l'acier et donnent, par la fusion avec les alcalis, des matières vitreuses. Dans son état de pureté cet oxide est très blanc, infusible, rude au toucher, rayant les métaux, insoluble dans le plus grand nombre d'acides, s'unissant avec les bases de manière à tenir plus de la nature des acides que de celle des oxides, légèrement soluble dans l'eau, d'un poids spécifique égal à 2,66. Elle a la propriété de se combiner avec le fluor.

Elle entre dans la composition de la plus grande partie des terres arables.

7°. La *glucine*, *glucinoxide* ou *oxide de glucinium*, lorsqu'elle est pure, est blanche, insipide, infusible, légère, douce au toucher, insoluble dans l'eau, soluble par la potasse, la soude et le carbonate d'ammoniaque, donnant des sels sucrés; elle est sans action sur l'air ni l'oxigène, et elle absorbe l'acide carbonique à froid; le calorique l'en dégage. Son poids spécifique est de 2,967.

On ne l'a encore trouvée que dans l'algue marine et dans l'émeraude.

8°. La *zircone* ou *oxide de zirconium* est blanche, insipide, un peu rude au toucher, insoluble dans l'eau; mais en la faisant sécher lentement elle se rassemble en une masse jaunâtre, demi-transparente, semblable à de la gomme arabique ; son poids spécifique est de 4,3. C'est un hydrate qui contient le tiers de son poids d'eau. On l'a trouvée d'abord dans le jargon de Ceylan, dans l'hyacinthe, puis dans les sables des ruisseaux d'Expailly, près de Puy en Velay et de Piso.

Il est probable qu'on doit la trouver dans les terres arables de quelques pays, mais peut-être en si petite quantité qu'elle ne peut guère y être appréciée sous le rapport de la fertilité.

9°. L'*yttria*, *oxide d'yttrium* ou *gadolinite*, est une terre blanche, insipide, inodore, insoluble dans l'eau, inaltérable à l'air, infusible, absorbant le gaz oxigène à froid, et l'abandonnant par l'action du calorique.

Cette terre existe dans la gadolinite, l'yttro-tantalite, l'yttro-cérite. Elle ne peut être comptée pour rien dans la composition des terres arables.

Par analogie les chimistes ont jugé que ces terres n'étaient rien autre chose que des métaux oxidés, quoique l'on n'ait pas pu encore les réduire à l'état métallique pur, ce qui résulte dans le plus grand nombre de leur grande affinité avec l'oxigène.

Quoi qu'il en soit, il s'en faut de beaucoup que tous les oxides aient de l'influence sur la fertilité des terres arables, faute sans doute de s'y trouver, ou d'y être en assez grande quantité. D'après un grand nombre d'analyses faites dans diverses parties de l'Europe, et même en Amérique et dans l'Inde, il résulte que la base de toutes les terres cultivées se compose d'alumine, de silice, de chaux le plus souvent à l'état de carbonate, et quelquefois de magnésie. L'alumine et la silice sont les seules que l'on y trouve approchant le plus de l'état de pureté.

Mais les sols cultivés renferment encore un grand nombre de substances, composées des terres que nous venons de nommer, ou d'autres matières, qu'il est essentiel de connaître; nous allons parler de celles qui ont quelque influence sur la végétation. Ces substances sont, 1°. le carbonate de chaux ; 2°. le sable calcaire ; 3°. les sulfates de chaux ; 4°. le nitrate de chaux ; 5°. le phosphate de chaux ; 6°. le spath fluor ; 7°. les marnes ; 8°. le feld-spath ; 9°. le quartz ou silex ; 10°. le carbonate de magnésie ; 11°. le sulfate de magnésie ; 12°. le mica ; 13°. les schistes ; 14°. l'hydrochlorate de soude; 15°. la soude carbonatée; 16°. le sulfate de soude; 17°. le nitrate de potasse; 18°. le sulfate de potasse; 19°. la potasse; 20°. l'oxide de fer.

1°. Les carbonates de chaux sont formés par la combinaison de la chaux avec l'acide carbonique. Ils sont abondamment répandus sur toute la surface du globe et constituent les montagnes calcaires, les marbres, les craies, les albâtres, divers produits organiques, tels que les coraux, les coquilles, etc. Ils se trouvent aussi en superbes cristaux qui se distinguent de ceux de quartz en ce qu'ils ne font pas feu avec l'acier. Exposés à l'action du calorique ils abandonnent leur acide; ils sont insolubles dans l'eau, font effervescence avec les acides, perdent leur acide et s'unissent à l'état de sel avec celui que l'on fait agir sur eux; l'acide oxalique, ou l'oxalate d'ammoniaque, décompose le nouveau sel en solution saline et y forme un précipité d'oxalate calcaire. Les carbonates se divisent en *carbonates* avec un excès d'acide double de base, et en *sous-carbonates* dont les proportions sont en général 56 chaux, 44 acide. Nous allons décrire les principales espèces.

*Pierre calcaire* ou *spath calcaire*. Ses formes primitives sont un rhomboïde obtus dont les angles équivalent à 101° $\frac{1}{2}$ et 78′. L'incidence des deux faces est de 104° 28′ et celle des deux autres de 75° 32′. Ce sous-carbonate a une dureté moyenne; il raie le sulfate calcaire et est rayé par le fluate; son poids spécifique est ordinairement de 2,71; mais il varie suivant les variétés, ce qui tient à la cohésion des molécules. Elle a beaucoup de variétés de formes dont les principales sont: la chaux carbonatée primitive; l'équiaxe, ou lenticulaire; l'inverse, ou spath calcaire muriatique; la cuboïde; la prismatique; la dodécaédrique; la métastatique, ou dent de cochon.

Les variétés amorphes, c'est-à-dire produites par une cristallisation irrégulière, se trouvent en masses plus ou moins fortes et constituent les montagnes calcaires, les marbres, etc.

Les marbres ont le grain fin, d'un tissu homogène, plus dures que les cristaux de ce même sel, et susceptibles de prendre un beau poli. L'albâtre calcaire se trouve en stalactites et stalagmites dans les cavités des roches calcaires, dans leurs fissures, etc.

La *chaux carbonatée compacte* est en grains moins serrés; elle n'a pas l'aspect cristallin, et n'est pas susceptible de poli. Elle est opaque, moins dure que le marbre, de couleurs ternes, blanche, grisâtre, jaunâtre, rouge de diverses nuances, jaune d'ocre ou noirâtre. Elle constitue des terrains très étendus et renferme beaucoup de débris de corps organiques, surtout la sous-variété nommée *compacte commune*, qui contient souvent du silex et autres substances étrangères. Elle constitue la masse des montagnes calcaires à couches inclinées. Sa composition, d'après le terme moyen de cinq analyses de M. Simon, est de

| | |
|---|---|
| Chaux | 49,8 |
| Acide carbonique | 38,66 |
| Eau | 1,22 |
| Silice | 5,57 |
| Alumine | 2,8 |
| Oxide de fer | 1,37 |
| | 99,42 |

Ses principales sous-variétés sont : la *craie*, qui constitue des montagnes stratiformes en Angleterre, dans le nord de la France, et particulièrement dans les environs de Rouen. Elle est d'un blanc pur ou jaunâtre, ou grisâtre, très tendre, maigre, rude au toucher, tachante, facile à diviser, happant un peu à la langue, d'un poids spécifique de 2,315 à 2,667. La *chaux carbonatée grossière,* très abondante, surtout dans les environs de Paris où l'on en trouve de vastes carrières. Quand elle est en gros quartiers on l'appelle pierre de taille; en petits blocs elle prend le nom de moellons. Elle est en gros grains, complétement opaque, souvent friable, à texture terreuse et jamais cristalline, d'une couleur jaunâtre, ou grisâtre, suivant qu'elle contient plus ou moins de sable, d'argile, ou d'oxide de fer. Elle renferme une assez grande quantité de coquilles. On la divise en quatre sortes : le liais, la roche, le banc vert et la lambourde. La *chaux carbonatée marneuse* se désagrège à l'air comme la marne; ses grains sont fins, point friables; sa couleur est jaune ou grise; sa cassure droite, raboteuse et terne; elle est plus ou moins dure, happant un peu à la langue, entièrement soluble avec effervescence dans l'acide nitrique, et contenant des débris organiques. On en trouve beaucoup aux environs de Paris. Le *tuf calcaire* se trouve disposé par couches peu épaisses et à peu de profondeur de la terre végétale, comme tous les autres tufs. Il paraît dû à des filtrations de sources chargées de sels calcaires; il est d'un gris jaunâtre et porte généralement des empreintes de divers végétaux, et dans ce cas on le nomme *pseudo-morphique.* Il est souvent très friable, parfois assez dur pour prendre un poli très grossier, le plus souvent mat; à l'intérieur sa cassure tient le milieu entre la cassure inégale à grain fin et la cassure terreuse; il est ordinairement assez léger.

2°. Le sable calcaire, comme tous les autres sables, est un amas de grains pierreux sans adhérence entre eux. Il résulte, non de la décomposition des pierres calcaires dures, mais de leur fracture occasionnée par le frottement qu'elles éprouvent lorsqu'elles sont roulées par les eaux.

3°. Les sulfates de chaux sont composés d'acide sulfurique et de chaux. On en compte deux espèces, qui sont:

Le sulfate de chaux anhydre, ou sans eau. Il est formé de 58 acide sulfurique, 42 chaux; il existe en grandes masses tant dans les terrains intermédiaires que dans les premières parties des dépôts secondaires; sa structure est lamellaire, souvent à grandes lames; ses couleurs les plus ordinaires sont le blanc, le gris, parfois le violacé; rarement il se rencontre en cristaux, et lorsqu'il est en cet état, il est sous forme de prisme rectangulaire. Ce sulfate anhydre est plus dur que celui qui est hydraté; son poids spécifique est de 2,964; il ne blanchit pas au feu.

Le sulfate de chaux hydraté, gypse, pierre à plâtre, sélénite, etc., est formé de 33 acide sulfurique, 46 chaux, 21 eau; il paraît appartenir aux terrains tertiaires, ainsi qu'aux parties supérieures des terrains secondaires, où il existe en grandes couches intercalées avec des bases calcaires. Dans les tertiaires, il forme des dépôts, souvent très étendus et très épais, comme sont les plâtrières, et notamment celles de Montmartre; il est très souvent en tables biselées de diverses manières, à bases de parallélogrammes obliquangles, qui dérivent d'un prisme de même genre d'environ 113° et 67°; on le rencontre aussi sous différentes autres formes cristallines; il est inodore, insipide, soluble dans 460 parties d'eau; il décrépite par l'action du calorique, perd sa transparence avec son eau de cristallisation, blanchit et s'empare avec avidité d'une grande quantité d'eau qu'il solidifie, sans que la température s'élève bien sensiblement; ses couleurs sont le gris blanchâtre, le gris bleuâtre, le gris jaunâtre, et le rougeâtre; son poids spécifique est de 2,26 à 2,31. Il y en a plusieurs variétés dont les principales sont :

La *chaux sulfatée commune*, que l'on trouve en grandes masses, constituant souvent des terrains entiers; sa texture est lamellaire ou compacte; elle est presque opaque, translucide sur les bords; on la trouve souvent mêlée avec d'autres sels calcaires, tels que le carbonate de chaux, le sulfate de magnésie, etc.; elle est colorée en blanc sale, en gris, en gris bleuâtre, ou rougeâtre; c'est l'espèce la plus employée comme plâtre, au moins dans les environs de Paris.

Le *gypse compacte* est composé, selon Gérhard, de 48 acide sulfurique, 34 chaux, 18 eau; on le trouve en couches accompagnant le gypse grenu; ses couleurs sont le blanc, le gris, le bleu, le jaune et le rouge; il est translucide sur les bords, tendre, sectile, frangible, à cassure esquilleuse et à esquilles fines; son poids spécifique est de 2,2.

Le *gypse fibreux* est composé de

| | |
|---|---|
| Acide sulfurique | 44,13 |
| Chaux | 33 |
| Eau | 21 |
| | 98,13 |

On le trouve en masse, en concrétions distinctes, etc.; texture fibreuse, éclat nacré, aspect soyeux; ses couleurs sont le blanc, le gris, et parfois le rouge; il est translucide, tendre, frangible et sectible.

Le *gypse terreux* se rencontre en couches de plusieurs pieds d'épaisseur, immédiatement au-dessous du sol; il est d'un blanc jaunâtre; formé d'écailles fines ou d'une consistance farineuse; léger, doux au toucher, un peu tachant.

Le *gypse lamelleux*, grenu, appartient aux roches primitives, au gneiss, au schiste micacé, au schiste argileux de transition, etc., où on le trouve en couches. Suivant Kirwan, sa composition est de 30 acide sulfurique, 32 chaux, 38 eau. Les sculpteurs lui donnent le nom d'*albâtre*. Il est blanc, gris ou rouge, parfois avec des dessins, des rayures ou des taches. Il est souvent en concrétions distinctes, ou cristallisé en petites lentilles coniques; il a un éclat nacré, est translucide, frangible, très tendre et sectile; son poids spécifique est de 2,3.

Le *gypse spathique* ou *sélénite* se trouve partout sur le continent, et particulièrement dans les environs de Paris. Autrefois on l'employait comme verre de vitre, et on lui donnait les noms de *pierre spéculaire*, *miroir de la Sainte-Vierge*. Sa composition, d'après Bucholz, est de

| | |
|---|---|
| Acide sulfurique............. | 43,9 |
| Chaux...................... | 33,9 |
| Eau....................... | 21 |
| | 98,8 |

Il existe en couches minces dans le gypse de formation stratiforme, etc.; en masse cristallisée de diverses manières.

4°. Le nitrate de chaux est un sel qui existe en grande quantité dans les vieux platras, sur les vieilles murailles, sur les pavés ou les murs bas, humides ou non habités, etc. Il est alors sous forme de petits cristaux assez longs, imitant les barbes d'une plume; il est blanc, inodore, déliquescent, d'une saveur âcre, soluble dans le quart de son poids d'eau, dans l'alcool, et cristallisant en prismes hexaèdres réguliers. Il est composé de 65 acide nitrique, 35 chaux.

5°. Le phosphate de chaux natif ou apatile forme des mamelons de montagnes en Espagne, et particulièrement en Estramadure; il est indécomposable par le calorique, et vitrifiable. Il est composé, selon Klaproth, de

| | |
|---|---|
| Acide phosphorique.......... | 46,25 |
| Chaux...................... | 53,75 |
| | 100,00 |

Il se trouve dans les roches primitives, dans le granit, en Cornouailles, en France, à Nantes, etc. Il existe en masse ou critallisé en prismes hexaèdres, aplatis, offrant quelquefois des tables à six faces. Les extrémités latérales sont souvent tronquées et les faces lisses. On en trouve aussi des variétés qui sont mamelonnées, compactes, terreuses, etc. Sa couleur est blanche, bleuâtre, jaunâtre, rougeâtre, violette ou verte. L'apatile est opaque ou translucide, très rarement transparente. Son poids spécifique est de 3,1.

La *phosphorite commune* est une autre espèce de phosphate de chaux que l'on trouve en masse, et formant des couches considérables dans quelques provinces de l'Espagne. Elle est d'un blanc jaunâtre, mate, à cassure inégale, opaque, tendre, un peu cassante. Son poids spécifique est de 2,8; elle est composée, selon Pelletier, de

| | |
|---|---|
| Acide phosphorique.......... | 34 |
| Chaux.................... | 59 |
| Acide fluorique............. | 1 |
| Silice.................... | 2 |
| Oxide de fer............... | 1 |
| | 97 |

6°. Le spath fluor, fluate de chaux, chaux fluatée, phtorure de calcium, est un sel composé de 48 acide fluorique, 52 calcium. Il existe abondamment dans la nature, le plus souvent cristallisé en cubes dont les angles ou les bords sont quelquefois tronqués; cette forme cristalline varie: elle est aussi en octaèdres, en dodécadres rhomboïdaux, en cristaux oblitérés sphéroïdaux, etc. La forme primitive est l'octaèdre régulier. Il est insipide, insoluble dans l'eau, inaltérable à l'air, blanc, limpide et opaque, ou bien bleu, jaune, rose, vert, violet, plus ou moins prononcés; phosphorescent par l'action du calorique; d'un poids spécifique égal à 3,15.

7°. Les marnes sont des carbonates doubles ou multiples, ou plutôt de simples mélanges, que nous pouvons classer, à l'imitation de Kirwan, en marnes argileuses quand l'alumine prédomine dans leur composition, et en marnes siliceuses quand c'est la silice.

La *marne terreuse* se rencontre par couches dans les montagnes calcaires stratiformes, etc. Elle est grise ou d'un gris jaunâtre, formée de particules fines, pulvérulentes, peu cohérentes ou agglutinées, mate, légère, un peu tachante, exhalant une odeur urineuse quand elle est nouvellement extraite, maigre au toucher. Elle fait effervescence avec les acides, et s'y dissout en partie. Il est impossible de donner une idée exacte de la quantité de ses principes constituans; ils varient constamment. Nous savons seulement que la marne terreuse est, en général, composée de carbonate de chaux avec un peu d'alumine, de silice et de bitume.

La *marne endurcie* se trouve dans les mêmes gissemens que la précédente, ainsi que dans les formations houilleuses. Elle est en masse, en vésicules ou en boules aplaties, et contient des pétrifications. Elle est grise et quelquefois jaunâtre, mate, opaque, à cassure terreuse, quelquefois esquilleuse ou imparfaitement schisteuse. Elle se laisse entamer par l'ongle, est maigre au toucher, se fond au chalumeau, et donne une scorie verdâtre; elle fait effervescence avec les acides, et son poids spécifique est de 2,4 à 2,87. D'après Kirwan, elle est composée de

| | |
|---|---|
| Carbonate de chaux | 50 |
| Alumine | 32 |
| Silice | 12 |
| Oxide de fer et de manganèse | 2 |
| | 96 |

8°. Le feld-spath est rangé par les chimistes au nombre des silicates alumineux, c'est-à-dire des sels formés par la silice et une base qui est l'alumine. Après le carbonate calcaire, le feld-spath est un des minéraux le plus abondamment répandus dans la nature; il est la principale partie constituante du granit et du gneiss, de la siénite, de certains porphyres, et d'un grand nombre de roches primitives et de transition. On le trouve souvent cristallisé. La forme primitive de ses cristaux est un parallélipipède obliquangle irrégulier, et la plus ordinaire sous laquelle il existe dans la nature est le prisme hexaèdre ou décaèdre terminé par des sommets irréguliers. Les plus beaux cristaux se trouvent en Suisse, en France, dans la Sibérie. On connaît un grand nombre de sous-espèces de feld-spath. Le feld-spath commun est employé sous le nom de *petunzé*, pour faire la porcelaine de la Chine: il est blanc, rougeâtre, gris, vert, bleuâtre, etc. Il a un clivage triple, l'éclat plus nacré que vitreux, translucide sur les bords;

il est moins dur que le quartz, frangible, à cassure inégale; il donne au chalumeau, et sans addition, un verre gris, demi-transparent. Sa pesanteur spécifique est de 2,57. Nous allons donner les analyses de quelques espèces.

*Feld-spath vert de Sibérie*. 62,83, silice; 17,02, alumine; 3,00, chaux; 13,00, potasse; 1,00, oxide de fer. Total 96,85. Vauquelin.

*Feld-spath rouge de chair*. 66,75, silice; 17,50, alumine; 1,25, chaux; 12,00, potasse; 0,75, oxide de fer. Total 98,25. Rose.

*Feld-spath de Passau* 60,25, silice; 22,10, alumine; 0,75, chaux; 14,00, potasse; 1,00, oxide de fer. Total 98,00. Bucholz.

*Feld-spath de chaux* ou *idianite*. 70,50, potasse; 19, alumine; 10,50, chaux. Total 100.

*Feld-spath compacte*. 51, silice; 30,05, alumine; 11,25, chaux; 4, soude; 1,75, oxide de fer; 1,26, eau. Total 99,31. Klaproth.

*Feld-spath de soude* ou *albite*. 70, silice; 19, alumine; 11, soude. Total 100. C'est à cette variété qu'appartient la plus grande partie des feld-spath du granite du Dauphiné et des Pyrénées.

9°. Le quartz commun est blanc, quelquefois coloré en gris, ou d'un blanc rougeâtre; il est transparent; il fait feu avec l'acier, est infusible, et a pour pesanteur spécifique 2,6 à 2,7. Il est composé de 50 oxigène, et 50 silicium. On le trouve en masse, disséminé, sous diverses formes imitatives, en véritables cristaux prismatiques, à six pans terminés par un sommet hexaèdre; quelquefois c'est une pyramide simple à six faces ou en dodécaèdre à double pyramide. Du reste, il a beaucoup de variétés.

Le *silex* à cassure conchoïdale esquilleuse.

Le *silex corné*, partie compacte de la pierre meulière, d'un aspect gras et tortueux; il est opaque, à cassure plate.

Les *agates*, tantôt veinées, herborisées, breccies ou en brèche, etc.

Le *jaspe*, qui entre dans la composition de beaucoup de montagnes. Il se trouve ordinairement en masses amorphes formant des lits; son poids spécifique est de 2,3.

Le *sable siliceux*, qui n'est rien autre chose que du quartz réduit par le frottement en de très petites parcelles.

Le *grès*, ou particules de sable siliceux réunies, par un gluten, en masses plus ou moins dures.

La *silice nectique*; agrégée, à structure terreuse, plus ou moins légère.

La *silice pulvérulente*, sèche et parfois douce au toucher.

10°. Le carbonate de magnésie est assez rare. Il est d'un gris jaunâtre ou d'un blanc paille tacheté, rude au toucher, mat, opaque, à cassure conchoïde, happant à la langue, rayant le spath calcaire, infusible, et acquérant au chalumeau une assez grande dureté pour rayer le verre. Il est ordinairement compacte ou terreux, et se trouve aussi, mais bien rarement, en cristaux rhomboëdriques de 107° 25'. Son poids spécifique est de 2,8. Il est composé, selon Bucholz, de

| | |
|---|---|
| Acide carbonique | 51,00 |
| Magnésie | 46,00 |
| Alumine | 1,00 |
| Manganèse ferrugineux | 0,25 |
| Chaux | 0,16 |
| Eau | 1,00 |
| | 99,41 |

11°. Sulfate de magnésie, connu sous les noms de sel d'Epsom, de Sedlitz, d'Egra, d'Angleterre, etc. Il se trouve dans les eaux de mer et de plusieurs sources salées; il accompagne aussi quelques pyrites, d'où on l'extrait, principalement à la Guardia. Ce sel, à l'état de pureté, est blanc, amer, en beaux prismes tétraèdres, éprouvant la fusion aqueuse, soluble dans trois parties d'eau, et décomposé par l'ammoniaque, qui en précipite la magnésie, ainsi que par les alcalis. Selon Gay-Lussac, il est composé de

| | |
|---|---|
| Acide sulfurique | 5,790 |
| Magnésie | 2,855 |
| Eau | 9,154 |
| | 17,799 |

12°. Le mica est un silicate alumineux très abondamment répandu dans la nature, et se présentant sous les formes les plus variées; il est une des parties constituantes de plusieurs montagnes; il accompagne le feld-spath et le quartz dans le feld-spath et le gneiss; il forme quelquefois des lits peu étendus dans du granite et autres roches primitives; il est parfois aussi en paillettes dans les schistes, le sable, etc. En Sibérie, on en rencontre des feuilles qui ont jusqu'à trois mètres de dimension. Les caractères génériques des mica sont d'être feuilletés, se divisant aisément en feuilles minces, transparentes, brillantes, élastiques et flexibles, fusibles au chalumeau; la seule chaleur d'une bougie suffit quelquefois. La composition des mica varie à l'infini; il y en a qui comptent la magnésie parmi leurs principes constituans, d'autres qui n'en ont pas un atome. La forme primitive des cristaux et de leurs molécules intégrantes est un prisme droit, dont les bases sont des rhombes ayant leurs angles de 120 et de 60. Il est aussi en prismes droits dont les bases sont des rectangles; en hexaèdres réguliers, mais le plus souvent en lames ou en écailles de figure et dimension très variées. Lorsqu'il est lamellaire, il a souvent la couleur et l'éclat métallique de l'or ou de l'argent. Le mica compacte, au contraire, affecte les couleurs rouge-pêche, jaunâtre ou verdâtre; le mica est ordinairement composé, mais en proportions variables, de silice, d'alumine, d'oxide de fer, de potasse, d'acide fluorique, et souvent, par ajouté, de lithine, d'oxide de manganèse, d'eau et de magnésie.

13°. Les schistes sont encore des silicates alumineux, qui ont une grande analogie avec les argiles schisteuses. En général, ils sont formés de silice, d'alumine et d'oxide de fer; quelquefois aussi, ils contiennent de la chaux, de la magnésie, de l'oxide de manganèse, etc. Il en est qui sont imprégnés de bitume, et d'autres qui sont unis au sulfate de fer, en petits amas ou en cristaux. A cette variété appartiennent l'ardoise, les crayons des charpentiers, la pierre à rasoir, le schiste argileux, etc. Les schistes sont plus ou moins durs, et se divisent en plaques plus ou moins épaisses, les unes luisantes, les autres mates, et les autres nacrées. A proprement parler, la plupart des schistes semblent formés par des petites lames de mica superposées les unes sur les autres; ils ne font point de pâte avec l'eau, sont fusibles, se laissent rayer par le fer, sont d'une couleur grise, jaune, rougeâtre, noirâtre, etc. Les principales espèces sont :

Le *schiste alumineux*, d'un noir grisâtre, à cassure schisteuse et feuillets droits. Il est difficile à casser, et s'effleurit à l'air. Celui que l'on nomme *lustré* se trouve en masse bleuâtre.

Le *schiste argileux* est très abondamment répandu dans la nature, et constitue une partie des roches primitives et des roches de transition. Il est d'un gris cendré ou bleuâtre, et il affecte souvent les diverses nuances de noir grisâtre. A l'intérieur, il offre un éclat nacré ou brillant; il est opaque, tendre, sectile, à cassure lamelleuse, et sonore quand on le frappe avec un corps dur. Son poids spécifique est de 2,7.

L'*ardoise*, ou *schiste tabulaire*, est plus ou moins épais et plus ou moins dur, sonore quand on le frappe avec un corps plus dur, à pâte fine, divisible en grandes tables, prenant plus ou moins d'eau et quelquefois pas du tout, offrant parfois l'empreinte des corps animaux et végétaux, et résistant plus ou moins à l'action de l'air; il en est qui n'en éprouvent l'altération qu'après un temps très-long, et d'autres qui s'exfolient au bout de quelques années. La couleur la plus ordinaire des ardoises est le blanc sale, le blanc bleuâtre, le jaunâtre, le grisâtre, etc. Elles varient beaucoup dans leur composition; par exemple, le schiste tabulaire se compose de

| | |
|---|---|
| Silice | 48 |
| Alumine | 33 |
| Magnésie | de 1 à 4 |
| Fer | de 2 à 12 |
| Potasse | de 1 à 4 |
| Eau | 7 |

Tandis que le *crayon noir*, ou schiste à dessiner, se compose de

| | |
|---|---|
| Silice | 64,06 |
| Alumine | 11,00 |
| Carbone | 11,00 |
| Fer | 2,75 |
| Eau | 7,20 |
| | 96,01 |

14°. L'hydrochlorate de soude, soude muriatée, chlorure de sodium, sel gemme, généralement connu sous le nom de *sel marin*, est un des corps les plus répandus dans la nature. Les grandes mines de ce sel, quoique assez communes en Europe, ne se rencontrent pas dans tous les terrains; quelques unes se trouvent entre les couches moyennes des intermédiaires; pour le plus grand nombre, elles sont situées vers la base des secondaires, à peu de distance des grandes houillères. C'est le plus souvent au milieu d'immenses lits d'argile qu'existent les couches de sel gemme qu'accompagnent presque toujours le sulfate de chaux, anhydre dans les plus anciennes mines, et hydraté dans celles qui le sont moins. Ce sel est presque toujours transparent: il est blanc, souvent coloré en rouge, en brun, en jaune, en gris, en violet et en vert. Ces couleurs sont dues aux oxides de fer et de manganèse. Il a une saveur salée, décrépite sur le feu, est très soluble dans l'eau, et passe alors à l'état d'hydrochlorate. Système cristallin cubique; clivage cubique; poids spécifique 2,12; composition: 60 chlore; 40 sodium.

15°. La soude carbonatée, sous-carbonate de soude, sel de soude, méphite de soude, craie de soude, alcali minéral, se trouve abondamment natif dans toute la nature. Il fait partie de quelques eaux minérales et de celles de mer; on le trouve aussi en combinaison dans quelques substances pierreuses, parmi le sel marin fossile, en dissolution dans plusieurs contrées, en efflorescence à la surface de la terre dans divers endroits, etc. Quand il est tel qu'on l'extrait des lacs, il porte le nom de *natron*. Lorsqu'il est purifié, il est en octaèdres obliquangles ou rhomboïdaux; quelquefois ces mêmes octaèdres sont composés obliquement par moitié, et présentent des lames hexagones, etc. Il est blanc, transparent, à saveur urineuse; il est le plus efflorescent de tous les sels; il verdit le sirop de violettes, est très soluble dans l'eau, éprouve la fusion aqueuse et la fusion ignée sans se décomposer. D'après Klaproth, il est composé de 39 acide; 38 soude; 23 eau.

16°. Le sulfate de soude, sel de Glaubert, sel admirable, vitriol de soude, existe en efflorescence à la surface de quelques terres. Il se trouve aussi sur les murs des souterrains, des anciens édifices, dans les cendres des plantes marines, dans les eaux de mer, de quelques fontaines salées, etc. Ce sel, à l'état de pureté, est incolore, inodore, très amer, cristallisé en beaux prismes hexaèdres terminés par des sommets dièdres; il est si soluble dans l'eau, que, par le simple refroidissement, l'on obtient des cristallisations magnifiques. On doit avoir soin d'en retirer l'eau-mère, sans quoi elle redissout peu à peu les sommités des cristaux. Il est très efflorescent. Poids spécifique 2,24; composition : 25 acide sulfurique; 19 soude; 56 eau.

17°. Le nitrate de potasse, très anciennement connu sous le nom de *salpêtre* ou de *sel de nitre*, quand il est purifié, existe à l'état naturel dans tous les lieux habités, ainsi qu'uni à diverses terres dans plusieurs contrées. Lorsqu'il est pur, il est en beaux prismes à six pans, à sommets hexaèdres, transparens, ayant une saveur fraîche, inaltérable à l'air, très soluble dans l'eau, fusible à 340°, et devenant alors dur, blanc, pesant et translucide. C'est ce qu'on nomme en médecine *cristal minéral*. A une température plus élevée, il se décompose complétement. Poids spécifique 1,93; composition d'après Julia Fontenelle :

| | |
|---|---|
| Acide nitrique. . . . . . . . . . . . . . . . . | 53,55 |
| Potasse . . . . . . . . . . . . . . . . . . . . . | 46,45 |
| | 100,00 |

18°. Le sulfate de potasse, sel de duobus, tartre vitriolé, se trouve en petites masses mamelonnées dans les laves, dans quelques plantes, dans les mines d'alun, etc. Ce sel purifié est blanc, amer, dur, en cristaux prismatiques très courts, à quatre ou six pans, inaltérable à l'air, décrépitant au feu, soluble dans dix parties d'eau à 15°. Poids spécifique 2,40; composition : 46 acide sulfurique; 54 potasse.

19°. La potasse, potassoxide, alcali végétal, oxide de potassium, sel de tartre, etc., n'existe jamais pure dans la nature, mais combinée à l'état de sel avec divers acides, comme les deux précédens, l'acide chlorique, etc. Les cendres de végétaux en donnent plus ou moins à l'état de sous-carbonate. Dans sa pureté, elle est blanche, très caustique, très déliquescente, verdissant le sirop de violettes, fusible à la chaleur rouge, irréductible par le calorique, et réductible par l'électricité, très soluble dans l'eau et l'alcool, dégageant l'oxigène de l'eau oxigénée sans l'absorber, désorganisant les substances animales, et d'un poids spécifique de 1,7085; composition :

| | |
|---|---|
| Potassium............. | 100 |
| Oxigène............... | 019,945. |

20°. L'oxide de fer se trouve abondamment répandu dans la nature sous trois degrés d'oxigénation. Un caractère qui est propre aux terres qui en contiennent, c'est de donner du gaz hydrogène quand on les traite par l'acide sulfurique. Il y en a un grand nombre d'espèces qu'il est inutile de décrire ici.

Telles sont les substances que l'on rencontre dans l'analyse du plus grand nombre des terres arables. Les autres matières minérales y sont en trop petite quantité pour avoir la moindre importance relativement à l'agriculture.

*Formation des humus minéraux.*

Les substances que nous venons d'analyser forment les roches et les montagnes qui couvrent la surface de notre globe, et qui, par leur décomposition, ont fourni l'humus minéral. Avant d'expliquer comment ce phénomène s'est opéré, nous devons parler d'une loi particulière qui régit la matière, et qui est la seule cause de ses continuels changemens de formes.

Cette loi est celle des affinités chimiques. On sait que tous les corps s'attirent plus ou moins les uns les autres, ceci est l'*attraction*. Tout dans la nature semble être lié par cette loi générale; elle varie dans ses effets, cause des changemens, établit l'équilibre, et excite dans les corps inanimés une tendance à la combinaison, qui se fait sentir et remarquer partout. Cette force d'attraction universelle qui s'exerce à des distances sensibles, à laquelle tous les grands corps qui constituent notre système solaire obéissent, qui les fait tendre continuellement à se porter les uns vers les autres, qui retient les planètes dans leurs orbites et règle leur mouvement, se distingue spécialement par le nom d'*attraction de gravitation*; elle est du ressort de la physique. L'attraction qui a lieu à des distances imperceptibles se borne aux molécules des corps; elle est spécialement du ressort de la chimie, et les chimistes l'ont nommée *attraction moléculaire* ou *affinité*.

L'affinité est donc cette tendance particulière qu'ont les molécules de différentes matières à s'unir l'une avec l'autre, ou avec des molécules de leur propre espèce.

C'est par *affinité d'aggrégation* que les molécules *homogènes*, ou de même espèce, portées les unes vers les autres et maintenues à des distances insensibles, forment des masses de grandeur sensible, sans qu'il en résulte aucun changement dans les propriétés chimiques des substances ainsi réunies. C'est par *affinité de composition* que des molécules *hétérogènes* ou d'espèces différentes, portées les unes vers les autres, et maintenues à des distances insensibles, forment un corps composé de nouvelles molécules intégrantes, dont les propriétés diffèrent de celles des substances ainsi combinées.

Les molécules élémentaires n'ont pas toutes la même affinité; chaque espèce a les siennes particulières, d'où il résulte qu'elles refusent constamment de se combiner avec certains corps, et qu'elles se combinent intimement avec d'autres; par exemple, si l'on expose un morceau de fer dans un lieu humide, sa surface s'emparera de l'oxigène de l'air, parce que les molécules de fer ont beaucoup plus d'affinité avec l'oxigène qu'avec les autres gaz qui peuvent se trouver avec lui dans l'air, tels que l'azote et l'hydrogène. Cette surface offrira une nouvelle combinaison pulvérulente et rouge, nommée *rouille* ou *oxide de fer*. Presque toujours, lorsqu'il y a combinaison d'un corps, il y a décomposition d'un autre. Nous savons, par exemple, que l'eau est composée d'oxigène et d'hydrogène; si, dans un vase qui en contiendra, je jette une substance qui ait plus d'affinité avec l'oxigène que celui-ci n'en a avec l'hydrogène, par exemple, du fer, il s'emparera de l'oxigène; celui-ci, en abandonnant l'hydrogène, le laissera à l'état libre, et il y aura composition d'oxide de fer et décomposition d'eau. C'est par la connaissance des affinités particulières, de leur plus ou moins d'énergie pour tel ou tel autre corps, que la chimie vient à bout de décomposer tous les corps et d'en recomposer quelques uns.

Si la nature a donné aux molécules élémentaires des corps une tendance générale à se rapprocher et à former des aggrégations ou des combinaisons, elle a dû, par une loi contraire, balancer les forces d'affinités; car, sans cela, quand toutes les molécules, qui ont le plus de tendance à se réunir, se seraient toutes rencontrées, toute combinaison nouvelle fût devenue impossible, la matière fût restée sans mouvement, et la nature entière eût été morte. Il n'en est pas ainsi : le calorique s'insinue dans les pores dont tous les corps sont criblés, s'interpose entre leurs molécules, les éloigne et les force sans cesse à de nouvelles combinaisons, en détruisant sans cesse celles qui existent.

A présent il nous est facile d'expliquer comment les roches, en se décomposant, forment l'humus minéral. La surface des rochers, se trouvant sans cesse en contact précis avec les météores atmosphériques, tels que l'air, la pluie, les frimas, etc., doit combiner quelques unes de ses parties, peut-être toutes, avec les gaz constituant ces météores ou charriés par eux, et qui ont de l'affinité avec les diverses substances formant cette surface. Il en résulte sans cesse des efflorescences et des terres qui sont entraînées par les eaux jusque dans le fond des vallées, et voilà déjà un humus minéral formé par ce qu'on appelle de nouvelles combinaisons.

Mais l'air, l'eau et les autres gaz atmosphériques, puissamment aidés par le calorique, en décomposant les parties de rochers avec lesquelles ils ont le plus d'affinité, mettent les autres à nu, les minent, les détachent de la masse en détruisant les corps dans lesquels elles étaient aggrégées; ces parties, obéissant aux lois de l'attraction de gravitation, ou, si l'on aime mieux, à celles de la pondération, roulent, sont entraînées par les pluies, par les torrens; elles éprouvent continuellement des chocs qui les brisent en fractions plus ou moins volumineuses. Le frottement les use, émousse leurs angles, et en forme d'abord le *gaïet* ou *gravier* que l'on trouve si abondamment sur le bord des rivières descendant des montagnes. Ce gravier, entraîné à son tour, devient sable; et enfin, usé davantage et tout-à-fait décomposé, il se trouve métamorphosé en une véritable terre ou *humus minéral*, résultant, comme nous l'avons dit, du frottement.

On doit conclure de ce que nous venons de dire, que, lorsque l'on connaîtra bien la nature des roches sur lesquelles un pays sera assis, on connaîtra de même la nature des terres qui sont accumulées dans ses vallées. Cependant il faudra encore avoir égard au plus ou moins de distance des roches d'où elles auront été charriées par les eaux; car leurs principes décomposés n'étant pas tous de même nature, leur pesanteur spécifique et leur affinité avec l'eau sont aussi différentes : d'où il résulte qu'à égalité de ténuité, les uns sont déposés les premiers, et les autres sont entraînés beaucoup plus loin. Les couches les plus près du point de départ seront nécessairement les oxides de fer, la silice, et successivement la chaux, l'alumine et la magnésie.

### *De la fertilité des humus minéraux.*

Il est reconnu que chaque humus minéral, s'il pouvait se trouver seul, serait infertile, et cela faute des combinaisons qui, en s'élaborant continuellement, fournissent continuellement aux plantes des fluides nouveaux et variés. Ils sont fertiles quand ils sont mélangés dans de certaines proportions. On a donc été obligé de faire des recherches pour s'assurer avec exactitude du nombre d'espèces de terres et de leurs proportions, entrant dans la composition des meilleurs sols connus. C'est en comparant les résultats obtenus par divers chimistes que nous parviendrons à acquérir des données positives sur ce sujet de la première importance.

Chaptal a analysé un sol très fertile, formé par les alluvions de la Loire, à cent vingt-cinq lieues de sa source, et il l'a trouvé composé de

| | |
|---|---|
| Sable siliceux | 32 |
| Sable calcaire | 11 |
| Silice | 10 |
| Carbonate de chaux | 19 |
| Alumine | 21 |
| Débris végétaux | 07 |

Le même chimiste, dans l'analyse d'un sol en Touraine, qui venait de produire un beau chanvre, a trouvé :

| | |
|---|---|
| Sable grossier | 49 |
| Carbonate de chaux | 25 |
| Silice | 16 |
| Alumine | 10 |

Un des sols les plus fertiles de la Suède, analysé par Bergmann, a donné :

| | |
|---|---|
| Silex grossier | 30 |
| Silice | 26 |
| Alumine | 14 |
| Carbonate de chaux | 30 |
| | 100 |

Un champ fertile des environs de Turin, analysé par Giobert, a donné les résultats suivans :

| | |
|---|---|
| Silice | 77 à 79 |
| Alumine | 9 à 14 |
| Carbonate de chaux | 5 à 12 |

Tilles a trouvé que la terre la plus fertile des environs de Paris, est composée de

| | |
|---|---|
| Silex grossier | 25 |
| Silice | 21 |
| Alumine | 16,5 |
| Carbonate de chaux | 37,5 |

Davy a analysé le sol d'un excellent champ à blé, dans le voisinage de Drayton en Middlesex, et l'a trouvé composé de

| | |
|---|---|
| Carbonate de chaux | 28 |
| Silice | 32 |
| Alumine | 39 |

Dans l'analyse d'une très bonne terre de Sèvres, aux environs de Paris, on trouve :

| | |
|---|---|
| Sable calcaire | 25 |
| Alumine | 33 |
| Silice | 31 |
| Carbonate de chaux | 11 |
| | 100 |

Si l'on prend le terme moyen de ces sept analyses, dont les six premières rapportées par le comte Chaptal, on trouvera que la meilleure terre arable, la plus fertile, serait ainsi composée :

| | |
|---|---|
| Silice | 30,55 |
| Alumine | 19,55 |
| Carbonate de chaux | 24,60 |
| Silex grossier | 17,65 |
| Sable siliceux | 5,65 |
| Sable calcaire | 2 |
| | 100,00 |

Il est facile à concevoir que le silex et les sables, qui se trouvent à peu près pour un quart dans ce mélange, ne sont utiles que pour rendre la terre plus poreuse.

Ceci démontre clairement que les terres les plus utiles à la végétation, sont : l'alumine, la silice et le carbonate de chaux. Nous en trouvons les raisons dans l'analyse de diverses plantes cultivées, faite par Bergmann et Ruckert :

Cendres de blé,

| | |
|---|---|
| Silice | 48 |
| Chaux | 37 |
| Alumine | 15 |
| | 100 |

Cendres de seigle,

| | |
|---|---|
| Silice | 63 |
| Chaux | 21 |
| Alumine | 16 |
| | 100 |

Cendres d'orge,

| | |
|---|---|
| Silice | 69 |
| Chaux | 16 |
| Alumine | 15 |
| | 100 |

Cendres d'avoine,

| | |
|---|---|
| Silice | 68 |
| Chaux | 26 |
| Alumine | 6 |
| | 100 |

Cendres de pommes de terre,

| | |
|---|---|
| Silice | 4 |
| Chaux | 66 |
| Alumine | 30 |
| | 100 |

Cendres de trèfle rouge,

| | |
|---|---|
| Silice | 37 |
| Chaux | 33 |
| Alumine | 30 |
| | 100 |

Généralement, toutes les terres dont la composition s'éloigne de celles dont nous venons de donner l'analyse, deviennent de moins en moins fertiles. Chaptal s'en est assuré en analysant le sol de trois champs glaiseux, situés sur un plateau formé presqu'en totalité de marne argileuse, et qui étaient peu fertiles. Il a trouvé dans le premier :

| | |
|---|---|
| Silex en grains | 17 |
| Alumine | 47 |
| Silice | 21 |
| Carbonate de chaux | 10 |
| Carbonate de magnésie | 3 |
| Oxide de fer | 2 |

La seconde :

| | |
|---|---|
| Silex en grains | 22 |
| Alumine | 45 |
| Silice | 15 |
| Carbonate de chaux | 11 |
| Carbonate de magnésie | 4 |
| Oxide de fer | 3 |

La troisième :

| | |
|---|---|
| Silex en grains | 19 |
| Alumine | 40 |
| Silice | 24 |
| Carbonate de chaux | 9 |
| Carbonate de magnésie | 5 |
| Oxide de fer | 3 |

On voit que ces terres ont perdu de leur fertilité en raison du carbonate de magnésie et de l'oxide de fer qui entrent dans leur composition.

De tout ce que nous venons de voir, nous ne tirerons pas une conséquence absolue comme M. le comte Chaptal; nous ne dirons pas que les terres doivent absolument être composées d'alumine, de silice et de carbonate de chaux pour être fertiles; mais nous dirons que celles-ci le sont pour le plus grand nombre des végétaux généralement cultivés à la charrue, c'est-à-dire appartenant spécialement à la grande culture. En voici les raisons :

Toutes les plantes ne donnent pas à l'analyse, en matières minérales, seulement de la silice, de l'alumine et de la chaux; que le lecteur jette les yeux sur le tableau que j'ai donné, page 28, et il verra qu'elles offrent encore pour principes immédiats de la potasse, des oxides de fer et de manganèse, du soufre, du sous-carbonate de magnésie, de la soude, etc. Or, ces principes ne sont pas chez elles des formations spontanées, il faut nécessairement qu'elles les tirent du sol; il en résulte que le meilleur terrain, pour chaque végétal, sera celui dans lequel se trouveront en combinaison les principes immédiats qui entrent dans la composition générale de son organisation. Citons quelques exemples, afin de nous faire parfaitement comprendre.

Les arbres les plus communs, dans les environs de Paris, donnent pour dernière analyse par l'incinération, terme moyen,

| | |
|---|---|
| Alumine | 39 |
| Silice | 31 |
| Chaux | 30 |
| | 100 |

Un peu plus ou un peu moins d'alumine, selon les espèces (les arbres de la famille des légumineuses sont ceux qui m'en ont offert en plus grande quantité); mais cet oxide m'a paru l'emporter toujours sur les autres. Une analyse de terrain faite par M. Payen, à Clamart, lui a donné pour résultat :

| | |
|---|---|
| Argile sableuse | 57 |
| Argile fine | 33 |

| | |
|---|---|
| Sables siliceux et fragmens de quartz.... | 7,4 |
| Carbonate de chaux en petites pierrailles. | 1 |
| Carbonate de chaux en poussière fine.... | 0,6 |
| Débris ligneux.................... | 0,5 |
| Humus et substances solubles dans l'eau froide.................... | 0,5 |
| | 100,0 |

Une autre analyse faite à Wissous, la terre ayant été prise au bois Charlet, a donné :

| | |
|---|---|
| Alumine.................... | 41 |
| Carbonate de chaux.............. | 15 |
| Silice.................... | 21 |
| Sable siliceux.................. | 12 |
| Oxide de fer.................. | 3 |
| Fibres végétales.............. | 6 |
| Perte.................... | 2 |
| | 100 |

Il est fort remarquable que ces terrains sont les plus propres à la végétation des arbres dont j'ai parlé, et que l'alumine domine dans les uns comme dans les autres.

On cultive dans nos jardins une foule de plantes alpines et de liliacées, qui, par l'incinération, donnent, en dernier résultat, une grande quantité de silice et fort peu d'alumine. Ces plantes ne réussissent que dans la terre de bruyère, dont voici trois analyses. La première que l'on prend à Meudon, et qui passe pour la meilleure, a offert à M. Payen :

| | |
|---|---|
| Sable siliceux analogue au grès.... | 62 |
| Racines et débris végétaux....... | 20 |
| Terreau et végétaux consommés... | 16 |
| Carbonate de chaux.............. | 0,8 |
| Matière soluble à l'eau froide.... | 1,2 |
| | 100,0 |

Analyse d'une terre de bruyère noire ou substantielle :

| | |
|---|---|
| Sable siliceux.............. | 39,35 |
| Humus végétal.............. | 47,55 |
| Alumine.................. | 7,10 |
| Chaux carbonatée............ | 6,00 |
| | 100,00 |

Analyse d'une terre de bruyère grise ou maigre :

| | |
|---|---|
| Sable siliceux | 50,55 |
| Humus végétal | 36,20 |
| Alumine | 9,00 |
| Chaux carbonatée | 4,25 |
| | 100,00 |

Tout le monde sait que la soude forme un des principes immédiats les plus abondans des varecs; aussi ces plantes ne croissent-elles que sur les bords de la mer. Voici l'analyse d'une plage des environs de Honfleur, où l'on en recueille beaucoup pour servir d'engrais :

| | |
|---|---|
| Protoxide de sodium | 13 |
| Hydrochlorate de soude | 18 |
| Craie | 36 |
| Sable calcaire | 10 |
| Alumine | 15 |
| Sable siliceux | 8 |
| | 100 |

Il résulte de tout ceci la preuve de ce que l'expérience et l'observation avaient déjà enseigné à un grand nombre de cultivateurs, c'est que tel terrain peut être très fertile si on y cultive de certains végétaux, tandis que d'autres plantes refuseront absolument d'y croître : d'où l'on peut conclure que chaque plante tire de la terre des sucs nutritifs particuliers, et assimilés à la nature de son espèce; ce que l'expérience nous avait déjà démontré, car c'est sur ce phénomène qu'est basé le système des assolemens. Il en résulte encore une chose assez désagréable, c'est que l'on agira toujours en aveugle tant que l'on semera dans un champ que l'on n'aura pas analysé, une plante dont on ne connaîtra pas les principes immédiats.

Jusqu'à ce que la chimie, appliquée à l'agriculture, ait fait les immenses progrès qui seraient indispensables pour atteindre le but que je viens de montrer, il faut généraliser et poser en principes les règles qui nous paraissent avoir le moins d'exceptions; et nous en reviendrons à dire, comme Chaptal, que les terres les plus fertiles sont généralement celles où domine l'alumine, la silice et le carbonate de chaux, abstraction faite des humus végétaux et animaux.

Les humus minéraux, mélangés les uns avec les autres, forment, comme je l'ai dit, des terres plus ou moins fertiles, et prennent différens noms selon qu'un d'eux domine dans le mélange.

La *terre franche* est celle qui est composée de silice, d'alumine et de chaux carbonatée, dans les proportions des sept premières analyses de ce chapitre. Elle est ordinairement assez compacte, aussi a-t-elle besoin d'être divisée au moyen du sable, surtout pour être appropriée à la petite culture.

On la dit *pierreuse*, *rocailleuse*, lorsqu'il s'y trouve une grande quantité de silex grossier, ou autres débris de roches en assez gros fragmens.

Elle est *sablonneuse* quand c'est le sable qui domine. Mais cette épithète peut convenir à tous les mélanges. Si les terres pierreuses conviennent à la grande culture, les sablonneuses valent infiniment mieux pour les jardins. La *terre franche* est ordinairement le détritus des montagnes dont la base est le feld-spath, à moins que des pentes opposées aient amené dans le même bassin les décompositions de plusieurs roches, qui, réunies, offrent les mêmes principes élémentaires.

Un sol *granitique* est composé de mica et de quartz, mélangés en assez grande quantité avec le feld-spath. Le premier fournit de la magnésie à la terre, le second y ajoute de la silice. Le sol en devient plus léger, graveleux et un peu moins fertile.

Les terres *quartzeuses* et *sablonneuses* sont celles qui contiennent beaucoup de silice, peu d'alumine, et une grande quantité de sable; elles doivent leur origine au quartz. Elles sont assez fertiles quand elles reposent sur un fond compacte qui retient long-temps l'humidité, ou dans les climats pluvieux; car elles ont pour défaut essentiel de beaucoup craindre la sécheresse.

Les terres *micacées* sont composées d'alumine et de magnésie. Elles sont assez rares en France, si ce n'est dans les montagnes qui séparent la Loire de la Saône, sous le 44e degré de latitude. On les reconnaît aisément, parce que les ruisseaux, qui les traversent, roulent presque toujours des fragmens de roche, ressemblant à des paillettes d'or et d'argent. Elles sont fortes, compactes, retiennent l'humidité, et ont peu de fertilité.

Les *terres calcaires* doivent leur origine à la chaux. Elles sont ordinairement stériles quand elles sont pures, comme, par exemple, la craie, le plâtre, la sélénite, le tuf, etc. Mélangées avec la silice et l'alumine, elles forment le meilleur sol, comme nous l'avons dit; on les rencontre parfois sous la forme d'un sable calcaire mélangé à une petite quantité de carbonate de chaux. Dans ce cas, cette terre est légère, poreuse, propre à la culture, quand elle repose sur un fond compacte capable de retenir les eaux, ou dans les climats pluvieux peu exposés à de longues sécheresses.

Les terres *schisteuses* sont peu fertiles, quand elles ne se trouvent pas en mélange. Elles sont composées d'alumine, de silice et d'un oxide métallique; elles sont fournies par le schiste.

La terre *argileuse* ou *forte* a pour base l'alumine. Mélangée avec la silice, elle devient moins compacte, elle durcit moins à l'air, retient moins l'humidité, et acquiert un certain degré de fertilité. Selon ses combinaisons, on la nomme *glaise*, *ocre*, *terre sigillée*, etc.

La *marne*, prise dans l'acception que lui donnent les cultivateurs, est un mélange d'alumine, de chaux carbonatée et d'une très petite quantité de silice. Elle peut être crayeuse ou argileuse, selon qu'elle contient plus de chaux ou d'alumine. Dans le premier cas, elle est encore nommée *marne calcaire* ou *maigre*; dans le second, *marne grasse*. Seule, elle est stérile, mais elle a la propriété d'augmenter beaucoup la fertilité des autres terres avec lesquelles on la mélange. On s'en sert comme d'engrais.

La terre *siliceuse* est celle dont la silice forme la base. Elle est pulvérulente, légère, très divisible, et, par cette raison, craint beaucoup la sécheresse. Les agriculteurs la rangent dans la classe des terres légères.

Le *cran* est une terre dans laquelle domine la magnésie et l'oxide de fer. Elle est absolument stérile, et les cultivateurs la rangent dans la classe des tufs, parce qu'en effet le plus ordinairement elle en forme des lits placés plus ou moins profondément sous une couche de terre végétale.

Mais le plus souvent la fertilité ou la stérilité des terres, dont nous venons de parler, varie infiniment par des causes purement de localité. Selon qu'elles sont plus ou moins compactes, elles retiennent plus ou moins l'humidité, ce qui fait que dans la même espèce elles varient selon que leur culture se fait dans un pays sec ou humide, sous un climat serein ou pluvieux, selon que leurs couches sont posées sur des lits perméables ou imperméables à l'eau. Celles qui sont fortes, à base alumineuse, retiennent le plus long-temps l'humidité; aussi seront-elles fertiles dans les climats secs; mais pour l'être dans ceux qui sont humides, il est nécessaire qu'elles reposent sur un lit de sable qui permette aux eaux un libre écoulement. Ce sera le contraire pour les terres dont la base sera fournie par la silice et la chaux carbonatée. C'est à cause des accidens combinés avec une exposition plus ou moins favorable, que l'on a dû naturellement diviser les terres en *chaudes* et *froides*.

Les terres seront froides par une ou plusieurs de ces causes: 1°. lorsqu'elles seront tournées à l'exposition du nord; 2°. lorsqu'elles seront composées d'alumine en trop grande proportion, ce qui les rend compactes, fortes, et leur empêche de laisser évaporer l'humidité surabondante; 3°. lorsque le lit sur lequel elles reposeront sera formé d'argile, et ne permettra pas l'infiltration des eaux; 4°. quand la couche qu'elles forment se trouvera trop près de la couche des eaux; 5°. quand des sources, des ruisseaux ou autres eaux y séjourneront, les tiendront constamment boueuses, marécageuses; 6°. quand leurs élémens seront peu nombreux pour former sans cesse de nouvelles combinaisons, et dégager du calorique par la fermentation; 7°. enfin, quand des oxides métalliques y sont en trop grande quantité, comme, par exemple, dans la tourbe. Les cultivateurs confondent assez généralement ces deux dernières terres froides avec les terres maigres.

On appelle *terres chaudes* celles qui ont les qualités contraires; ainsi elles le sont, 1°. à l'exposition du midi, et abritées des vents du nord; 2°. lorsqu'elles sont légères, poreuses, laissant facilement évaporer l'humidité, et pénétrer la chaleur atmosphérique à une assez grande profondeur; 3°. quand elles reposent sur un lit sec, perméable; 4°. quand leur couche est assez éloignée de celle des eau pour n'en recevoir aucune influence; 5°. quand le sol n sera abreuvé que par la petite quantité d'eau nécessaire à l'entretien de la fermentation; 6°. quand cette fermentation sera continuellement alimentée par un grand nombre de principes élémentaires; 7°. enfin, quand ces élémens seront de nature à se combiner aisément.

Il paraît, d'après les expériences de Davy, que la couleur des terres influe beaucoup sur leur température. Ce chimiste a observé « qu'un terreau noir, dit Chaptal, qui contenait près d'un quart de matières végétales, exposé au soleil, avait acquis en une heure une élévation de température, qui, de 12°, avait porté le thermomètre à 31°; tandis que, dans les mêmes circonstances, un sol à base de craie n'avait pris que 2°. Le terreau étant reporté à l'ombre à la température de 16°,6, le thermomètre descendit de 8°,3 en une demi-heure, et la craie perdit, dans le même temps, à la même exposition, 2°,2. » On conçoit très bien que le noir ayant la faculté d'absorber un beaucoup plus grand nombre de faisceaux lumineux que le blanc, doit aussi absorber plus de calorique; mais aussi, comme il laisse beaucoup plus promptement évaporer ce calorique, il n'est rien moins que prouvé qu'une terre noire soit plus chaude qu'une blanche, si l'on établit une compensation, comme on doit le faire.

Les terres sont d'autant plus fertiles qu'elles sont plus composées, et cela par une raison extrêmement facile à concevoir. Les plantes ne peuvent tirer du sein de la terre, au moyen de leurs racines, que des substances liquides, et, par conséquent, solubles dans l'eau. Comme la plupart des terres que nous avons analysées ne le sont que très peu, et quelques unes pas du tout, elles deviendraient inutiles à la végétation si, par la loi des affinités chimiques, elles ne pouvaient se combiner avec des corps ayant la propriété de les amener à l'état liquide. La silice, par exemple, ne se dissout que dans l'acide fluorique et un peu dans les alcalis. Comme on l'a vu, elle forme la base du quartz, des silex, du cristal, et elle entre pour beaucoup dans la composition des bonnes terres arables. Supposons que nous remplissions un vase de quartz pulvérisé, et que nous y plantions un végétal. Il est certain qu'il n'en tirera aucune nourriture, car l'eau, avec laquelle on l'arrosera, n'a pas la faculté de dissoudre le quartz, et de le mettre à l'état de particules terreuses. Mais, si je mélange à ce sable du spath-fluor, du soufre et un alcali, il se fera, quoique lentement, un dégagement de gaz acide fluorique, le sable siliceux se décomposera, se combinera d'une autre manière, deviendra soluble dans l'eau; le végétal pourra alors s'en emparer. C'est ainsi que chaque substance, obéissant à la loi des affinités, se combinera avec d'autres substances qu'elle rendra solubles dans l'eau en le devenant elle-même; or, plus il y aura de substances différentes, plus il y aura d'affinités, de combinaisons et de matières rendues solubles. C'est sur ce principe que l'on doit établir la théorie des *composts*, ou terres composées artificiellement. Il est certain que l'on obtiendra le plus haut point de fertilité en mêlant ensemble celles dont les molécules élémentaires ont le plus d'affinités entre elles.

Nous terminerons l'histoire des humus minéraux par une classification dans laquelle se trouvent résumées leurs différentes qualités.

## A. Terres fortes et humides, ordinairement froides.

1. *Peu fertiles, à base de*

| | TERRES. |
|---|---|
| Alumine et magnésie............. | *Micacée.* |
| Alumine presque pure............ | *Argile.* |
| | — *Glaise.* |
| | — *Ocre.* |
| | — *Sigillée.* |
| Chaux carbonatée ............... | *Calcaire.* |
| | — *Craie.* |
| | — *Tuf.* |

2. *Stériles, à base de*

| | |
|---|---|
| Magnésie et oxide de fer.......... | *Cran.* |
| Alumine et beaucoup de chaux carbonatée ..................... | *Marne.* |
| | — *argileuse.* |
| | — *grasse.* |

## B. Terres médiocrement fortes et humides.

* *Peu fertiles.*

| | |
|---|---|
| A base de silice, d'alumine et d'oxide métallique.................. | *Schisteuse.* |

*** Très fertiles.*

| | |
|---|---|
| A base de silice, d'alumine et de chaux carbonatée.......................... | *Franche.* |

## C. Terres légères et sèches, ordinairement chaudes.

*§ Stériles ; à base de*

| | |
|---|---|
| Chaux sulfatée........................ | *Gypseuse.* |
| | *Séléniteuse.* |
| Chaux carbonatée et un peu d'alumine. | *Marne.* |
| | *— calcaire.* |
| | *— crayeuse.* |
| | *— maigre.* |

*§§ Assez fertiles ; à base de*

| | |
|---|---|
| Silice et un peu de carbonate de chaux. | *Siliceuse.* |
| Beaucoup de silice, alumine, chaux carbonatée, un peu de magnésie.. | *Granitique.* |
| | *Graveleuse.* |
| Beaucoup de silice et de sable de quartz, un peu d'alumine...................... | *Sablonneuse.* |
| | *Quartzeuse.* |
| Sable de chaux carbonatée, chaux carbonatée ; très peu de silice....... | *Sablonneuse calcaire.* |

### *Des humus végétaux.*

Nous avons vu comment l'air, l'eau et les autres météores atmosphériques donnent naissance aux humus minéraux, en décomposant journellement la surface des roches. Lorsque cette surface est en efflorescence, les parties terreuses qui la couvrent, quelque légères qu'elles soient, jouissent de la faculté de retenir un peu d'humidité. Les vents y apportent les graines microscopiques des lichens ; ils y croissent, s'en emparent, s'y multiplient rapidement ; et à mesure qu'il en meurt, ils se décomposent et forment une couche de terreau. Quand celle-ci est assez épaisse, des mousses et les fougères y abondent, et, par leurs détritus, augmentent plus rapidement son épaisseur. Bientôt des arbustes trouvent à y étendre leurs racines. Chaque année, leurs feuilles en tombant, les racines et les tiges qui meurent et pourrissent, ajoutent à la masse du terreau, jusqu'à ce qu'enfin elle soit assez considérable pour que des arbres viennent à leur tour les remplacer. Voilà, en assez peu d'années, une terre végétale déjà susceptible d'être mise en culture. Les terres de bruyères, que l'on a tant employées depuis une vingtaine d'années, mais dont on commence à reconnaître l'abus dans un grand nombre de cas, n'ont pas d'autre origine.

Les racines des plantes, en se cramponnant sans cesse dans les plus petites fissures des roches, aidées par une humidité permanente, par la combinaison des sels du terreau avec les principes élémentaires de la roche, la dissolvent peu à peu; la poussière amenée par les vents, enfin les principes minéraux des plantes décomposées, toutes ces raisons font que le terreau végétal offre toujours dans son analyse quelques portions d'humus minéral, telles que de l'alumine, de la silice et du carbonate de chaux. Il contient, en outre, et en abondance, des sels particuliers résultant des principes immédiats qui entraient dans la composition des plantes qui l'ont fourni. La fermentation presque continuelle de ces substances dégage une assez grande quantité de gaz acide carbonique.

L'humus végétal est fertile sans aucune matière minérale. Comme les débris des végétaux se décomposent très lentement, qu'ils sont long-temps en fermentation, ils dégagent des gaz pendant une longue durée, et fournissent, par conséquent, une nourriture abondante pendant tout le temps que dure la décomposition. Cela vient de ce que, tant que la décomposition n'est pas complète, c'est-à-dire tant qu'il reste quelques principes organiques qui ne sont pas retournés à leur état primitif, ou, si l'on veut, qui ne sont pas complétement retournés à leur état terreux, il y a de nouvelles combinaisons avec les gaz atmosphériques, avec les élémens qui composent le sol, et augmentation de molécules solubles dans l'eau.

Les humus végétaux sont très fertiles tant qu'ils n'ont pas atteint leur dernier degré de décomposition; mais, lorsqu'ils y sont parvenus, ils perdent cette grande fertilité, et si on ne les ranime pas au moyen des engrais, ils finissent par devenir tout-à-fait stériles. C'est ce qui arrive aux terres de jardins que l'on dit *usées*. Ceux obtenus artificiellement, tels que le terreau de feuilles, de paille, etc., agissent de la même manière sur la végétation, et offrent les mêmes principes élémentaires. S'ils contiennent quelques matières animales ; telles que l'urine ou les déjections des animaux, les cornes, les poils, etc., ils offrent de plus à la nutrition des plantes leurs sels particuliers, et ont plus d'énergie parce qu'ils augmentent la fermentation, hâtent la décomposition et dégagent plus de gaz acide carbonique. Mais aussi les mêmes raisons font qu'ils parviennent plutôt au dernier degré de décomposition, et qu'ils conservent moins longtemps leur fertilité.

Les humus végétaux, comme les humus animaux, lorsqu'ils sont parvenus à un état de décomposition qui les rend mixtes entre les terres pures et les engrais, prennent spécialement le nom de *terreaux :* ils forment une terre extrêmement légère, poreuse, qui laisse facilement évaporer l'humidité, et qui ne permet pas aux racines ligneuses des plantes robustes de s'y implanter solidement. Cependant, ils peuvent fournir seuls, sans mélanges, à la végétation, puisqu'ils renferment à la fois les élémens des humus minéraux et des engrais. Ordinairement on les mélange avec de la terre franche pour leur donner du corps.

La nature de l'humus végétal varie suivant la nature des plantes qui l'ont fourni, et suivant qu'il contient plus ou moins de matières animales. En général, il se compose de carbone dans le plus grand état de division, de l'ulmine, du carbonate et du phosphate de chaux, de la silice, de la magnésie, de l'alumine, du fer, du manganèse, etc. Le terreau animal, outre la plupart de ces principes, contient des sels alcalins et ammoniacaux. Le terreau sec et pur est semblable à une terre brunâtre; il brûle facilement en produisant l'odeur végétale ou animale.

Nous ne traiterons en particulier des humus animaux, qu'au chapitre des engrais.

### *Des composts ou terres composées.*

Comme toutes les terres ne sont pas également fertiles, que tous les végétaux ne veulent pas la même qualité de terre, les cultivateurs, surtout en horticulture, ont dû faire des mélanges, et les varier de manière à donner à chaque plante la terre qui lui est le mieux appropriée. Ces mélanges offrent un grand nombre de variétés de composts, que nous pouvons réduire à sept principaux.

1°. La *terre franche.* Nous avons déjà indiqué sa composition, page 248. Ordinairement on l'emploie pour faire des mélanges, telle qu'on la trouve dans les prés de bon fond; mais, s'il arrivait qu'on n'en eût pas à sa portée, on tâcherait d'en approprier une aux mêmes usages. Par exemple, si une terre était trop forte, on y mélangerait du sable pour l'alléger. Si, au contraire, elle était trop légère, on y ajouterait une quantité suffisante d'argile pour lui donner de la consistance. Autant qu'on le pourrait, on approcherait des proportions que nous avons indiquées. Si la terre manque de principes calcaires, on y supplée par de la marne; seulement on a la précaution de choisir de la marne argileuse pour les terres franches légères, et de la marne crayeuse pour celles qui sont fortes et compactes. Quand on veut composer une terre franche pour les végétaux que l'on cultive en pots ou en caisses, on prend trois parties de terre forte que l'on mélange à une quatrième de terreau de couches; on met le tout en tas à l'automne, on remue plusieurs fois pendant l'hiver, et l'on peut s'en servir au printemps. Cette composition convient parfaitement à tous les végétaux vigoureux, dont des racines fortes et ligneuses aiment à percer, et s'étendre dans les terres qui ont de la consistance.

2°. La *terre franche légère* a pour base un sable siliceux ou calcaire, mélangé à une certaine quantité d'humus végétal, ce qui lui donne une assez grande porosité. Pour la composer, voici comment on opère. On mêle moitié de terre franche, un quart de terreau et un quart de terre de bruyère, ou, à défaut, du terreau de feuilles et de la terre légère de jardin. Quelquefois les quantités que nous indiquons ici varient, selon que la terre franche a plus ou moins de corps. On met le mélange en tas et on le remue souvent, mais il n'acquiert toutes ses qualités qu'après un an de fermentation. Ce compost convient à la plus grande partie des plantes, c'est-à-dire à celles qui ne sont ni trop robustes ni trop délicates.

3°. La *terre légère* convient mieux aux végétaux délicats. Elle doit être plus poreuse que la précédente, afin de laisser aisément pénétrer jusque sur leurs racines les influences atmosphériques. On la compose de diverses manières : 1°. un quart de terre franche, un quart de terre de bruyère, un quart de terreau de vieilles couches et un quart de terreau de feuilles; 2°. ou bien encore, un tiers de terre franche légère, un tiers de terreau de couches et un tiers de terreau de feuilles.

4°. *Terre de bruyère artificielle.* Deux parties de terreau de feuilles très consommé; une partie de terre franche légère; une partie de sable de rivière très fin et très pur. Nous ferons remarquer en passant que l'on a beaucoup trop abusé, en horticulture, de la véritable terre de bruyère. Etant la plus légère de toutes les terres naturelles, les plantes à racines fibreuses et délicates y réussissent très bien, mais dans leur jeunesse seulement. Si on en excepte quelques genres des Alpes, du cap de Bonne-Espérance, de la Nouvelle-Hollande et de l'Amérique septentrionale, qui aiment une fraîcheur et une humidité soutenues, les autres y prospèrent pendant leur premier âge, mais ensuite ils n'y trouvent plus assez de sucs nutritifs, ils languissent et finissent par tomber dans le rachitisme, si on s'obstine à les y laisser.

5°. La *terre sablonneuse* se compose, pour la culture, des plantes qui se plaisent dans le sable, particulièrement sur les plages des bords de la mer et des grands fleuves. C'est un mélange de moitié terreau de feuilles et moitié sable fin.

6°. La *terre à jacinthes*, dans laquelle on cultive toutes les plantes bulbeuses et les ognons à fleurs, se compose de moitié terre de bruyère, un quart de sable pur et fin, un quart de terreau de vache très consommé et sans litière. Dans tout autre compost, les jacinthes dégénèrent très promptement. On doit soigneusement éloigner de cette composition tous les engrais frais, susceptibles d'une fermentation putride, si l'on ne veut y voir pourrir les ognons.

7°. *Terre à orangers.* Elle doit réunir deux conditions essentielles. D'abord il faut qu'elle soit forte, afin que les racines puissent s'y implanter solidement, et cependant assez poreuse pour que l'eau des arrosemens puisse la pénétrer. Outre cela, il faut qu'elle contienne beaucoup de sucs nutritifs, et qu'elle soit continuellement dans un léger degré de fermentation. On la compose ainsi : moitié de terre franche naturelle; moitié de terreau de vache peu consommé. On mêle et on laisse en tas pendant un an, avec la précaution de le remuer deux ou trois fois. L'année suivante, on y ajoute une quantité égale de fumier de cheval que l'on y mélange le mieux possible ; on le laisse se consommer ainsi pendant un an ; puis, un an avant de s'en servir, on y mêle encore un douzième de crottin de mouton, un vingtième de colombine et un quarantième de poudrette.

Cependant, si l'on trouvait cette terre trop difficile ou trop longue à préparer, on pourrait, quoique avec moins d'avantages, la remplacer par celle-ci : moitié de terre franche, un sixième de fumier de cheval, autant de fumier de mouton, et autant de fumier de vache que l'on peut remplacer par du marc de raisin quand on habite un pays de vignobles. On mélange parfaitement le tout, et on le remue plusieurs fois jusqu'au moment de s'en servir, ce qui arrive au bout de deux ans. Ces deux composts ne sont pas seulement convenables aux orangers, mais encore à une grande partie des arbrisseaux et arbres que nous sommes obligés d'élever en caisse, afin de pouvoir les serrer et les soustraire à l'inclémence de nos hivers.

### *Des engrais.*

On nomme *engrais* toute matière qui, mélangée avec le sol, a la propriété d'augmenter la végétation, soit en agissant sur les terres d'une manière chimique, soit en fournissant ses propres sels à la nutrition. Les engrais se divisent naturellement en quatre sections : 1°. ceux qui sont tirés du règne minéral ; 2°. du règne végétal ; 3°. du règne animal ; 4°. et les engrais mixtes, c'est-à-dire composés de détritus minéraux, végétaux et animaux. Voici le tableau des principales espèces :

*Engrais minéraux.*

| | |
|---|---|
| Marnes........................... | *Marne crayeuse.* |
| | *— argileuse.* |
| Terres........................... | *Argile.* |
| | *Sable.* |
| Sels........................... | *Chaux.* |
| | *Plâtre.* |
| | *Sel marin.* |

*Engrais végétaux.*

| | |
|---|---|
| A l'état brûlé........................... | *Cendre.* |
| | *Tourbe.* |
| | *Suie.* |

| | |
|---|---|
| En fermentation.................... | *Plantes et feuilles.* |
| | *Marcs.* |
| | *Tannée.* |
| *Engrais animaux.* | |
| Sécrétions.......................... | *Urine.* |
| | *Poudrette.* |
| | *Colombine.* |
| Résidus.............................. | *Os.* |
| | *Chair.* |
| | *Corne, poils, plumes, laine, cuir, etc., poissons.* |
| *Engrais mixtes.* | |
| Mélange de détritus animaux et végétaux. | *Fumier.* |
| Mélange de détritus animaux et minéraux. | *Urate.* |
| Mélange de détritus végétaux et minéraux. | *Vase.* |
| Mélange de détritus animaux, végétaux et minéraux.......................... | *Boues de rue.* |

Les engrais minéraux agissent sur la végétation, 1°. en divisant la terre et la rendant plus légère lorsqu'elle est trop forte, ou en la rendant plus compacte lorsqu'elle n'a pas assez de corps; 2°. en formant avec les principes du sol des combinaisons nouvelles et solubles dans l'eau, et en fournissant à la végétation leurs propres sels.

La *marne*, dont nous avons déjà parlé, convient particulièrement aux terres froides, légères ou sablonneuses, en les excitant à la fermentation; on emploie, dans ce cas, la marne argileuse. Dans les terres franches et fortes, on doit employer la marne crayeuse, afin de donner de la porosité à la terre. Elle fournit à la végétation de l'acide carbonique et de la chaux.

On trouve la marne dans la terre, à une plus ou moins grande profondeur, en couches plus ou moins épaisses. Après l'en avoir tirée, au moyen des fouilles, on la laisse exposée en tas et à l'air pendant sept à huit mois, puis on l'étend ensuite sur le terrain à fertiliser, et on donne le premier labour. Quelques personnes l'étendent de suite sur leurs terres, et l'y laissent tomber en efflorescence pendant le même espace de temps avant de l'enterrer. Cette méthode me paraît d'autant meilleure qu'elle empêche la perte d'une bonne quantité de sels. Dans les terrains humides et gras, la meilleure saison pour marner est l'été; mais, dans ceux qui n'offrent pas cet inconvénient, il est à peu près indifférent de la répandre en toute saison, même pendant l'hiver. La marne a été un engrais tour à tour vanté et décrié outre-mesure. Ses détracteurs ont prétendu qu'elle enrichissait le père et ruinait ses enfans, parce que, disaient-ils, à la longue elle formait une couche stérile à peu de profondeur, couche imperméable ayant toutes les mauvaises qualités d'un tuf. Ceci peut être vrai si l'on emploie, et en trop grande quantité, de la marne argileuse dans les terrains humides où l'alumine domine déjà; mais, dans toute autre circonstance, je crois que l'on a beaucoup exagéré ses inconvéniens. Comme tous les engrais minéraux, elle a de la propension à s'enfoncer; aussi ne doit-on l'enterrer que le moins possible. Il serait difficile d'indiquer la quantité nécessaire à chaque sol, parce que cette quantité doit varier en raison de la nature du terrain; mais, en principe général, il ne faut pas en abuser, et il vaut toujours mieux en employer moins que trop.

L'*argile* est excellente dans les terres légères, où la silice et la chaux dominent. Elle ne demande aucune préparation dans son emploi. On l'étend sur les terrains, et on la divise le mieux possible, puis on l'incorpore au sol par le moyen de plusieurs labours. Elle agit en fournissant de nouvelles combinaisons chimiques, en donnant plus de consistance à la terre, et lui donnant la faculté de retenir plus long-temps l'humidité nécessaire à la végétation, enfin en fournissant aux plantes un de leurs principes immédiats les plus abondans, de l'alumine.

Le *sable* n'est guère employé que pour donner de la légèreté aux terres trop compactes. Néanmoins, il se décompose à la longue et fournit aussi à la végétation; pour cette raison son choix ne devrait pas être indifférent dans l'emploi. Dans les terres alumineuses, il conviendrait d'employer le sable calcaire; et dans les terres marneuses ou crayeuses, le sable siliceux conviendrait mieux. Néanmoins, quel qu'il soit, il remplit toujours très bien son objet principal, celui de rendre le sol plus poreux.

La *chaux* convient parfaitement dans les terrains froids, humides, où la fermentation a peu d'activité. Comme la marne, elle fournit à la végétation de l'acide carbonique et des sels. Néanmoins il paraît qu'elle agit plus en décomposant dans la terre les parties animales et végétales, que par ses propres principes. De cette manière elle rend solubles dans l'eau, et propres à être absorbées par les racines des plantes, des matières qui ne l'eussent été qu'après plusieurs années de fermentation. Elle doit être employée de préférence dans les sols alumineux et siliceux, qui manquent de principes calcaires. On s'en sert cuite et en efflorescence. En sortant du fourneau on la transporte sur les terres, où on la laisse pendant plus ou moins de temps exposée, en petits tas, aux influences de l'air et des météores. Lorsqu'elle est tombée en efflorescence on l'étend sur la surface du sol, et on l'enterre légèrement par un labour.

Le *plâtre* offre à peu près les mêmes privilèges que la chaux, et il contient en outre une légère quantité d'acide sulfurique. Il décompose moins rapidement les détritus animaux et végétaux; mais il fournit plus de ses propres principes à la végétation. Il convient plus particulièrement aux plantes de la famille des légumineuses. On l'emploie ordinairement cuit, rarement cru, réduit en poussière que l'on répand sur la surface du sol. Il se jette à la main sur les semis lorsque les plantes ont atteint un certain développement. Très rarement on le répand avant de labourer; et comme on laisse à la pluie le soin de l'enterrer, il convient de le semer par un ciel couvert et pluvieux, afin d'ôter aux vents le temps de le disséminer. Ses bons effets se font particulièrement remarquer dans les terrains froids, à base alumineuse.

Le *sel marin* ou *commun* agit sur la végétation en fournissant aux plantes de l'acide hydrochlorique, et en disposant la terre à la fermentation. Il est remarquable que cette substance a la singulière propriété de hâter la décomposition des matières qui en contiennent en petite partie, et de l'arrêter lorsqu'elles en sont saturées. On a reconnu par expérience que celui qui a été obtenu par l'évaporation des eaux de la mer agit avec plus d'énergie, comme engrais, que celui des mines ou des fontaines salées. On l'emploie en petite quantité, soit en le mêlant aux eaux des arrosemens, soit en le semant sur le terrain comme le plâtre, et sans l'enterrer.

Les *cendres* de végétaux, particulièrement celles du bois, fournissent aux plantes plusieurs sels très utiles à la végétation, comme, par exemple, du sulfate et de l'hydrochlorate de potasse, du sulfate et du phosphate de chaux, etc. Elles ont encore un avantage, celui de diviser la terre et de la rendre plus légère. On les étend à la surface du sol comme le plâtre, et on ne les enterre pas, ou seulement très légèrement, surtout quand elles n'ont pas été lessivées. Celles qui sortent des blanchisseries, et qui ont déjà servi à faire la lessive, ont perdu une grande partie de leurs sels, néanmoins elles fournissent encore un assez bon engrais.

Dans beaucoup de pays on obtient des cendres par l'écobuage. Voici comment on agit. On amasse les gazons, les bruyères et autres plantes, pour les réduire en cendres et brûler la terre dans laquelle ils végètent. On les enlève en espèce de galette avec un pouce ou deux de terre; on les retourne les racines en l'air, et on les laisse ainsi sécher pendant quelques jours; on les réunit ensuite en petits tas ayant la forme de dômes ou de cônes, avec un espace vide dans le milieu et un très petit soupirail dans le haut. On place quelques brins de bois sec dans le vide intérieur, et on y met le feu. Lorsque le dôme est assez échauffé pour qu'on soit sûr que les racines brûleront, on bouche le soupirail, et on laisse aller le feu jusqu'à ce qu'il s'éteigne naturellement, ce qui n'arrive guère qu'au bout de deux à trois jours. On étend sur le terrain la terre brûlée et les cendres, et l'on donne un léger labour.

La *tourbe* est un terreau résultant des détritus des plantes aquatiques, affectant la couleur noire ou brune, déposé en couches plus ou moins épaisses dans le fond des marais, exploité dans quelques pays pour fournir au peuple un combustible à bon marché. Sa base est le carbone, comme celle de tous les humus végétaux et animaux. Ordinairement elle contient une grande quantité d'oxide de fer, ce qui la rend froide et stérile. Dans les terres très chaudes si on la combine avec la chaux, elle peut fournir un assez bon engrais; mais il vaut toujours mieux la brûler pour n'employer que ses cendres. Voici comment on opère pour la combiner avec la chaux : Sur un terrain sec on étend d'abord un lit de tourbe de trois à quatre pouces d'épaisseur, et on jette dessus une couche de poussière de chaux, épaisse de trois lignes au moins; on fait un second lit de tourbe et une seconde couche de chaux, et ainsi de suite jusqu'à ce que le tas ait au moins quatre pieds d'épaisseur. On le laisse ainsi fermenter pendant six mois au moins, on l'étend sur le terrain, et on l'enterre au moyen d'un bon labour. Si on avait à l'employer sur le terrain même où on l'aurait enlevée, on pourrait la réduire en cendres par le moyen de l'écobuage.

La *suie* convient parfaitement dans les terres humides, les bas-fonds, où il s'agit d'empêcher l'envahissement des mousses. Cependant elle agit avec plus d'énergie, relativement à la végétation, dans tous les terrains autres que ceux humides et argileux. Elle contient une assez grande quantité de carbone, quelques sels volatils fournis par les matières que l'on a brûlées, et des alcalis. Elle s'emploie telle qu'on la recueille.

Les *plantes, feuilles, chaumes,* et généralement toutes les parties des végétaux, entassés et ayant éprouvé un certain degré de décomposition, forment des engrais d'autant meilleurs, qu'ils ont le triple avantage de fournir à la végétation des sels solubles dans l'eau, des gaz tels que l'hydrogène et l'acide carbonique, de diviser la terre suffisamment pour laisser pénétrer dans son sein les influences atmosphériques. Il est vrai que leur effet est moins prompt que celui des autres engrais, mais il se fait sentir bien plus long-temps. Ils sont excellens dans toutes les espèces de sol; mais c'est particulièrement l'horticulture qui en tire de grands avantages, en ce qu'ils provoquent moins la pourriture des ognons à fleurs, des racines tubéreuses, etc., que les engrais animaux ou mixtes.

Pour obtenir un bon terreau végétal, il faut préparer convenablement les fragmens de végétaux avec lesquels on le compose. Pour cela on fait un trou dans un terrain sec, à l'ombre, et on y entasse des feuilles, de la fougère, des mauvaises herbes arrachées dans les champs ou dans les jardins, les gazons, des raclures d'allées, etc., et même les petits rameaux ligneux résultant de la taille et de la tonte des arbres. Si on veut en hâter la décomposition, on peut mettre ces matières par lits, et interposer un peu de chaux vive entre chacun d'eux. Le plus souvent on se borne à arroser de temps à autre. Cet engrais demande à être employé avant son entière décomposition, car, sans cela, il perd une grande partie de son activité.

Les *marcs* agissent sur la végétation comme le terreau végétal, et fournissent à peu près les mêmes principes; mais leur fermentation est plus vive et plus prompte, ce qui les rend plus propres à fertiliser les terres froides. Ils sont de plusieurs natures, selon les matières qui les ont fournis. Ceux qui résultent de l'expression des graines oléagineuses sont les meilleurs, parce qu'ils dégagent, par la putridité, une plus grande quantité d'hydrogène et d'acide carbonique. Ceux qui viennent de matières mises en fermentation, comme par exemple celui de raisins, valent moins, mais cependant forment aussi d'excellens engrais.

Les uns et les autres s'emploient sans autre préparation que de les briser et les réduire en très petits fragmens, en poussière s'il était possible. Ceux provenant de matières fermentées s'enterrent par un léger labour; les autres se sèment à la surface du sol.

La *tannée* a passé, jusqu'à ce jour, en France, pour une matière très nuisible à la végétation, à cause du tannin qu'elle contient, et qui est mortel pour les plantes. Cependant en Angleterre elle est beaucoup employée comme engrais, surtout dans le comté de Warwick. Les Anglais, avant d'en faire usage, la laissent reposer en tas jusqu'à ce qu'elle ait atteint un certain degré de fermentation. D'autres fois ils la mettent en décomposition avec de la chaux, et le tannin qu'elle contient se combine, se perd, ou au moins cesse d'être nuisible à la végétation.

La tannée entièrement décomposée dans des couches, réduite à l'état de terreau pur, vient d'être reconnue par M. Lémon comme ayant toutes les qualités capables de lui faire remplacer la terre de bruyère.

L'*urine* ne s'emploie guère que dans la petite culture, et seulement en mélange dans les eaux composées pour l'arrosement de certains végétaux ou des plantes malades. Celle de tous les animaux fournit un excellent engrais à cause des sels qu'elle contient; mais celle de mouton mérite la préférence. Cette dernière, épanchée fraîche sur le terrain, est très fertilisante; aussi les Américains parquent-ils leurs troupeaux autant pour l'urine dont ils imbibent le sol que pour le fumier qu'ils y déposent. Néanmoins, l'urine employée seule à l'arrosement des plantes délicates, les brûle et les fait périr. C'est avec l'urine et le plâtre que l'on compose l'engrais connu sous le nom d'*urate*. (1)

La *poudrette* n'est rien autre chose que des excrémens humains desséchés et réduits en poudre. C'est un des engrais les plus actifs que l'on connaisse; mais, pour cette raison même, il faut l'employer à très petites doses, sans quoi il brûle les racines des plantes. Du reste, il agit à peu près comme tous les engrais animaux, c'est-à-dire en fournissant du carbone et des sels à la végétation, et en augmentant la fermentation de la terre. Il fertilise toutes les terres, mais il convient mieux à celles qui sont alumineuses et froides.

La poudrette, de même que les excrémens de tous les animaux, s'emploie rarement pure, à moins que ce ne soit pour répandre sur les jeunes semis, en très petite quantité, et par un temps humide et pluvieux. Ordinairement on en fait un plus grand usage en la faisant entrer dans les mélanges de composts. Il paraît qu'elle communique une odeur désagréable aux légumes cultivés dans un terrain qui en est amendé; mais ceci demande à être confirmé.

La *colombine*, ou fiente de pigeon, est excellente dans les terres froides. On l'emploie à petite dose comme la poudrette, dont elle a l'énergie et les inconvéniens. Elle est

(1) L'urine humaine, analysée par M. Berzélius, a donné :

| | |
|---|---|
| Urée | 30,10 |
| Sulfate de potasse | 3,71 |
| Sulfate de soude | 3,16 |
| Phosphate de soude | 2,94 |
| Hydrochlorate de soude | 4,45 |
| Phosphate d'ammoniaque | 1,65 |
| Hydrochlorate d'ammoniaque | 1,50 |
| Acide lactique | 17,14 |
| Phosphate terreux | 1,00 |
| Acide urique | 1,00 |
| Mucus de la vessie | 0,32 |
| Silice | 0,03 |
| Eau | 933,00 |
| | 1000,00 |

plus chaude, et présente à l'analyse une plus grande quantité d'alcali. Du reste, la fiente des autres oiseaux de basse-cour produit des effets à peu près semblables, mais à plus grande dose.

Les *os* analysés présentent du phosphate de chaux, une matière gélatineuse, une portion d'huile et de graisse (1) et des sels. Il en résulte qu'ils fournissent à la végétation les principes réunis des matières animales, végétales et minérales; mais comme leur décomposition est très longue, leur effet, qui se fait sentir quelquefois plus de trente ans, est moins marquant. Les os conviennent parfaitement aux terres alumineuses et compactes; ils leur fournissent le calcaire qui leur manque, en les divisant pour laisser évaporer la surabondance de leur humidité. On se contente de les jeter sur le terrain, et de les enterrer par des labours; mais s'il était facile de les concasser, ils en vaudraient beaucoup mieux. Les os calcinés, dont on a tiré du noir de fumée, ne peuvent plus servir d'engrais que comme la chaux et autres sels terreux : encore ont-ils moins d'activité. Cependant ils conviennent très bien dans les terres humides et alumineuses.

Les *chairs* ou cadavres d'animaux exhalant pendant leur décomposition une grande quantité d'acide carbonique, fournissent un excellent engrais; mais comme elles répandent une odeur infecte, il faut avoir la précaution de les enterrer à six pouces au moins de profondeur. Il arrive quelquefois que l'on creuse une fosse, et qu'on y place les matières animales, cadavres, os, cuirs, cornes, poils, etc., par couches alternatives avec des lits de terre. Au bout de sept à huit mois ce mélange produit un engrais d'une grande activité.

---

(1) D'après M. Berzélius, 100 parties d'os humains calcinés consistent en

| | |
|---|---|
| Phosphate de chaux | 81,9 |
| Fluate de chaux | 3,0 |
| Chaux | 10,0 |
| Phosphate de magnésie | 1,1 |
| Soude | 2,0 |
| Acide carbonique | 2,0 |
| | 100,0 |

Les *poissons*, en Angleterre, sur les côtes de Cornwall, dans les comtés de Norfolk, de Dorset, de Cambridge et de Lincoln, forment la base d'un très bon engrais. On les enterre comme les cadavres des autres animaux.

Les *cornes, poils, plumes, rognures de cuir, chiffons de laine*, forment aussi d'excellens engrais qui agissent comme les précédens. Ils ont plus d'activité que les os, mais leur effet dure moins long-temps. Ils communiquent une très grande fertilité aux terres maigres, légères, sablonneuses. On les y étend en plus petits fragmens possibles, et on les enterre à la charrue.

Le *fumier* est de tous les engrais le plus généralement employé, par la raison que c'est celui de tous que l'on se procure généralement avec le plus de facilité. C'est un mélange de l'urine et des excrémens des animaux de basse-cour avec la paille dont on fait leur litière, et les fragmens des plantes avec lesquelles on les nourrit.

On divise ces engrais en fumiers chauds et fumiers froids.

Les premiers conviennent davantage aux terres froides, et les seconds aux terres chaudes. Dans les terres froides et compactes il faut les employer en sortant de l'écurie, c'est-à-dire pendant qu'ils jouissent de toute leur chaleur. Dans ce cas, non seulement ils réchauffent la terre, mais encore leurs longues pailles la divisent, et permettent aux influences atmosphériques de la pénétrer plus aisément et à une plus grande profondeur. Dans les terres chaudes, au contraire, il convient de ne les employer que lorsqu'ils ont *jeté leur feu*, c'est-à-dire lorsque la décomposition est assez avancée pour qu'il ne s'en dégage plus qu'une petite quantité de calorique. Il est certain qu'un fumier chaud, quel qu'il soit, mis en contact avec les racines d'un végétal, les fait périr en très peu de temps; mais cet effet n'a lieu que pendant quelques jours. Néanmoins il est prudent, quand on veut fumer un arbre, de n'employer cet engrais qu'au quart, au tiers, ou à moitié consommé.

Parmi les fumiers les plus chauds, on compte, 1°. celui de mouton; 2°. celui d'âne et de mulet; 3°. celui de cheval. Ce dernier, quoique le moins chaud des trois, est généralement employé à la confection des couches de jardin. A lui seul il peut, à la rigueur, remplacer tous les autres engrais; car, selon qu'on l'emploie plus ou moins consommé, il convient aux terres froides ou chaudes, légères ou fortes, substantielles ou maigres, etc.

Le fumier de vache est moins chaud encore, mais plus gras, plus onctueux. Il est excellent pour les sols chauds et légers, auxquels il donne un peu de corps.

Le fumier de cochon étant tout-à-fait froid, ne peut être utilisé avantageusement que dans les terres extrêmement brûlantes. A moins qu'il ne soit entièrement consommé, il a la malheureuse qualité de faire fondre et pourrir les plantes bulbeuses et tubéreuses. Il est surtout mortel aux ognons à fleurs.

Les *vases* sont un composé de détritus végétaux et de la terre qui s'amasse au fond des mares, des étangs, des fossés, etc. Elles sont froides lorsqu'on les emploie de suite, et ne peuvent, par conséquent, convenir qu'à des sols très chauds; mais cependant, si on les mélange avec une certaine quantité de chaux ou de poussière de plâtre, elles acquièrent de la chaleur et des qualités fertilisantes. Dans le cas contraire, il faut les laisser fermenter pendant un an, exposées aux influences atmosphériques; elles se *mûrissent*, pour me servir de l'expression consacrée en culture, se combinent avec différens gaz, et deviennent très propres à fertiliser toutes les terres, surtout celles qui sont légères. Selon les végétaux que les vases tiennent en décomposition, et la nature des terres qui leur servent de base, elles fournissent à la végétation des sels terreux et alcalins.

L'*urate* fermente rapidement et n'est pas d'un effet de longue durée, mais il porte la fertilité dans les terres froides et alumineuses, au moins pendant deux ou trois ans. Il convient encore dans les terres siliceuses; mais dans celles à base calcaire, il peut devenir nuisible, quand son effet est passé, parce qu'il y apporte une surabondance de carbonate de chaux. Cet engrais est un mélange de plâtre et d'urine. Par conséquent, ses principes sont ceux d'une terre calcaire unie à des sels, des alcalis et de l'*urée*. (1)

(1) Cet élément de l'urine se compose de

| | |
|---|---|
| Hydrogène | 11 |
| Carbone | 20 |
| Oxigène | 26 |
| Azote | 43 |
| | 100 |

Les *boues de rue* fournissent un engrais excellent, mais très chaud, et qu'il n'est prudent d'employer que lorsqu'elles ont fermenté en tas pendant six mois au moins. Elles forment un mélange de toutes les matières que nous venons de mentionner, et agissent selon celles qui y dominent.

Si nous avions pris la tâche de donner la liste exacte de tous les engrais, ce chapitre serait fort long; mais nous ne devions parler que des principaux et de ceux qui sont généralement connus des agriculteurs. Les autres, n'appartenant qu'à des localités presque toujours très restreintes, ne peuvent avoir nulle importance en agriculture.

Nous terminerons par enseigner une méthode d'analyse pour mettre les propriétaires à même de connaître la composition de leurs terres arables, connaissance sans laquelle on ne parviendra jamais à pouvoir calculer d'avance les résultats d'une culture. Nous extrairons textuellement ce chapitre du *Manuel de Chimie*, de MM. Riffault et Vergnaud.

### *Méthode d'analyse.*

Les terres qui se rencontrent ordinairement dans les sols, sont principalement la silice, ou terre des cailloux; l'alumine, ou la matière pure de l'argile, et la magnésie. Le silex forme une partie considérable des sols durs graveleux, des sols durs sablonneux et des terrains pierreux. L'alumine abonde dans les sols argileux et les terres marneuses, et même on la trouve généralement dans les parties du sol le plus divisé, unie avec la silice et l'oxide de fer; la chaux se rencontre toujours dans les sols à l'état de combinaison, et principalement avec l'acide carbonique. Le carbonate de chaux forme, dans son plus grand état de dureté, le marbre, et dans son état le moins serré, la craie. La chaux unie avec l'acide sulfurique constitue le sulfate de chaux, gypse ou plâtre; avec l'acide phosphorique, le phosphate de chaux ou terre des os. Le carbonate de chaux mêlé avec d'autres substances compose les sols crayeux et les marnières, et il se trouve dans les sols mous sablonneux. La magnésie ne se rencontre que rarement dans les sols, et elle y est combinée avec l'acide carbonique ou avec la silice et l'alumine. La matière animale en décomposition, existe sous différens états, contient beaucoup de substance carbonacée, de l'ammoniaque, des produits gazeux inflammables, et de l'acide carbonique; elle se trouve principalement dans les terrains labourés. La matière végétale en décomposition, contient, pour l'ordinaire, encore plus de substance carbonacée, et diffère surtout de la matière animale, en ce qu'elle ne produit point d'ammoniaque : elle forme une grande proportion de toutes les tourbes, abonde dans les sols fertiles, et se trouve en plus ou moins grande quantité dans tous les terrains. Les composés salins sont peu nombreux, et en petite proportion ; ce sont, principalement, l'hydrochlorate de soude ou sel marin, le sulfate de magnésie, l'hydrochlorate et le sulfate de potasse, le nitrate de chaux, et quelques substances alcalines peu caustiques. L'oxide de fer, qui est le même que la rouille dont le métal se recouvre par son exposition à l'air et à l'eau, fait partie de tous les sols, mais il est surtout abondant dans les argiles jaunes et rouges, ainsi que dans les sables siliceux de ces mêmes couleurs.

Les instrumens qu'exige l'analyse des sols sont en petit nombre. Une paire de balances capables de peser 100 grammes, et trébuchant à un demi-décigramme quand les deux plateaux sont chargés ; une boîte de poids divisés ; un tamis métallique, d'une perce assez grosse pour laisser passer un grain de poivre ; une lampe d'Argand avec son support ; quelques fioles de verre, creusets de Hesse, et capsule en porcelaine avec son pilon ; quelques filtres faits avec une demi-feuille de papier non collé et pliée de manière à contenir un demi-litre de liquide, et graissés à leur extrémité ; un couteau d'os et une cuve hydro-pneumatique.

Les réactifs nécessaires sont l'acide hydrochlorique, l'acide sulfurique, l'ammoniaque liquide, une dissolution d'hydrocyanate de potasse, de l'eau de savon, des dissolutions de carbonate d'ammoniaque, d'hydrochlorate d'ammoniaque, de carbonate neutre de potasse, et de nitrate d'ammoniaque.

1°. Lorsqu'il s'agit de reconnaître la nature générale du sol d'un champ, il faut en prendre des échantillons en différens endroits, à six ou huit centimètres de profondeur ; et en examinant comparativement les propriétés, il arrive quelquefois que, dans les plaines, tout le sol supérieur, c'est-à-dire la couche supérieure du terrain, est de la même espèce, et, dans ce cas, une seule analyse suffira. Mais dans les vallées et dans le voisinage des rivières, il y a de grandes différences; il se trouve parfois qu'une partie du champ est calcaire, et qu'une autre partie est siliceuse. Dans ce cas, et ceux analogues, il faut prendre des portions différentes de chaque espèce de terre, et les soumettre séparément à l'expérience.

Lorsqu'on ne peut pas examiner immédiatement les portions de sol recueillies pour en faire l'analyse, on les conservera, sans qu'ils éprouvent de changement, en les mettant dans des fioles qu'on a soin de remplir tout-à-fait, et de fermer ensuite avec des bouchons de verre. La quantité de sol la plus convenable pour une analyse parfaite, est celle de douze à vingt-quatre grammes. Cet échantillon doit être pris par un temps sec, et il faut l'exposer à l'air jusqu'à ce qu'il ne manifeste plus d'humidité au toucher. On peut constater la pesanteur spécifique d'un sol, en introduisant dans une fiole, qui contiendra un poids connu d'eau, des volumes égaux d'eau et du sol; mélange qui peut aisément se faire, en versant d'abord de l'eau pure dans la fiole, jusqu'à moitié de sa contenance, et en y ajoutant ensuite la terre du sol, jusqu'à ce que le liquide se soit élevé à son orifice. La différence entre le poids de l'eau et celui du sol donnera le résultat. Si, par exemple, la fiole contient vingt-quatre grammes d'eau, et que ce poids augmente de douze grammes lorsqu'elle contient seulement moitié de sa capacité d'eau, et l'autre moitié de la terre du sol, la pesanteur spécifique de ce sol sera deux, c'est-à-dire qu'il sera deux fois plus pesant que l'eau; et si l'augmentation de poids n'avait été que de 10 grammes, la pesanteur spécifique du sol serait de 1,833, celle de l'eau étant 1,000. Il est important de connaître la pesanteur spécifique du sol, parce qu'elle fournit une indication de la quantité de matière végétale et animale que le sol contient, ces substances étant toujours les plus abondantes dans les sols plus légers. Il convient également d'examiner les autres propriétés physiques des sols, avant d'en faire l'analyse, parce qu'elles dénotent, jusqu'à un certain point, leur composition, et servent de guides pour se diriger dans les expériences. Ainsi, les sols siliceux sont généralement rudes au toucher, et ils raient le verre lorsqu'on les frotte dessus;

les sols argileux adhèrent fortement à la langue; et lorsqu'on souffle dessus, ils émettent très sensiblement une odeur terreuse; les sols calcaires sont doux au toucher : ils adhèrent beaucoup moins que les sols argileux.

2°. Les sols, lorsqu'ils sont aussi secs qu'ils puissent le devenir par leur simple exposition à l'air, retiennent encore une quantité d'eau considérable, qui y adhère avec une grande force, et n'en peut être chassée que par un très haut degré de chaleur. La première opération de l'analyse est de dépouiller, autant que possible de cette eau, un poids donné du sol, en prenant garde, toutefois, de ne pas affecter, sous d'autres rapports, sa composition; et cela peut se faire, en chauffant un échantillon du sol pendant 10 à 12 minutes sur une lampe d'Argand, dans une capsule de porcelaine, à une température d'environ 150 degrés centigrades; et dans le cas où on ne ferait pas emploi d'un thermomètre, on s'assurerait aisément du degré convenable de chaleur, en tenant un morceau de bois en contact avec le fond de la capsule. Tant que la couleur du bois n'est point altérée, la chaleur n'est point trop forte; mais lorsqu'il commence à se charbonner, il faut arrêter l'opération. Sir Humphry Davy recueillit, dans plusieurs expériences, l'eau qui fut dégagée par cette température, il la trouva constamment pure, et il ne s'était produit sensiblement aucune autre matière volatile. Il faut noter avec soin la perte de poids qui résulte de la dessiccation; et si sur 400 parties du sol elle s'élève à 50, on peut considérer ce sol comme étant absorbant au plus haut degré, comme retenant l'eau; et l'on trouvera généralement qu'il contient une grande proportion d'alumine. Si la perte de poids n'est que de 20 à 10 parties, on en conclura que le sol n'est que légèrement absorbant, qu'il retient peu l'eau et que la terre siliceuse y prédomine.

3°. On ne doit point séparer du sol dans l'état où il se trouve, les pierres, le gravier ou les fibres végétales, jusqu'à ce que l'eau en ait été expulsée; car ces corps sont souvent eux-mêmes très abondans, et susceptibles de retenir l'eau; ils influent par conséquent sur la fertilité du terroir. Cependant, cette opération devra se faire immédiatement après l'opération du desséchement, et on l'effectuera aisément au moyen d'un tamis, le sol ayant été modérément broyé dans un mortier. Il faudra noter séparément les poids des fibres végétales, ou bois, du gravier et des pierres, et s'assurer de la nature siliceuse de celles-ci. Si ces pierres sont calcaires, elles feront effervescence avec les acides; si elles sont de nature siliceuse, elles seront assez dures pour rayer le verre; et si ce sont des pierres de la classe ordinaire de celles argileuses, elles seront douces au toucher, susceptibles d'être aisément coupées au couteau, et incapables de faire effervescence avec les acides.

4°. Les sols contiennent, pour le plus grand nombre, outre le gravier et les pierres, de plus ou moins grandes proportions de sable de différens degrés de finesse; et la première opération qui doit suivre dans le procédé de l'analyse, est de séparer ces substances des parties à l'état de plus petites divisions, telles que l'argile, la glaise, la marne et la matière végétale ou animale. On peut y parvenir d'une manière suffisamment exacte, en agitant le sol dans l'eau; le sable grossier se séparera généralement alors dans une minute, et le plus fin, dans deux ou trois minutes, tandis que les parties terreuses, très ténues, la matière animale ou végétale, resteront pendant beaucoup plus long-temps en état de suspension mécanique; de sorte qu'en décantant l'eau avec précaution, au bout d'une, de deux ou trois minutes, le sable sera principalement séparé des autres substances: l'eau qui les tient en suspension étant mise sur un filtre, elles s'y trouveront déposées après que l'eau l'aura traversé, on pourra alors rassembler ces substances, les sécher et les peser; le sable sera également pesé, et il sera pris note du poids des quantités respectives. L'eau qui a filtré doit être conservée, parce qu'elle se trouvera contenir la matière saline et les matières animales et végétales solubles, s'il en existe dans le sol.

5°. Une analyse particulière du sable ainsi séparé n'est jamais, ou que très rarement, nécessaire; on en peut reconnaître la nature de la même manière que celle des pierres ou du gravier: c'est toujours ou du sable siliceux, ou du sable calcaire, ou un mélange de l'un et de l'autre; s'il consiste entièrement en carbonate de chaux, il se dissoudra rapidement, et avec effervescence, dans l'acide hydrochlorique; mais s'il est composé en partie de cette substance et en partie de matières siliceuses, on en peut déterminer les quantités respectives, en pesant le résidu après l'action de l'acide, dont il faut augmenter la dose jusqu'à ce que toute effervescence ait cessé, et que la liqueur ait acquis une saveur acide; ce résidu est la partie siliceuse; il faut, après l'avoir lavé et fait sécher, l'exposer à une forte chaleur dans un creuset. La différence entre le poids de ce résidu et le poids total du sable, indiquera la portion du sable calcaire.

6°. La matière très divisée du sol est ordinairement de nature très composée; elle contient quelquefois les quatre terres primitives des sols, ainsi que de la matière animale et végétale; et ce qu'il y a de plus difficile dans cet examen c'est de déterminer les proportions des substances d'une manière suffisamment exacte. La première opération à faire dans cette partie de l'analyse est de soumettre la matière très divisée du sol à l'action de l'acide hydrochlorique; il faut verser de cet acide sur la matière terreuse dans un bassin propre à l'évaporation, en quantité égale à deux fois le poids de la terre, mais l'acide doit être étendu d'un volume d'eau qui soit double du sien. Après avoir remué souvent le mélange, on le laissera reposer pendant une heure et demie avant de l'examiner. S'il existe dans le sol du carbonate de chaux ou de magnésie, il aura été dissous par l'acide, qui se charge également quelquefois d'un peu d'oxide de fer, mais très rarement d'aucune portion d'alumine; après avoir filtré la liqueur, la matière solide restée sur le filtre sera lavée avec de l'eau de pluie, puis séchée à une douce chaleur, et ensuite pesée. Ce qu'elle aura perdu de son poids indiquera la matière solide enlevée. On réunira l'eau de lavage à la dissolution, et si la liqueur n'a pas de saveur acide, elle sera rendue telle en y ajoutant une nouvelle quantité de l'acide. On mêlera alors le tout avec un peu de dissolution d'hydrocyanate de potasse. S'il se manifeste un précipité bleu, ce sera une indication de la présence d'oxide de fer; et dans ce cas, il faut ajouter, goutte à goutte, de la dissolution d'hydrocyanate, jusqu'à ce qu'elle cesse de produire aucun effet. Pour reconnaître ensuite la quantité du précipité, après l'avoir recueilli comme d'autres précipités solides, on le chauffera au rouge; le résultat sera de l'oxide de fer. Dans le liquide, ainsi débarrassé de l'oxide de fer, on versera de la dissolution de carbonate de potasse neutre, jusqu'à ce que toute effervescence ait cessé, et que l'odeur, ainsi que la saveur du liquide, indiquent un excès considérable de sel alcalin. Le précipité qui s'est décomposé est du carbonate de chaux ; après l'avoir recueilli par filtration, on le fera sécher à une chaleur au-dessous du rouge. On fait ensuite bouillir la liqueur filtrée pendant un quart d'heure ; s'il y existe de la magnésie, cette terre se précipitera à l'état de combinaison avec l'acide carbonique, et l'on pourra en reconnaître la quantité de la même manière que pour le carbonate de chaux. Si, par quelques circonstances particulières, une très petite portion d'alumine avait été dissoute par l'acide, elle se trouvera dans le précipité avec le carbonate de chaux dont on pourra la séparer en la faisant bouillir pendant quelques minutes avec une quantité de potasse caustique, suffisante pour recouvrir la matière solide. La potasse caustique dissout l'alumine sans attaquer le carbonate de chaux. Lorsque le sol très divisé est d'une nature assez calcaire pour donner lieu, avec les acides, à une très vive effervescence, on peut, dans tous les cas ordinaires, reconnaître la quantité de carbonate de chaux qu'il contient par un procédé très simple et suffisamment exact. Le carbonate de chaux, dans ses divers états, contient une proportion déterminée d'acide carbonique, c'est-à-dire environ quarante-cinq pour cent. Ainsi, lorsque la quantité de ce fluide élastique, dégagé du sol pendant la dissolution de sa matière calcaire dans un acide, est connue, soit en poids, soit en mesure, la quantité de carbonate de chaux s'en infère aisément. Lorsqu'on veut procéder par réduction de poids, on pèse deux portions de l'acide dans une fiole, et une portion de la matière du sol dans une autre, et on mêle ensuite ces deux portions très lentement, jusqu'à cessation d'effervescence ; la différence de poids, avant et après l'expérience, indique la quantité d'acide carbonique qui s'est dégagée ; car, quatre parties et demie de cet acide doivent représenter dix parties de carbonate de chaux. On peut encore recueillir l'acide carbonique dans la cuve hydro-pneumatique. L'évaluation est, pour chaque trente-un centimètres cubes d'acide carbonique, treize centigrammes de carbonate de chaux.

7°. On parvient, avec une précision suffisante, à déterminer la quantité de matière animale et végétale insoluble, en portant la masse en état de forte ignition dans un creuset, sur un feu ordinaire, jusqu'à ce qu'on n'y aperçoive plus de noir, et en remuant fréquemment avec une spatule de métal; la perte de poids qu'elle éprouve indique la quantité de matière animale et végétale qui y était contenue, mais non pas le rapport de chacune de ces substances. Lorsque l'odeur qui s'exhale pendant l'ignition ressemble à celle des plumes brûlées, c'est une indication certaine de quelque matière animale; et la production, dans le même temps, d'une flamme bleue abondante, dénote presque toujours une portion considérable de matière végétale. Dans les cas qui nécessitent que l'expérience soit promptement achevée, la destruction des matières décomposables peut être aidée par l'action du nitrate d'ammoniaque jeté peu à peu, pendant l'ignition, sur la masse chauffée, en quantité de vingt parties par cent parties du sol résidu; ce sel n'affectera point les résultats, car il est lui-même décomposé et s'évapore.

8°. Les substances qui restent après la destruction de la matière animale et végétale, sont généralement des particules de matière terreuse, consistant ordinairement en alumine, en silice et en oxide de fer. Pour séparer ces substances les unes des autres, il faut faire bouillir la masse pendant deux ou trois heures avec de l'acide sulfurique, étendu de quatre fois son poids d'eau; la quantité de l'acide se règle par la quantité du résidu solide sur lequel on doit le faire agir, en comptant, pour cent parties de ce résidu, cent vingt parties de l'acide; la substance qui reste après l'action de l'acide peut être considérée comme siliceuse; il faut la séparer, et s'assurer de son poids après l'avoir lavée et fait sécher comme à l'ordinaire. L'alumine et l'oxide de fer, s'il en existe, sont dissous l'un et l'autre par l'acide sulfurique; on peut les séparer par une addition de carbonate d'ammoniaque en excès; l'alumine est précipitée et l'oxide de fer, qui reste en dissolution, peut être séparé de la liqueur en la faisant bouillir. Si quelques portions de chaux et de magnésie ont échappé à la dissolution dans l'acide hydrochlorique, on les trouvera dans l'acide sulfurique. C'est cependant ce qui n'arrive presque jamais; mais le moyen d'en découvrir la présence et d'en reconnaître les quantités, est le même dans l'un et l'autre cas. La méthode d'analyse par l'acide sulfurique est suffisamment exacte pour tous les cas ordinaires; cependant si l'on voulait une très grande précision, il faudrait, après avoir inciné le résidu, le traiter par la potasse, et agir comme dans l'analyse des pierres, ainsi que nous l'avons décrit au commencement de cet article.

9°. Si l'on suppose la présence, dans le sol, de quelque matière saline, ou de matière végétale ou animale soluble, on les trouvera dans l'eau de lavage qui a servi à séparer le sable; cette eau doit être évaporée jusqu'à siccité, à une chaleur inférieure à celle de l'ébullition. Si la matière solide obtenue est de couleur brune et inflammable, on peut la considérer comme étant en partie un extrait végétal. Si, lorsqu'elle est chauffée, elle répand une odeur forte et fétide, elle contient une substance animale mucilagineuse ou gélatineuse; si cette matière est blanche et transparente, elle peut être considérée comme étant principalement saline. La présence du nitrate de potasse ou du nitrate de chaux, dans cette matière saline, se reconnaît à la scintillation sur des charbons ardens. Le sulfate de magnésie peut être indiqué par sa saveur amère; et le sulfate de potasse, en ce qu'il ne produit aucun changement dans la dissolution de carbonate d'ammoniaque, mais qu'il précipite la dissolution d'hydrochlorate de barite.

10°. S'il y a lieu de soupçonner qu'il existe dans le sol du sulfate ou du phosphate de chaux, il faut avoir recours à un procédé particulier pour s'en assurer. On chauffera au rouge pendant une demi-heure, dans un creuset, une quantité connue, cent parties, par exemple, de la matière du sol, mêlée avec trente-trois parties de poussière de charbon; on fera bouillir ensuite le mélange pendant un quart d'heure, dans un quart de litre d'eau; et après avoir filtré la liqueur, on la laissera pendant quelques jours exposée à l'air libre dans un vaisseau ouvert. S'il existait dans le sol une quantité soluble quelconque de sulfate de chaux, il se formerait peu à peu, dans la liqueur, un précipité blanc, dont le poids, après dessiccation, indiquerait la quantité.

Après cette séparation du sulfate de chaux, on procédera, ainsi qu'il suit, à celle du phosphate de chaux, s'il en existe dans le sol. On mettra l'échantillon du sol sur lequel on opère, en digestion dans une quantité d'acide hydrochlorique plus que suffisante pour saturer les terres solubles.

Après avoir évaporé la liqueur, on versera sur la matière solide de l'eau qui dissoudra les composés terreux formés par l'acide hydrochlorique, et laissera le phosphate de chaux intact.

11°. Lorsque l'examen d'un sol est complétement achevé, il faut classer les produits, et ajouter ensemble leur quantité; si la somme est à peu près égale à la quantité du sol mis en expérience, l'analyse peut être considérée comme exacte. Il faut cependant remarquer que si le phosphate ou le sulfate de chaux a été trouvé par le procédé N° 10, il convient de faire une correction, en en déduisant le poids de la quantité de carbonate de chaux obtenue par précipitation de l'acide hydrochlorique. En arrangeant les produits, il faut les établir dans l'ordre des expériences d'où ils sont résultés. Ainsi quatre cents parties d'un bon sol sablonneux siliceux, peuvent être supposées contenir :

| | | |
|---|---|---|
| Eau d'absorption | | 18 part. |
| Pierre et gravier principalement siliceux | | 42 |
| Fibres végétales non décomposées | | 10 |
| Sable fin, siliceux | | 203 |
| Matières très divisées, séparées par filtration, consistant en | | |
| Carbonate de chaux | 25 | |
| Carbonate de magnésie | 4 | |
| Matière destructible par la chaleur, principalement végétale | 10 | |
| Silice | 40 | 126 |
| Alumine | 33 | |
| Oxide de fer | 4 | |
| Matière soluble, principalement sulfate de potasse et extrait végétal | 5 | |
| Sulfate de chaux | 3 | |
| Phosphate de chaux | 2 | |
| Total des produits | | 399 |
| Perte | | 1 |
| | | 400 |

Dans cet exemple, la perte est supposée très petite ; mais en général, en effectuant les expériences, elle sera trouvée beaucoup plus grande à raison de la difficulté de recueillir les quantités totales des différens précipités ; et tant que la perte n'excède pas une trentaine de parties sur quatre cents, il n'y a pas lieu de soupçonner qu'elle puisse être provenue du défaut de précision convenable dans les opérations.

12°. Lorsque celui qui fait les analyses se sera mis en état d'être familiarisé avec les divers instrumens, les propriétés des réactifs, et avec les rapports qui existent entre les qualités extérieures et les qualités chimiques des sols, il trouvera très rarement nécessaire de faire toutes les opérations qui viennent d'être décrites. Lorsque, par exemple, le sol ne contient pas une quantité notable de matière calcaire, on peut se dispenser de l'emploi de l'acide hydrochlorique, art. 6 ; dans l'analyse des sols tourbeux, il devra principalement porter son attention sur l'opération par le feu et par l'air, art. 7 ; et en opérant sur des sols de craie et de glaise, l'analyse se trouvera souvent dans le cas de négliger l'expérience par l'acide sulfurique, art. 8.

Nous venons de voir quels sont les matières terreuses qui fournissent des matériaux à la nutrition ; nous avons enseigné le moyen de reconnaître leur nature, leur espèce, par le moyen de l'analyse chimique. Nous allons à présent traiter de deux corps qui concourent à la fois aux phénomènes de la nutrition, comme agens et comme principes. Ces deux corps sont l'air et l'eau.

## DE L'AIR CONSIDÉRÉ SOUS LE RAPPORT DE LA VÉGÉTATION.

L'air atmosphérique est ce fluide élastique, transparent, invisible, sans odeur ni saveur, pesant et compressible, intangible, qui environne la terre et l'enveloppe de tous côtés à une hauteur que l'on évalue être environ de quinze à seize lieues, d'autres disent à dix lieues seulement. On croit généralement que l'air doit son élasticité au calorique, et que s'il venait à en être absolument dépouillé, il perdrait sa forme élastique.

L'air exerce une forte pression sur tous les corps (1) ; si

(1) On a calculé que la pression que l'air exerce sur toute la

les vaisseaux, dans les végétaux et les animaux, n'étaient pas comprimés par la pression de l'atmosphère, les fluides élastiques contenus même dans les plus petits de ces vaisseaux en opéreraient inévitablement la rupture, et la cessation de la vie s'ensuivrait. L'air pénètre partout, fait partie de tous les corps et adhère à leur surface. Le poids de la couche d'air environnant la terre fait équilibre à celui d'une colonne d'eau de trente-deux pieds, ou d'une de mercure de vingt-huit pouces. Sa composition, reconnue par Lavoisier, est de

| | |
|---|---|
| Azote.................. | 79 |
| Oxigène................ | 21 |
| | 100 |

Cette proportion dans les parties constituantes de l'air, est constante dans tous les lieux et à toutes les hauteurs. Suivant sir Humphry Davy, de l'air atmosphérique pris en Europe, en Asie, en Afrique et en Amérique, ne diffère que très peu dans sa composition. M. Gay-Lussac a pris de l'air à une élévation de plus de six mille quatre cents mètres au-dessus de Paris, et il a trouvé qu'il était précisément composé comme celui pris à la surface de la terre (1). Ce n'est donc pas dans la qualité de l'air qu'il faut chercher la raison pour laquelle les plantes alpines, croissant sur la crête des plus hautes montagnes, ne peuvent plus prospérer quand on les transplante dans nos plaines. On doit en chercher la cause seulement dans la différence des températures.

L'air n'est pas ordinairement pur; il contient toujours une portion d'acide carbonique, dont la proportion estimée autrefois à un pour cent, a été depuis reconnue par Dalton,

---

surface du corps d'un homme de moyenne taille est de 37,000 livres, ou 18,000 kilog.; mais cette masse énorme n'est pas sensible parce que, en agissant dans tous les sens, elle se compense et se détruit elle-même.

(1) M. Gay-Lussac fit cette expérience en 1804. Dans son voyage aérostatique, il s'est élevé à 7,000 mètres au-dessus du niveau de la mer, hauteur qu'aucun aéronaute n'avait encore atteinte.

ne pas s'élever à plus de un pour mille, et ce gaz existe également dans l'air à toutes les hauteurs. Il contient encore de l'eau à l'état de vapeur, et il en peut contenir d'autant plus qu'il est plus dilaté par le calorique; lorsqu'il en est pour ainsi dire saturé et que la température vient à baisser, cette vapeur se condense et retombe en pluie sur la terre. Dans son état ordinaire, d'après une évaluation moyenne, l'air contient environ un pour cent d'eau vaporisée; il est fort remarquable que l'union de la vapeur aqueuse avec l'air atmosphérique, produit une augmentation dans son volume, et que cependant l'air humide est toujours spécifiquement plus léger que l'air sec.

Ce corps, que les anciens regardaient comme un élément, joue un grand rôle dans la nature, il est l'agent indispensable de la vie de l'homme, des animaux et des végétaux, et celui de la combustion. Voyons comment il agit sur la végétation.

L'air mis en contact avec la plupart des substances, leur abandonne quelques uns des gaz qui le composent ou qu'il entraîne avec lui, d'où naissent de nouvelles combinaisons solubles dans l'eau et capables, dans ce dernier état, d'être absorbées par les plantes. C'est ainsi que son acide carbonique tend continuellement à s'unir à la chaux, son oxigène au fer; il fait tomber en efflorescence les marnes, etc.; il est le grand conducteur de tous les météores atmosphériques, et élabore ainsi les sucs nourriciers de la végétation; c'est lui qui dépose sur la terre et les plantes, pendant la nuit, cette rosée bienfaisante qu'il a vaporisée pendant le jour, et qui entraîne avec elle d'autres émanations utiles à la nourriture des végétaux; il s'insinue à travers les pores de la terre jusque sur la racine des plantes pour y transporter les bénignes influences des météores aqueux, et c'est sur cette considération qu'est fondée en grande partie la théorie des labours; on conçoit que plus une terre sera remuée souvent, plus elle sera poreuse et donnera par conséquent de facilité à l'air pour la pénétrer.

Cet élément de la nutrition pénètre dans le tissu des végétaux et y dépose de l'oxigène, une très petite portion d'azote; il leur fournit de l'eau, et les élémens de diverses autres substances qui se trouvent en combinaison avec les vapeurs aqueuses; mais c'est principalement par la formation de l'acide carbonique qu'il joue le rôle le plus important dans la végétation.

On sait, d'après des expériences faites par M. Théodore de Saussure, que des plantes plongées dans de l'acide carbonique pur périssent très promptement asphyxiées; les gaz azote et hydrogène produisent sur elles le même effet, mais beaucoup plus lentement. Leur durée est plus longue dans l'oxigène. Plongées dans l'air atmosphérique, elles ne diminuent aucunement la quantité du gaz azote, mais pendant la nuit elles absorbent une certaine quantité d'oxigène, plus ou moins, selon leur espèce. C'est par leurs parties vertes que s'opère l'absorption de ce gaz, qui ne reste pas dans leurs tissus sous forme élastique, car on ne peut l'en retirer ni par le moyen de la machine pneumatique, ni par celui de la chaleur; cependant il ne s'incorpore pas avec la partie solide de la plante, puisque la lumière le dégage. Voici comment se passe le phénomène : au moment où il pénètre dans la plante, il se combine avec son carbone surabondant et forme ainsi de l'acide carbonique qui se dissout dans l'eau contenue par les tissus; pendant le jour cet acide carbonique est exhalé et se trouve décomposé dans l'acte de l'expiration; dans cet instant la plante s'approprie le carbone et une partie du gaz oxigène; le reste de ce gaz, mêlé à un peu d'acide carbonique, se dégage dans l'atmosphère.

Le gaz oxigène agit d'une manière tout-à-fait différente sur les parties des végétaux qui ne sont pas vertes, telles que l'écorce, le bois, l'aubier, les pétales, les racines. Il ne s'assimile pas à toutes ces parties, mais, au contraire, il se forme de l'acide carbonique aux dépens de leur propre substance; celui-ci est tantôt dégagé dans l'atmosphère sous forme de gaz, tantôt dissout dans l'eau de végétation, et ensuite charrié dans les parties vertes qui le décomposent. Cette soustraction du carbone, indispensable à la végétation parce qu'il empêche les parties de se solidifier presqu'en se développant, peut très bien nous faire concevoir pourquoi les racines horizontales des arbres sont plus robustes que celles qui sont pivotantes; pourquoi l'eau stagnante au pied des arbres nuit à leur végétation; pourquoi les fleurs vicient l'air plus que les autres parties d'un végétal, etc., etc.

Il résulte de toutes ces transmutations que le carbone qui entre dans la sève à l'état soluble, est conduit dans ce liquide par les parties vertes; que l'absence de la lumière le rend plus soluble et plus facile à transporter, et que la lumière vient ensuite chasser l'oxigène qui n'a servi qu'à le combiner plus aisément avec les sucs nourriciers en le rendant plus fluide. En pratique le cultivateur doit en tirer cette conséquence, que pour favoriser la végétation des plantes renfermées dans une serre, il faut faire en sorte que l'air s'y renouvelle pendant la nuit, parce qu'à cette époque les végétaux inspirent de l'oxigène, et qu'il convient alors de le faire pénétrer jusqu'à eux.

Les végétaux vicient l'air pendant l'obscurité parce que toutes leurs parties, vertes et autres, forment de l'acide carbonique en combinant l'oxigène de l'air avec leur carbone surabondant; pendant le jour ils le purifient en décomposant l'acide carbonique répandu dans l'atmosphère, et le remplaçant par l'oxigène qu'ils expirent.

Mais au total les végétaux entretiennent la salubrité de l'air, puisque la quantité de carbone qu'ils absorbent est considérablement plus grande que celle d'oxigène, comme le prouve évidemment leurs parties solides qui en sont presque totalement composées; or ils n'ont pu s'emparer de ce carbone que par la décomposition de l'acide carbonique. Deux expériences positives prouvent les faits que nous venons d'avancer. M. Vincent de Saint-Laurent dit : « Quarante petites feuilles de mûrier récemment cueillies, mises dans un vase contenant trois cent cinquante-sept centimètres (dix-huit pouces) cubes, exposées à quatre heures après midi à la chaleur atmosphérique sous un pot de faïence, pour dérober tout accès à la lumière, ont fourni dans quinze heures un air vicié dans lequel une bougie s'éteignit (un moineau qui y a été renfermé pendant une minute, est mort dans des convulsions, sans qu'aucun des secours usités en pareil cas ait pu le sauver); mais le même air ayant été laissé avec les mêmes feuilles au soleil pendant quelques heures, s'est bientôt assez rétabli pour entretenir la flamme, et donner à l'eudiomètre (1) treize degrés; cinq heures plus

---

(1) L'eudiomètre est un instrument au moyen duquel on

tard il s'est trouvé beaucoup plus pur que l'air atmosphérique, et a marqué trente-deux degrés. » Ceci démontre que les feuilles, comme toutes les parties vertes, dégagent de l'acide carbonique dans l'obscurité, et de l'oxigène à la lumière. Voyons, dans un certain laps de temps, quel est celui de ces deux gaz qui l'emporte : M. De Saussure fit passer dans un ballon de verre plein d'air atmosphérique une branche chargée de feuilles qui tenait encore au tronc dont les racines végétaient dans la terre; il luta le ballon de manière à ce que l'air extérieur ne pût en aucune manière y pénétrer; au bout de deux à trois semaines, il trouva que l'air du ballon contenait une quantité de gaz oxigène plus grande que lorsqu'il commença l'expérience.

C'est sur la connaissance que l'on a de ces phénomènes qu'est fondée la mesure sanitaire prise dans la plupart de nos villes, de planter en arbres tous les terrains dont il est possible de disposer pour cela; il est certain que si l'on pouvait planter toutes les rues comme le sont les boulevards à Paris, on ne verrait pas la population sédentaire des grandes villes dégénérer aussi rapidement par l'effet des gaz délétères qu'elle respire sans cesse.

Pour qu'un végétal jouisse de toute sa santé, il faut donc

---

mesure la quantité d'oxigène contenue dans l'air atmosphérique. Berthollet est celui de nos savans qui a inventé l'eudiomètre que je crois le plus juste. Il consiste dans un tube de verre étroit et gradué, contenant l'air que l'on veut essayer; on y introduit un cylindre de phosphore fixé sur une tige de verre, et le tube est tenu renversé sur l'eau. Le cylindre de phosphore doit être assez long pour traverser à peu près tout l'air contenu dans le tube. Il s'élève immédiatement du phosphore des vapeurs blanches qui remplissent le tube; elles continuent de s'exhaler ainsi jusqu'à ce que l'oxigène se soit combiné en totalité avec le phosphore. Il résulte de cette combinaison de l'acide phosphorique, qui, à raison de son poids, gagne la partie inférieure du vaisseau, et qui est absorbé par l'eau. Le résidu ne consiste plus que dans l'azote de l'air, tenant en dissolution une portion de phosphore qui, ainsi que s'en est assuré Berthollet, augmente son volume de 0,025; par conséquent le volume du résidu, diminué de 0,025, donne le volume de gaz azote de l'air analysé. En retranchant ce volume de celui primitif de la masse d'air essayé, on a la proportion du gaz oxigène contenu dans cet air.

qu'il soit constamment en contact avec l'air atmosphérique, qui, outre les fonctions essentielles que nous venons d'énumérer, agit encore concurremment avec la chaleur pour vaporiser et entraîner l'humidité qui sans cela séjournerait sur les branches, l'écorce, etc., et occasionnerait la décomposition des parties. C'est surtout dans les serres, où les végétaux renfermés et plus ou moins privés de lumière, sont plus sujets à l'étiolement, qu'il est nécessaire de faire pénétrer l'air toutes les fois que la température le permet. Pour y parvenir on ouvre les portes, on soulève les panneaux vitrés, on établit des ventouses, enfin on emploie tous les moyens que l'on peut imaginer, et on les emploie le plus souvent possible. L'arbre cultivé dans les champs peut aussi quelquefois manquer d'une quantité suffisante d'air si on le laisse étouffer par des arbres plus grands et trop rapprochés, par des plantes grimpantes qui couvrent son tronc, etc., etc.

## DE L'EAU, ET DE SES EFFETS SUR LA VÉGÉTATION.

L'eau était regardée par les anciens comme un élément, parce qu'ils la croyaient une substance simple; nous savons aujourd'hui qu'elle est composée de deux corps simples, qui sont :

| | |
|---|---|
| Oxigène.............. | 85 |
| Hydrogène............ | 15 |
| | 100 |

Dans son état de pureté, que l'on obtient par la distillation, elle est transparente, inodore, presque insipide, élastique, incolore, susceptible de transmettre les sons, de s'attacher à la plupart des corps, et même de les pénétrer en raison de l'affinité plus ou moins puissante que leurs molécules ont avec celles de l'eau.

Elle est indispensable à la vie des animaux et des végétaux, elle existe dans quatre états différens : 1°. à celui de glace; 2°. à celui de liquide, et c'est son état le plus habituel, état occasionné par la présence du calorique interposé entre ses molécules; 3°. à celui de vapeur; 4°. enfin combinée avec d'autres corps.

L'eau qui se trouve répandue à la surface de la terre, soit dans les profonds bassins des mers, soit dans les lits des fleuves, des rivières, des lacs, etc., passe continuellement dans l'atmosphère sous la forme de vapeurs légères et d'une extrême subtilité. L'action du calorique est la seule cause de cette évaporation; en dilatant, séparant les molécules aqueuses, il les rend tellement ténues, qu'elles se trouvent soulevées par l'air atmosphérique dont elles gagnent les régions supérieures. Une propriété de l'humidité, ou de la vapeur, est de pénétrer les corps, principalement ceux que l'on nomme organisés, de les étendre et d'augmenter leur volume, et c'est sur cette faculté de l'eau bien reconnue, que l'on a inventé l'*hygromètre*, instrument servant à mesurer la quantité surabondante d'humidité qui peut régner dans l'atmosphère. Celui que M. De Saussure a inventé est assez exact; il consiste en un long cheveu, parfaitement dégraissé, et dont l'une des extrémités est fixée à un point immobile; l'autre extrémité, après s'être contournée deux fois sur une petite poulie très mobile, supporte un poids de quelques grains, destiné à tendre convenablement toute la longueur du cheveu; au centre de la poulie est fixée une aiguille très légère qui se meut le long d'un quart de cercle, et suivant sur son pivot les mouvemens de la poulie que produit le cheveu, soit qu'il s'allonge lorsqu'il absorbe de l'humidité, soit qu'il se raccourcisse lorsque cette vapeur d'eau passe ensuite dans l'air devenu plus sec. Pour marquer les points de division, ou les degrés, sur le cadran, voici le moyen qu'il employa : il mit l'instrument dans un vase dont il avait parfaitement desséché l'air intérieur, en y tenant renfermées pendant deux ou trois jours des substances dessiccatives, telles que la chaux; il obtint de cette manière le *maximum* de la sécheresse, et il nota d'un zéro le point que marquait l'aiguille dans cette circonstance; alors il transporta l'hygromètre sous un autre vase saturé d'humidité au moyen d'un plat d'eau bouillante qu'il y fit séjourner quelque temps, et appela cent le point marqué par l'aiguille; il divisa ensuite l'intervalle en cent parties égales qu'il nomme degrés. Ceci suffit pour faire concevoir l'instrument et son usage.

Parmi les météores qui doivent leur origine à l'eau, nous ne citerons que ceux qui ont une influence directe avec la végétation; tels sont : la rosée, le brouillard, la pluie, la neige et la grêle.

La ROSÉE est cette humidité qui, pendant la nuit, se répand sur les plantes en forme de gouttelettes brillantes. Tous les corps ne l'attirent pas également; les plantes, en général, les herbes, les feuilles d'arbre, le verre poli, la reçoivent parfaitement, et les métaux polis sont de tous les corps ceux qui l'attirent le moins; quelques uns même, tels que l'or et l'argent, n'en reçoivent jamais une humidité appréciable, selon plusieurs physiciens. Cependant M. Wells prétend avoir aperçu une légère couche d'humidité à la surface de quelques miroirs d'or, d'argent, de platine, de cuivre, d'étain, de plomb, de zinc, de fer et d'acier. Une chose fort remarquable, c'est que la quantité de rosée qui se précipite sur les corps ne dépend pas seulement de leur constitution et de leur nature, mais encore de la situation dans laquelle ils se trouvent placés par rapport aux objets circonvoisins. En général, tout ce qui tend à diminuer la partie du ciel qui peut être aperçue de la place que le corps occupe, diminue aussi la quantité de rosée dont ce corps pourrait se couvrir. Les corps qui attirent le plus de rosée sont ceux qui se refroidissent plus que l'atmosphère pendant les nuits calmes et sereines; d'où l'on peut conclure que la rosée n'est que la condensation de la vapeur aqueuse promenée dans l'air, lorsqu'elle se trouve en contact avec un corps assez froid pour s'emparer de la portion de calorique qui la forçait à la vaporisation.

Il ne faut pas confondre la rosée provenant de l'humidité de l'air avec celle qui résulte de la transpiration des plantes.

On distingue deux espèces de rosée; celle du soir, que l'on nomme le *serein*, et celle qui se manifeste le matin. Celle du soir est malsaine pour les animaux, surtout dans les environs des marais et des grandes villes, parce que cette vapeur aqueuse, en se condensant quand la fraîcheur de la nuit commence à la saisir, entraîne avec elle, en tombant, des émanations délétères qui s'étaient élevées avec elle.

La chaleur est la cause première de la vaporisation, et par conséquent de la rosée; aussi celle-ci est-elle beaucoup plus abondante en été qu'en hiver, et dans les climats chauds plus que dans les climats froids ; elle est extrêmement utile, surtout dans ces premières contrées, pour rendre aux végétaux la fraîcheur et l'humidité salutaire qu'un soleil desséchant leur enlève pendant le jour. Elle contribue aussi à la nutrition, comme la pluie. Dans les pays froids ou tempérés il est quelquefois avantageux d'en garantir les plantes délicates, surtout les jeunes semis, mais seulement pour ne pas leur faire éprouver un abaissement de température.

Le BROUILLARD est un amas de vapeurs aqueuses qui, étant trop abondantes, se trouvent, par défaut de chaleur, dans un tel état de condensation, qu'elles paraissent parfaitement à la vue en altérant la transparence de l'air. Il prend le nom de *bruine* lorsqu'il tombe sous la forme de gouttelettes aqueuses extrêmement fines. Lorsque le brouillard n'est composé que de vapeurs aqueuses, il est inodore, et ne paraît nuisible ni aux animaux ni aux plantes ; mais il s'y mêle souvent des exhalaisons âcres, salines, délétères, qui le rendent très malsain. Alors son odeur est forte ; il affecte les yeux, et endommage gravement les végétaux, surtout les blés. On lui attribue quelques effets pernicieux qui ne lui appartiennent pas. Par exemple, on a cru assez généralement, et des auteurs ont imprimé, qu'en 1827 les brouillards du printemps amenèrent ou développèrent un déluge d'insectes, de chenilles, qui, se répandant sur les arbres, et principalement sur les pommiers des environs de Paris, en dévorèrent totalement les feuilles et les fruits, en sorte que les récoltes se trouvèrent nulles, quoique la floraison eût été magnifique avant les brouillards. On ne doit attribuer la malheureuse multiplication des insectes nuisibles qu'au peu d'intensité du froid pendant l'hiver, et le brouillard, loin de la favoriser, a dû la diminuer beaucoup. Nous sommes trop instruits aujourd'hui en histoire naturelle pour que j'aie besoin d'apporter des preuves à l'appui de cette opinion.

La PLUIE est aussi indispensable à la végétation que tous les autres agens, surtout dans les pays sans irrigation, et où les rosées sont peu abondantes, comme en Europe. La pluie résulte de diverses causes, que M. Fellens expose ainsi, dans son *Manuel de Météorologie* : « 1°. Toutes les fois que la densité, et par conséquent la pesanteur spécifique de l'air, éprouve une diminution par une cause quelconque, les vapeurs qui se trouvaient suspendues, pour ainsi dire, dans l'atmosphère, cessent d'être maintenues en équilibre, et s'abaissent ou retombent par leur pesanteur; 2°. lorsque les vapeurs qui avaient été raréfiées par l'action de la chaleur sont parvenues dans une région très élevée, le refroidissement a lieu; elles se condensent, deviennent plus *compactes*, et sont entraînées, par l'effet de leur poids, dans les régions inférieures; 3°. si les nuages sont poussés et comprimés par des vents qui soufflent dans une direction opposée, alors les molécules aqueuses se réunissent avec facilité, et se précipitent sur la terre; 4°. la réunion des particules aqueuses s'opère aussi quand un nuage est poussé sur la terre, soit par un vent supérieur qui se dirige de haut en bas, soit par un vent qui souffle horizontalement sous la nue, chasse l'air qui la soutenait, et l'oblige à tomber pour remplir le vide que le déplacement subit a produit; 5°. l'électricité est aussi un des principaux agens du phénomène de la pluie. En effet, lorsqu'un nuage électrisé en rencontre un autre chargé d'une électricité contraire, ces deux nuages s'attirent avec violence, s'entrechoquent, et leurs molécules aqueuses se réunissent dans cette opération, se resserrent, et forment des gouttes de pluie ordinairement fort grosses; 6°. la pluie redouble lorsque les particules aqueuses d'une nue orageuse ou d'une nuée qui se trouve dans un état puissant d'électricité, sont dispersées par l'explosion électrique; alors elles se grossissent par l'addition des vapeurs répandues dans l'atmosphère, et tombent avec précipitation; 7°. lorsque les nuages sont électrisés positivement ou en plus, et la terre négativement ou en moins, c'est-à-dire lorsque les nuages contiennent plus que leur quantité naturelle d'électricité, et que la terre en manque momentanément, comme on peut le remarquer à l'instant d'un orage, les molécules d'eau, répandues à la surface des nuages, sont attirées par la terre et tombent en forme de grosse pluie, mais les gouttes en sont rares. »

Lorsque les gouttes d'eau sont très grosses, c'est assez ordinairement la preuve qu'elles tombent de très haut, et que les molécules aqueuses ont le temps de se réunir plusieurs ensemble en traversant les espaces de l'air.

La quantité de pluie qui tombe dans les différentes contrées, année commune, est fort grande généralement; elle est plus considérable dans le voisinage des mers, des lacs et des rivières, et dans celui des montagnes et des grandes forêts, parce qu'elles attirent et condensent les nuages. Cette table, extraite de l'*Annuaire du bureau des longitudes*, fournit un aperçu de la quantité moyenne d'eau qui tombe dans les principales villes du monde.

| | |
|---|---|
| A Paris | 53 centimèt. |
| A Lyon | 89 |
| A Lille | 76 |
| A Gênes (Italie) | 140 |
| A Naples (Italie) | 95 |
| A Venise (Italie) | 81 |
| A Utrecht (Pays-Bas) | 73 |
| A Saint-Pétersbourg (Russie) | 46 |
| A Upsal (Suède) | 43 |
| Au Cap-Français (Saint-Domingue) | 308 |
| A la Grenade (Antilles) | 284 |
| A Calcuta (Bengale) | 205 |
| A Kendal (Angleterre) | 156 |
| A Liverpool (Angleterre) | 86 |
| A Londres | 53 |

Cette table est fondée sur cinquante ans d'observations qui se continuent encore aujourd'hui.

Dans quelques contrées, il ne pleut presque pas du tout; par exemple, en Barbarie et dans les déserts de l'Afrique, en Arabie et dans les autres pays septentrionaux de l'Asie. Il ne pleut jamais au Pérou, dans une grande partie de la côte occidentale de l'Amérique, depuis le cap Blanc jusqu'à Coquimbo. Mais dans tous ces pays, des rosées très abondantes et des brouillards fréquens entretiennent la vigueur de la végétation en lui fournissant l'humidité nécessaire.

La pluie, dans nos climats, est une des premières sources de la fertilité. Elle fournit aux plantes de la nourriture tirée de ses propres principes, et, en dissolvant les sels terreux, elle les rend propres à être absorbés avec l'eau par les racines. Nous reviendrons sur ces effets quand nous en serons aux phénomènes généraux de l'eau relativement à la nutrition, et à l'article des arrosemens. Nous nous bornerons à faire observer ici que les pluies de printemps, d'avril et mai, lorsqu'elles ne sont pas assez abondantes pour absolument détremper la terre, et surtout nuire à la floraison, sont les plus favorables à la végétation; celles d'été, de juin, juillet et août, quand elles sont presque continuelles comme cette année (1828), occasionnent la pourriture, hâtent la seconde sève, et nuisent à l'agriculture.

Des pluies trop abondantes font *couler* les fruits, et produisent ce pernicieux effet de deux manières : 1°. lors de la floraison elles font avorter les fleurs. On sait que le pollen fécondant des plantes consiste en de petites vésicules remplies de la liqueur spermatique. Ces vésicules ont la singulière propriété d'éclater et de laisser épancher la liqueur qu'elles contiennent quand elles se trouvent en contact avec l'humidité; et c'est pour cela que l'on voit les stigmates toujours humectés. S'il pleut continuellement pendant la floraison, les vésicules de pollen reçoivent des gouttes d'eau à mesure qu'elles s'échappent des anthères, elles éclatent avant d'être parvenues sur les stigmates, leur liqueur se diperse et se perd, il n'y a pas de fécondation, et de là l'avortement des fruits; 2°. lorsque les racines sont trop abreuvées, elles renvoient aux tiges une grande quantité de sève qui se porte au bois; celui-ci se développe considérablement aux dépens des fruits, ou il en résulte une des causes générales des maladies, comme nous l'avons dit page 147.

La NEIGE est le résultat du froid sur les vapeurs atmosphériques. Quand l'atmosphère est assez refroidie pour convertir en glace les molécules d'eau qui s'y élèvent, il se forme dans les régions supérieures des parcelles de glace extrêmement minces, qui, soumises à l'influence du vent, se rapprochent les unes des autres, s'entrechoquent, s'unissent par l'effet du contact, et produisent des flocons souvent fort gros quand ils parviennent à terre.

La neige est fort utile à la végétation. Ce sont ces masses qui couvrent éternellement les plus hautes montagnes du globe qui y forment les immenses glaciers dont viennent les sources des fontaines, des ruisseaux et des rivières qui arrosent la surface de la terre. Elle est imprégnée des sels qu'elle entraîne avec elle des hautes régions de l'air qu'elle traverse en tombant; elle les dépose dans la terre, et contribue ainsi puissamment à sa fertilité. Mais c'est surtout en agissant comme abri, que ses effets sont le plus remarquables et le plus salutaires. Elle garantit les semis de l'action des froids excessifs qui règnent pendant l'hiver dans de certaines contrées, surtout quand elle existe en couche épaisse. On a remarqué, dans cette circonstance, un redoublement de froid qui, selon M. Fellens, « provient incontestablement de celui que la neige répand naturellement; en d'autres termes, pour parler plus exactement, puisque le froid n'est que la diminution ou l'absence de la chaleur, l'effet que nous examinons ici est produit d'abord par l'absorption du calorique, qui se répand dans la neige pour se mettre en équilibre, ensuite par l'espèce d'attraction que les couches froides de l'atmosphère supérieure exercent également sur le calorique des couches inférieures. L'énergie de ces premières causes augmente encore d'intensité, parce que les vapeurs chaudes qui s'exhaleraient de la terre étant retenues dans son sein par la croûte de neige qui intercepte leur passage, ne peuvent obscurcir la sérénité de l'air. Aussi est-il ordinaire d'avoir une suite de jours sans nuages après la chute de la neige. D'un autre côté, cette même couche de neige ayant un pouvoir conducteur extrêmement faible, oppose, pour peu qu'elle ait d'épaisseur, un obstacle presque insurmontable au passage du *froid atmosphérique* dans le sol qu'elle recouvre. Mais, ajoute ici M. Arago, ce n'est pas là seulement que se borne son utilité : la neige fait aussi l'office d'un écran, et empêche, par sa présence, que le sol qu'elle abrite n'acquière la nuit, en rayonnant vers le ciel lorsqu'il est serein, une température de plusieurs degrés inférieure à celle de l'air. C'est à sa surface que s'opère ce genre de refroidissement; et à cause du manque de conductibilité, le sol y participe à peine. »

Sous une épaisse couche de neige, la chaleur se concentre au point que le thermomètre monte assez souvent au-dessus du degré de la congélation. Aussi voit-on, surtout dans le Nord, une assez grande quantité de plantes, du reste assez délicates, végéter et souvent fleurir sous la neige; telles sont, par exemple, des primevères, des galanths, des scilles, des tussilages, etc. On sait combien la végétation de nos seigles et de nos fromens se trouve avancée au printemps, quand ils ont resté ensevelis quelques mois sous la neige.

Mais quelques auteurs ont avancé que la neige avait encore un but d'utilité, celui de faire périr les insectes pernicieux aux récoltes; en cela ils se sont trompés, car elle conserve leurs œufs et leurs larves confiés à la terre, comme elle conserve les graines des végétaux.

La GRÊLE est un des plus grands fléaux de l'agriculture. Lorsque les vapeurs aqueuses se sont élevées dans les régions supérieures de l'atmosphère, et qu'elles se trouvent subitement dépouillées de leur calorique, elles se gèlent, et tombent en glaçons plus ou moins gros, constituant la grêle. Laissons encore M. Fellens nous apprendre la théorie de ce phénomène meurtrier. « Jusqu'à présent nous nous sommes borné à considérer le calorique comme rayonnant de la surface de la terre vers les espaces célestes, il s'agit maintenant de transporter le siége de nos observations dans les régions plus élevées, et de concevoir que le rayonnement s'opère à toutes les hauteurs imaginables vers le ciel; et ce n'est point ici une de ces hypothèses que l'imagination enfante, et que l'observation vient renverser aussitôt. Le froid qui réside éternellement sur les hautes montagnes du globe, celui que ressent un aéronaute observateur, quand il s'élance, à l'aide de son ballon, jusque dans les parties supérieures de l'atmosphère; tout nous prouve, de la manière la plus incontestable, que le rayonnement n'est pas limité à la surface de la terre; et quoique nous ayons remarqué que l'absence du soleil et la pureté du ciel sont des conditions nécessaires pour le rayonnement, il n'en est pas moins prouvé, qu'à certain degré d'élévation dans l'atmosphère, la chaleur que répand le soleil se trouve pour ainsi dire compensée et détruite par le pouvoir rayonnant des corps exposés à l'air libre. D'un autre côté, les vapeurs, à quelque degré d'élévation qu'elles parviennent, sont continuellement soumises, du moins par leur surface supérieure, à l'influence d'un ciel pur et constamment serein. Cela posé, il sera facile d'expliquer ou de comprendre la formation de la grêle. En été, c'est la saison où ce phénomène est le plus commun, l'atmosphère se trouve, après quelques jours d'une chaleur violente, saturée de vapeurs qui se portent, par l'effet de leur ténuité, dans une région fort élevée. Tant que le calorique terrestre, augmenté de celui que lance sans cesse l'astre du jour, rayonne librement vers le ciel, ces vapeurs restent dans l'état gazeux, et se trouvent répandues au sein de l'air sans en troubler la transparence, jusqu'à ce que, saisies par le froid des hautes régions atmosphériques, elles se condensent et prennent la forme de nuages. Il est évident que ces nuages, comme des espèces d'écrans, interceptent le passage du calorique terrestre, et que plus la nuée aura d'épaisseur, plus l'obstacle qu'elle offrira deviendra remarquable. Mais les molécules d'eau qui composent un nuage, doivent toujours être plus condensées vers la terre que du côté du ciel; c'est une suite des lois de la pesanteur. Il en résulte que le rayonnement terrestre, arrêté dans sa marche par un corps à peu près opaque, et dont la vertu conductrice est extrêmement faible, se réfléchit de nouveau, et cause ces chaleurs étouffantes qui règnent au moment d'un orage. L'effet contraire se manifeste à la partie supérieure de la nuée. Là, le rayonnement agit librement, et l'emporte sans doute, à raison de l'élévation, sur le pouvoir échauffant des rayons du soleil. Cet effet se prouve par l'analogie. Il suffit de se rappeler que des glaces éternelles couvrent le sommet des montagnes, malgré l'influence des rayons solaires. Les molécules aqueuses se trouvant donc saisies presque subitement par un froid plus ou moins intense, se convertissent en glaçons de diverses grosseurs. On voit ainsi pourquoi, dans une même averse, les grêlons ont une dimension à peu près égale. Si cette cause ne paraît pas suffisante pour expliquer la formation des grêlons, quelquefois énormes, qui tombent d'une nuée, elle nous semble du moins rendre parfaitement raison de l'origine des noyaux primitifs. Une fois ces noyaux formés, ils grossissent probablement en gelant dans leur passage à travers l'atmosphère, et surtout à travers les nuages, les molécules d'eau qu'ils rencontrent, et en se couvrant ainsi de couches de glace continuellement superposées. Au reste, il est probable qu'on ne pourra jamais expliquer toutes les circonstances du météore, si l'on s'attache exclusivement à le faire dépendre d'une seule cause; car on ne peut nier qu'ici l'électricité ne joue un rôle important, et qu'elle ne concoure, avec le rayonnement, à former le phénomène de la grêle. En effet, l'analogie entre le calorique et l'électricité est démontrée. Or, quand l'eau est privée du calorique qui la tient en dissolution, nous savons qu'elle cesse d'être liquide et qu'elle se convertit en glace; de même, dans le cas d'un orage, l'électricité répandue au sein d'un nuage se trouvant détruite ou absorbée, soit par l'effet de la combustion, soit parce qu'elle a passé subitement dans un autre nuage moins électrisé, soit enfin que deux nuages chargés d'électricité de nature diverse, s'attirent, et que le fluide électrique se neutralise au moment du contact; dans ces diverses circonstances, l'électricité se trouvant en quelque sorte soutirée instantanément du nuage qu'elle tenait dissout, le détermine, par cette absence subite, à se convertir en glace; mais l'électricité, qui tend sans cesse à se mettre en équilibre, revient bientôt dans le nuage qu'elle avait quitté, et produisant une violente commotion, elle le brise en parcelles de toute forme et de toute grosseur, en molécules de glace, en grêlons enfin, qui, se couvrant d'une croûte nouvelle, s'arrondissent en raison directe du temps qu'ils emploient pour arriver à terre après leur formation. Rien n'empêche de penser aussi que le contact, ou plutôt le choc des grêlons entre eux, ne contribue à détruire leurs saillies, leurs angles, en brisant les pointes et les arêtes qui se forment à leur surface. »

Depuis plusieurs années on a beaucoup vanté les paragrêles, consistant en une perche surmontée d'une pointe de fer ou de cuivre, que l'on fait communiquer avec la terre par le moyen d'un fil métallique disposé le long de la perche. Comme toutes les choses nouvelles, la mode et l'engoûment s'en sont mêlés, et l'on a vu même des sociétés d'agriculture préconiser cette machine dont elles jugeaient, comme on le dit vulgairement, sur l'étiquette du sac. Malheureusement les effets n'ont pas répondu à ce qu'on en attendait, et ont donné un démenti formel aux prôneurs. L'Académie des Sciences de Paris, dans sa séance du 8 mai 1826, avait déjà reconnu et déclaré l'inutilité de ce moyen, quand un de nos célèbres physiciens, M. Arago, vint lui porter le dernier coup. Voici ce qu'il en dit dans son Annuaire de cet année : « Si l'on pouvait croire à l'efficacité des paragrêles, ce serait à la seule condition qu'ils couvriraient une grande étendue de pays ; il y aurait trop d'absurdité à prétendre garantir un champ, une vigne, avec quelques perches, quand les vignes et les champs voisins n'en renfermeraient pas. L'expérience a d'ailleurs prononcé, car il grêle fréquemment dans l'intérieur des villes, au milieu des paratonnerres, sur ces appareils eux-mêmes. Les agriculteurs trouveront toujours, soit dans les assurances mutuelles, soit dans les assurances à prime, convenablement graduées suivant les contrées, un préservatif assuré contre les ravages de la grêle, et beaucoup plus économique que la multitude de perches dont ils devraient couvrir leurs propriétés. Les sociétés d'agriculture acquerront de nouveaux droits à la confiance publique, lorsqu'elles favoriseront d'aussi utiles établissemens ; elles manqueront au contraire leur but en préconisant des moyens préservatifs dont aucune expérience authentique n'a montré jusqu'ici l'efficacité. »

La grêle nuit aux végétaux en les blessant, les meurtrissant par son choc, ce qui amène toujours la décomposition de la partie frappée. Lorsqu'elle a fait un grand nombre de blessures à un arbre, si on ne peut pas les faire disparaître par des amputations, il ne reste qu'un moyen, c'est de couper le sujet près de terre et de lui former une nouvelle tige.

Nous venons d'envisager l'eau dans ses différens états, il nous reste à parler de ses fonctions dans son état naturel ou liquide. Elle tient en dissolution une certaine quantité de sels, de terres, de matières animales et végétales, qui sont absorbées par les racines et charriées par la sève dans le tissu organique, qui s'en assimile une partie : une autre s'échappe par la transpiration. Même dans son plus grand état de pureté, l'eau peut, jusqu'à un certain point, fournir des alimens à la végétation, en lui cédant l'oxigène et l'hydrogène dont elle est composée ; aussi des expériences ont-elles prouvé qu'une graine pouvait germer, se développer et prendre un certain degré d'accroissement dans de l'eau distillée, seulement la plante s'étiole promptement, parce qu'elle manque de carbone, et par conséquent de solidité. C'est sur toutes ces connaissances que nous allons établir la théorie des arrosemens.

*Des Arrosemens.*

La meilleure eau, pour arroser, sera 1°. celle qui contiendra, en *dissolution*, la plus grande partie des matières qui servent à la nutrition des plantes; 2°. celle qui contiendra des substances capables de se combiner avec le sol; 3°. l'eau pure. Celle qui sera chargée de principes insolubles, comme par exemple la sélénite ou gypse spathique, sera la plus mauvaise, parce que les matières qu'elle contient obstrueront les vaisseaux absorbans des plantes.

L'eau de pluie étant la plus pure que l'on trouve généralement, est excellente en ce que, n'étant pas encore saturée, elle jouit, au plus haut degré, de la faculté de dissoudre les sels terreux propres à pénétrer avec elle dans le tissu végétal. L'eau de rivière vient après, parce qu'elle s'est chargée, dans sa route, des sels nutritifs qu'elle a pu dissoudre. Les eaux de puits et de fontaine peuvent avoir différentes qualités, selon qu'elles approchent plus ou moins de l'état de pureté; elles sont bonnes quand les légumes cuisent bien dedans, et qu'elles dissolvent le savon. Les jardiniers les disent *crues* lorsqu'elles sont séléniteuses. Les eaux composées sont les meilleures de toutes, quand on les emploie avec ménagement et intelligence.

Écoutons un instant les conseils du savant cultivateur M. Noisette: « Nous allons donner, dit-il, quelques compositions que l'usage nous a appris être les meilleures; mais en recommandant de ne les employer que pour les végétaux malades ou languissans, car elles agissent toujours comme stimulans; elles hâtent la végétation, mais elles finiraient bientôt par épuiser les plantes si on en abusait.

« Dans cinq tonneaux, chacun de la contenance d'environ 290 litres, on place savoir : dans le numéro

1. Fumier de mouton..... un double décalitre.
2. Poudrette............ un double décalitre.
3. Colombine........... un double décalitre.
4. Sel marin............ dix-huit livres.
5. Urine............... trente litres.

« On achève de remplir avec de l'eau, et on laisse fermenter pendant trente ou quarante jours. Si l'on employait ces compositions de suite, on courrait risque de nuire à quelques racines tendres. Dans de certaines circonstances, on fait usage de l'eau de chacune de ces compositions séparément; dans d'autres, on les mêle par portions égales dans un autre vase, et on se sert du mélange pour les arrosemens. Je n'emploie généralement, dans mon établissement, ces diverses eaux mélangées, que pour des végétaux voraces et de la nature de l'oranger; il faut observer que ces arrosemens ne conviennent que pour les plantes à l'air libre. »

Toutes les plantes n'exigent pas la même quantité d'eau. Par exemple, les plantes grasses, dont les feuilles et les tiges charnues tirent une grande partie de leur nourriture de l'air, en veulent très peu, et pourriraient infailliblement si on leur en donnait une surabondance. Les végétaux à tissus secs et ligneux, en veulent davantage; mais, en règle générale, il faut se borner à tenir la terre dans un état médiocre d'humidité permanente, sans jamais la mouiller assez pour la refroidir et arrêter sa fermentation. Néanmoins les plantes aquatiques, celles qui croissent dans les marais, sur le bord des ruisseaux, font exception à cette règle; non seulement il leur faut des arrosemens très abondans, mais quelques unes même demandent à être constamment submergées. Dans les circonstances ordinaires, il vaut donc mieux réitérer souvent les arrosemens que de les donner très copieux à de longs intervalles. Les heures auxquelles on arrose ne sont pas indifférentes; elles doivent varier selon les saisons et la température. Au printemps et en automne, lorsque les jours sont courts, que les rayons du soleil ont peu de force et que les nuits sont fraîches, il faut arroser dans la matinée, afin que la terre ait le temps de se réchauffer. On conçoit aisément que si l'on arrosait le soir, la fraîcheur de l'eau se joignant à celle de la nuit, arrêterait la végétation. Au contraire, en été, on arrosera le soir, afin de maintenir plus long-temps, dans le sein de la terre, la fraîcheur et l'humidité nécessaire

On reconnaît facilement quand les plantes ont besoin d'être arrosées; leurs feuilles se fanent et se penchent vers la terre; l'extrémité herbacée de leurs jeunes rameaux se recourbe. Mais il ne suffit pas toujours de faire passer l'humidité sur leurs racines; quand il n'a pas plu depuis long-temps, et que la température est sèche et brûlante, il faut arroser leurs feuilles et leur tige, afin de leur rendre cette humidité salutaire qu'elles ne trouvent plus dans l'atmosphère. Mais cette opération doit se faire le soir, quand les rayons du soleil auront perdu leur force, et afin que les feuilles puissent se sécher pendant la nuit; car, si les rayons du soleil les surprenaient pendant qu'ils ont de l'activité, chaque goutte d'eau produirait l'effet d'un verre lenticulaire, et brûlerait la partie sur laquelle elle se trouverait, ou au moins y laisserait une tache de désorganisation.

Nous n'avons pas besoin de dire que les plantes en pots demandent à être arrosées plus souvent que celles qui sont en pleine terre, par la raison toute simple que la petite masse de terre qui entoure leurs racines étant peu considérable laisse évaporer plus vite l'humidité. L'hiver, quand elles seront dans la serre, il faudra néanmoins les ménager, et prendre garde de mouiller les feuilles, et surtout le cœur des plantes: comme l'air circule plus difficilement et en plus petite quantité, que la vaporisation est moins grande faute de chaleur, il en résulterait que ces parties seraient sujettes à pourrir.

Il sera facile d'appliquer aux irrigations les principes que nous venons d'enseigner.

## DES PHÉNOMÈNES DE LA NUTRITION.

Les phénomènes de la nutrition sont au nombre de quatre, savoir : 1°. l'absorption; 2°. la circulation de la sève; 3°. la transpiration; 4°. la sécrétion.

### DE L'ABSORPTION.

Comme il est reconnu qu'aucune molécule alimentaire ne s'introduit dans le tissu organique des plantes que dissoute ou au moins entraînée par l'eau, nous devons d'abord examiner comment et par où l'eau pénètre dans un végétal, et quels principes elle entraîne avec elle.

L'eau s'introduit dans les plantes par les pores radicaux et par les pores corticaux (au moins dans les végétaux qui ont un tissu vasculaire; les autres ne sont pas cultivés): nous classons parmi ces derniers les pores des feuilles et des autres parties qui pompent l'humidité de l'air. Toutes les parties des plantes sont fortement hygrométriques, et tendent sans cesse à se mettre en équilibre d'humidité avec le milieu dans lequel elles se trouvent; d'où il résulte que les racines étant placées dans un milieu plus humide qu'elles, elles doivent absorber l'humidité de la terre, et que la partie aérienne du végétal, lorsque l'air est plus sec qu'elle, doit laisser échapper des émanations aqueuses. L'expérience a prouvé ces deux faits; M. Brugman, ayant placé des plantes dans du sable sec, a vu leurs racines suinter des petites gouttelettes d'eau à leur extrémité.

Les végétaux contiennent une grande quantité de carbone qui ne peut être absorbé dans son état de pureté, puisque, dans ce cas, il est insoluble. Mais, combiné avec l'oxigène dont il s'empare, soit dans l'air, soit dans l'eau, il forme de l'acide carbonique, qui a la propriété de se dissoudre dans l'eau avec la plus grande facilité, et alors il peut être absorbé avec elle. L'acide carbonique est très répandu dans la nature; les matières animales et végétales en décomposition en fournissent une grande quantité. L'air en contient, en certaine proportion, l'eau, les humus végétaux, etc.

L'oxigène entre aussi dans la composition de toutes les substances végétales. On conçoit que l'eau, en étant composée, peut leur en abandonner une grande quantité dans sa décomposition dans les tissus organiques. L'air atmosphérique en fournit aussi, et l'introduit par les pores. Il est vrai que la lumière en dégage la quantité surabondante contenue dans les plantes; mais il est prouvé par des expériences de M. Th. De Saussure, qu'en décomposant l'acide carbonique elles s'approprient une partie de l'oxigène.

Les plantes ont, dans leur composition, une petite quantité d'azote, soit libre, soit combiné. Cet azote y est introduit par l'air, par l'eau qui en contient toujours une certaine quantité en dissolution, comme cela a été prouvé par M. Berthollet; et enfin par l'acide carbonique, car MM. Sennebier et Spallanzani y en ont toujours trouvé dans les expériences qu'ils ont faites à ce sujet. D'ailleurs les observations de M. Proust ont démontré que les plantes vertes, c'est-à-dire celles qui contiennent le plus d'acide carbonique, sont aussi celles qui fournissent le plus d'azote; les végétaux étiolés n'en offrent presque point à l'analyse.

L'hydrogène est évidemment introduit dans les organes des plantes à l'état d'eau, dont il est le principe constituant.

Nous concevons comment ces substances, qui font la masse principale des végétaux, peuvent être absorbées par les plantes, par la seule qualité hygrométrique de ces dernières. Mais par l'analyse on trouve encore des terres, des sels et même des métaux dans leurs tissus; or il est prouvé qu'elles ne les forment pas de toutes pièces, et qu'elles les tirent de la terre et de l'atmosphère. Si ces matières y étaient simplement en suspension, leurs molécules, aussi fines qu'on puisse les imaginer, obstrueraient les pores aspirans, et empêcherait la circulation. Ceci est prouvé par les expériences de Sennebier; il a vu que les plantes qui trempent dans l'eau de fumier (laquelle contient beaucoup de carbone en suspension) aspirent moins que celles qui sont trempées dans un mélange de moitié eau de fumier et moitié eau pure; celles-ci moins que celles qui sont plongées dans de l'eau pure. Il faut donc que les matières terreuses et autres se trouvent dans l'eau à l'état de dissolution, ou à celui de gaz dans l'air, pour pouvoir être absorbées.

On a remarqué que, lorsque l'on plonge les racines d'un végétal dans de l'eau distillée tenant en dissolution une matière solide, elle absorbe toujours plus d'eau que de matière dissoute, de manière que l'eau qui reste en est plus saturée qu'elle n'était avant. Si l'eau contient plusieurs substances en dissolution, elles ne seront pas toutes absorbées dans les mêmes proportions : les plus liquides le seront en plus grande quantité, et les plus visqueuses le seront beaucoup moins. On en doit tirer cette conséquence que les végétaux n'absorbent pas les matières en raison de leur importance dans l'organisation de l'individu, mais en raison de leur plus ou moins de liquidité.

## DE LA CIRCULATION DE LA SÈVE.

Toutes les matières que nous venons d'énumérer, une fois introduites dans le végétal, forment cette liqueur limpide que l'on appelle *sève*. Nous avons vu la manière dont elle est absorbée; voyons à présent quelles sont les lois qui occasionnent son ascension, et quelle est sa marche. En faisant végéter des plantes dans de l'eau colorée, on a reconnu que la sève monte constamment par le corps ligneux, par le bois dans les jeunes végétaux, par le bois et l'aubier quand ils ont atteint l'âge adulte, par l'aubier seul quand ils atteignent la vieillesse. Ceci est prouvé par l'expérience. On a vu des arbres dépouillés de leur écorce, dans le bois desquels la sève continuait à monter; si, au printemps, on fait avec une tarière un trou qui perce jusqu'au centre d'un jeune peuplier, on entend un bruit sourd, et on en voit sortir une quantité notable d'eau, phénomène qui n'a pas lieu si le trou est peu profond. Mais, quand l'arbre vieillit, les vaisseaux ligneux s'obstruent, perdent leur *irritabilité*, la sève les abandonne faute de pouvoir s'y introduire; alors elle se jette dans les couches de bois les plus nouvelles et dans l'aubier. Il n'est pas rare de rencontrer des arbres creux, n'ayant plus que l'écorce et une couche assez mince d'aubier, végétant néanmoins avec vigueur.

Mais quelle est la force occulte qui contraint la sève à monter des racines aux branches ? Voilà la question qui a exercé tous les naturalistes, sans qu'on ait encore pu en donner une solution satisfaisante. Grew cherche la cause de ce phénomène dans le jeu des utricules; Malpighi dans l'action de la température qui condense et raréfie la sève alternativement; de La Hire suppose l'existence de valvules qui empêcheraient le liquide de redescendre, après que l'expansion de l'air l'aurait forcé à monter; Perraut compare cette ascension à une simple fermentation; il en est qui la rapportent à un effet hygrologique; d'autres la regardent comme un effet naturel de la capillarité des vaisseaux; quelques uns enfin l'attribuent au vide que la transpiration opère dans certaines parties du végétal. Mais une seule objection renverse toutes ces hypothèses : pourquoi ces différentes causes n'agissent-elles pas sur un végétal mort ? De Candolle et Mirbel donnent la force vitale pour cause de ce phénomène. Écoutons le dernier : « La succion, la transpiration et la marche des fluides, dit ce savant, dépendent de la *force vitale*; mais parce que nous voyons que cette force vitale n'agit pas toujours avec une égale intensité, et que même ses effets sont modifiés par des causes extérieures, il nous reste à connaître ces causes, et l'influence que chacune d'elles exerce sur les phénomènes de la végétation. Le calorique est celle dont l'action est moins équivoque. Indépendamment de ce qu'il détermine l'évaporation, il agit encore comme stimulant de l'irritabilité, puisqu'il faut différens degrés de chaleur pour faire entrer en sève les différentes espèces, et que chacune est douée d'une force particulière, au moyen de laquelle elle supporte, sans risque de la vie, un abaissement de température plus ou moins considérable. L'action de la lumière occasionne la décomposition du gaz acide carbonique et le dégagement de l'oxigène : c'est un fait que prouve l'expérience, quoique les théories chimiques n'en puissent rendre raison. Le fluide électrique a sans doute quelque influence sur la vie végétale; mais, jusqu'à ce jour, on ne sait rien sur ce sujet. La raréfaction et la condensation de l'air contenu dans les vaisseaux, contribuent au mouvement des fluides. La plante, au moyen de l'air, agit comme une pompe foulante ou aspirante; mais cet effet a pour cause les variations de l'atmosphère, et l'air n'est ici qu'un véhicule que la température met en jeu. Quant à l'attraction capillaire, elle tend sans cesse à introduire et retenir dans le tissu végétal une quantité considérable d'humidité; et, par cette raison, il n'y a pas de doute qu'elle n'aide à la nutrition; mais le tissu végétal, privé de vie, ne cesse pas d'être hygrométrique, parce que cette propriété résulte de formes que la mort ne détruit point; ainsi on ne saurait expliquer certains mouvemens de la sève qui ne se manifestent que dans le végétal vivant, par les seules lois de l'attraction des tubes capillaires. » De Candolle dit : « Nous voyons que dans les animaux, l'œsophage est doué d'une propriété contractile qui force les alimens à passer de la bouche dans l'estomac, quelle que soit la position du corps. Pourquoi cette même propriété, qui, dans les animaux, est indépendante de la volonté, et qui, cependant, est liée à la vie, n'existerait-elle pas dans les végétaux ? Cette propriété contractile des vaisseaux des plantes n'est point une hypothèse gratuite ; et indépendamment du grand phénomène de l'ascension de la sève, il en est d'autres que nous ne pouvons concevoir sans elle. »

Nous allons donner notre opinion, qui ne peut être aussi qu'une hypothèse, mais qui nous paraît propre à expliquer d'une manière naturelle tous les phénomènes de la végétation.

La sève s'introduit dans les racines par la loi de l'équilibre des liquides aidée de celle de la capillarité, car on ne peut expliquer autrement la facult hygrométrique des corps.

L'équilibre fait monter la sève jusqu'au collet de la plante absolument comme l'eau monte dans un siphon. Parvenue là, son ascension continue en vertu de la capillarité; mais s'il n'y avait que ces deux causes, il est à peu près certain qu'elle ne s'élèverait pas à une grande hauteur. Les racines croissent, ce qui prouve qu'elles s'emparent d'une partie de la sève qui les parcourt; il en résulte dans les vaisseaux des endroits vides de liquide, mais remplis d'un gaz quelconque, sans doute de l'oxigène, provenant de la partie constituante de la sève qui n'a pas été assimilée au tissu organique du végétal. J'ai placé au foyer d'un miscroscope des morceaux très minces d'aubier de sureau, enlevés dans le sens longitudinal des vaisseaux, et je me suis assuré que la sève monte dans les canaux très déliés de la fibre ligneuse, de la même manière que le mercure que l'on aurait introduit dans un tube de verre sans l'avoir privé d'air; c'est-à-dire que la sève s'élève en colonne interrompue par des espaces remplis d'air, et forme ainsi des espèces de gouttelettes en chapelet; j'ai remarqué aussi que les espaces occupés par l'air, étaient toujours plus considérables que ceux occupés par la sève.

Nous connaissons les propriétés du calorique, nous savons qu'il dilate tous les corps, mais beaucoup plus ceux qui sont sous forme gazeuse que les autres. Nous avons aussi remarqué que la chaleur est le premier agent de la végétation, qu'elle accélère l'ascension de la sève et que le froid la retarde; de là je conclus que la chaleur en dilatant le gaz interposé entre chaque gouttelette de sève, les force à monter dans leur tube, et je fus confirmé dans mon opinion quand je vis la sève de mon morceau de sureau monter d'autant plus vite que la chaleur du soleil à laquelle je le soumettais par instant lui communiquait plus de calorique.

Dans l'expérience que j'ai faite, et qu'il est facile de répéter, on voit distinctement que chaque gouttelette de sève a la forme d'un cylindre qui serait un peu enflé vers les deux tiers supérieurs de sa longueur, ou celle d'un cône renversé, ce qui prouve évidemment que les vaisseaux qui les transportent se dilatent; cette dilatation vient-elle de la pression du liquide sur les parois qui le tiennent emprisonné? je ne le crois pas, car la pression du gaz devrait être plus grande, et c'est précisément la partie du tube où il se trouve placé qui devient constamment la plus étroite ; il faut donc avoir recours à l'irritabilité pour expliquer ce phénomène, et supposer que le gaz, qui doit être de l'oxigène comme on peut le déduire de tout ce que nous avons dit de la nutrition, stimule, irrite les parois des vaisseaux à son passage, et les force ainsi à se contracter. J'ai remarqué dans mon expérience, comme je l'ai déjà dit, que les rayons du soleil hâtaient beaucoup l'ascension de la sève, mais j'attribue cet effet à la chaleur, et nullement à la lumière.

Si l'on admet mon hypothèse, on concevra aisément pourquoi la chaleur développe la végétation et le froid la retarde ; pourquoi cette végétation sera d'autant plus activée que la température sera plus élevée, sans néanmoins qu'elle le soit assez pour vaporiser la sève, ce qui amènerait le desséchement de la plante et la mort. On expliquera comment il faut plus ou moins de calorique à telle ou telle plante, en raison de ce que sa sève sera plus ou moins légère et les parois des vaisseaux plus ou moins irritables ; on concevra pourquoi le végétal mort et ne jouissant plus d'aucune irritabilité, le phénomène cesse, etc., etc.

Les vaisseaux chargés de transporter la sève des racines au sommet de la plante, sont criblés de pores qui lui permettent de s'épancher latéralement ; ceci est prouvé par une expérience facile à faire ; que l'on plonge un rameau dans de l'eau distillée, colorée avec du carmin ou de l'indigo, que l'on coupe transversalement ce rameau, et l'on verra une auréole colorée se rendant du centre à la circonférence. Si l'on fait au tronc d'un arbre quatre entailles disposées de sorte que toutes les fibres du tronc soient coupées par l'une de ces entailles, on voit que l'arbre continue à pomper de la sève, laquelle doit nécessairement, pour arriver aux branches, se dévier de sa première direction. De quelle manière, sans cette déviation, pourrait-on expliquer comment un arbre greffé avec deux arbres voisins, et ensuite déraciné, peut être nourri par les deux arbres qui le portent ? comment une feuille dont on a coupé les nervures principales, continue à végéter ?

Ce passage de la sève du centre à la circonférence se fait par le tissu cellulaire, et c'est pendant ce trajet qu'elle commence à acquérir quelque qualité organique en s'assimilant à la nature parenchymateuse des organes qu'elle parcourt ; mais elle conserve encore sa limpidité afin de pouvoir s'infiltrer plus aisément de pores en pores. Je ferai remarquer que cette force d'expansion qui lui fait traverser le corps ligneux et l'aubier pour se rendre dans l'écorce, lui est communiquée par la pression qu'elle éprouve, comme je l'ai dit, dans les vaisseaux séveux, pression résultant de la dilatation des gaz par la chaleur, et de la contraction des parois irritées; cette sève, parvenue dans l'écorce, se trouve en contact avec l'air atmosphérique qui s'introduit par les pores corticaux, elle se dépouille de son humidité surabondante qui s'évapore par la transpiration, elle s'élabore et se trouve métamorphosée en cette liqueur organique que l'on nomme *cambium*. (1)

Tous les cultivateurs et beaucoup de botanistes ont confondu le cambium avec la sève, et nous pouvons concevoir à présent ce genre d'erreur ; ils prennent pour la sève, pour le suc nourricier, une liqueur qui n'est que le résultat de la digestion, pour nous servir d'une comparaison assez juste; ce cambium s'étend par diffusion entre l'aubier et l'écorce, bientôt il s'organise en se desséchant, il donne naissance par sa soudure avec l'écorce sur laquelle il se moule à une couche de liber, et ensuite par sa soudure avec l'aubier une couche de bois; comme les vaisseaux qui s'organisent entre ces deux couches ne peuvent être ni entre croisés, ni étendus dans la même direction, il en résulte que lorsque le cambium se solidifie par la fixation de son carbone, les deux lames n'ont presque plus d'adhérence,

---

(1) Une expérience fort ingénieuse faite en 1811 par M. Palissot de Beauvois, a prouvé la communication générale de toutes les parties d'un végétal, et comment elles peuvent se suppléer mutuellement dans leurs fonctions. Son expérience consiste à isoler entièrement une plaque d'écorce en faisant une entaille tout autour, de manière que ses fibres n'avaient plus aucune communication avec le reste de l'écorce sur aucun point de sa circonférence; il a aussi enlevé le *liber* et bien essuyé le *cambium,* ne laissant intact que le bois dans le fond de l'entaille; les bords de cette plaque d'écorce ainsi isolée n'ont pas laissé de reproduire des bourrelets aussi-bien que l'écorce du bord externe de l'entaille. La plaque a même, sur quelques arbres, donné naissance à un bourgeon qui s'est bien développé. Cette plaque d'écorce n'a donc pu tirer sa sève que du bois caché sous elle.

et que lors d'une nouvelle végétation, un nouveau cambium trouvera encore à s'infiltrer entre les deux.

Si le cambium, par une raison quelconque, afflue dans une place et ne trouve pas à s'étendre, il s'amoncèle et forme un petit mamelon conique dont la base pose sur le pore de l'aubier qui l'a fourni, et la pointe contre l'écorce. On produit artificiellement ces engorgemens, nommés bourrelets par les cultivateurs, au moyen d'une ligature, ou même d'une simple blessure transversale. Ce mamelon s'organise; le centre devient ligneux, contracte de l'adhérence avec le bois, et s'enveloppe d'une couche de liber. Si la pointe de ce cône parvient à percer l'écorce du sujet, elle se transforme en gemme ou bouton, capable de se développer en une nouvelle branche. Si on a enlevé un morceau d'écorce de dessus une tige, le cambium en s'étendant gagne les bords de la plaie, s'y organise par le contact précis de l'air et de la lumière, s'y rend en abondance parce qu'il y est contraint par la pression qu'il éprouve sous l'écorce, et finit par recouvrir entièrement la plaie. Si cette plaie a été recouverte d'une fraction d'écorce rapportée, comme par exemple dans la greffe en écusson, il s'insinuera dans les vaisseaux ouverts de ce fragment, lui fournira pardessous une nouvelle couche de liber, et la soudure sera parfaite.

Si nous examinons comment s'opère l'allongement des rameaux (1), nous trouverons que le cambium agit continuellement à leur extrémité absolument de la même manière que pour les bourgeons; la sève, sans cesse chassée de la base au sommet par les lois que nous avons établies plus haut, éprouve encore dans les jeunes pousses aqueuses une nouvelle force d'ascension, résultant de ce principe que l'action du calorique sur les liquides est d'établir des cou-

(1) M. Dutrochet, en admettant que les fibres ligneuses ne sont qu'un tissu cellulaire différemment modifié, pense toutefois qu'on doit les considérer comme des organes particuliers destinés à conduire la sève; il regarde le parenchyme de l'écorce, qu'il nomme *médule corticale*, comme ayant la plus parfaite analogie avec la moelle de la tige, qu'il nomme *médule centrale*. Ces deux substances seraient donc disposées seulement en sens inverse. Toute nouvelle écorce est évidemment, selon lui, la *mé-*

rans ascendans. Comme la sève, sous des enveloppes moins épaisses, éprouve aussi plus énergiquement les effets du calorique, de la lumière et de l'air, il en résulte qu'elle doit avoir une force d'ascension beaucoup plus considérable. Si l'on s'en rapportait aux expériences citées par Haler, en adaptant un tube au sommet d'une branche de vigne, l'eau y serait poussée avec une énergie telle, qu'on la verrait s'élever dans le tube de vingt-un à quarante-quatre pieds, ce qui supposerait une force bien supérieure à celle nécessaire pour balancer la pesanteur de l'atmosphère. Sennebier, et après lui De Candolle, ont mis en doute l'exactitude de cette observation. « Il est difficile, dit ce dernier, de concilier ces expériences avec des faits bien connus, savoir, que l'épaisseur de l'écorce, la frêle enveloppe d'un bourgeon, et jusqu'à une simple couche de gomme, suffisent pour arrêter l'émission des pleurs. » L'épaisseur de l'écorce ne fait rien à la chose, parce qu'il n'est question ici que d'une force d'ascension qui, par conséquent, n'agit que fort peu latéralement; la frêle enveloppe d'un bourgeon ne peut pas non plus être regardée comme un obstacle, puisqu'il se développe en raison de cette propre force, et qu'il ne reste stationnaire que lorsque la sève est arrêtée; quant à la couche de gomme elle peut arrêter la sève qui s'échappe par une blessure latérale quand peu de vaisseaux sont lésés et non interrompus, mais placée sur la coupe transversale d'une tige de vigne dans le moment de la sève, elle ne résiste pas un quart d'heure; d'ailleurs de nouvelles expériences faites par Mirbel ont prouvé l'exactitude de celles de Haler.

La sève est en mouvement en raison de la somme d'humidité que le végétal tire de la terre, et en raison de la chaleur qui donne à la sève sa force d'ascension; long-temps

---

*dule centrale* qui a produit la *médule corticale*. Les couches de fibres corticales sont également analogues aux couches de fibres ligneuses; mais elles sont disposées en sens contraire, de manière que l'écorce et le bois sont contigus, sans avoir pour cela de communication. L'accroissement, suivant M. Dutrochet, s'opère, et dans le sens de l'épaisseur, par la formation des couches successives, et dans le sens de la largeur, par l'augmentation d'ampleur des couches.

on a cru que la sève avait deux mouvemens, un ascendant au printemps et un descendant en automne; mais cette opinion, que rien ne prouve, et qui n'expliquerait rien si elle était prouvée, est restée enfouie dans la poussière de l'école, et a été abandonnée par les plus savans physiologistes. Quelques botanistes ont pensé que la sève circule des racines aux feuilles, pendant le jour, et des feuilles aux racines pendant la nuit, mais cette théorie n'est pas appuyée sur des hypothèses plus spécieuses. La sève, par les raisons que nous avons données plus haut, tend constamment, quand elle reçoit assez de calorique, à monter, et à s'étendre partout où elle manque; quand la chaleur n'est pas suffisante, elle reste stationnaire.

C'est sur la marche de la sève que l'on a établi les principes de la taille. Lorsque je rédigeais le *Bon Jardinier,* j'avais essayé de réduire ces principes en préceptes; M. Noisette, s'emparant de mon idée, lui a donné beaucoup d'extension, et est parvenu à renfermer dans vingt phrases que nous allons rapporter, tous les phénomènes sur lesquels cette opération est basée.

### *Principes de la taille.*

Le moment le plus favorable pour tailler les arbres est celui auquel ils commencent à entrer en sève. On reconnaît ce moment aux boutons qui se gonflent et vont bientôt se développer. Si l'on taillait plus tôt, le cambium n'étant pas encore formé ne pourrait pas recouvrir la plaie avant qu'il y ait commencement de désorganisation; si l'on taillait plus tard il y aurait perte de substance.

« 1°. La vigueur d'un arbre dépend, en grande partie, de l'égale répartition de la sève dans toutes ses branches.

« 2°. La vigueur et la durée d'un arbre dépendent, en grande partie, du constant équilibre existant entre ses branches et ses racines.

« 3°. La sève tendant toujours à monter, des racines aux branches, le plus verticalement possible, elle abonde dans les branches droites au détriment des autres.

« 4°. La sève développe des bourgeons beaucoup plus vigoureux sur une branche taillée court, que sur une autre taillée long.

« 5°. La sève, tendant toujours à affluer à l'extrémité des branches, développe le bourgeon terminal avec plus de vigueur que les latéraux.

« 6°. Si l'on supprime entièrement une branche, la sève profite aux branches et aux rameaux voisins.

« 7°. Les branches dans lesquelles la sève afflue beaucoup, produisent beaucoup de bois et peu de fruits ; celles au contraire où elle ne se porte pas avec une grande abondance produisent beaucoup de fruits et peu de bois.

« 8°. Plus la sève est entravée dans sa circulation, plus elle produit de rameaux et de boutons à fruits.

« 9°. Toute branche ébourgeonnée ou pincée produit, par la surabondance de la sève qui ne trouve pas à se faire jour en développant du bois, une grande quantité de rameaux et de boutons à fruits.

« 10°. Plus on force un arbre à donner du fruit, plus on l'épuise ; plus on le maintient en bois, plus on augmente sa vigueur.

« 11°. Les boutons à fruits, selon les espèces, naissent ou sur l'extrémité des rameaux, ou le long des branches.

« 12°. Les boutons à fruits, dans les espèces à pepins, naissent le plus ordinairement sur le vieux bois, et dans les fruits à noyaux sur le bois d'une année.

« 13°. Dans les arbres à fruits à pepins, tous les germes, en se développant, sont organisés de manière à pouvoir produire, selon les circonstances, des boutons à bois, des brindilles, ou des lambourdes.

« 14°. Dans les arbres à fruits à noyaux, les boutons à fleurs naissent ordinairement sur le bois de l'année, et ne peuvent se métamorphoser en boutons à bois.

« 15°. Tout bouton à fleur, dans les arbres à fruits à noyaux, reste stérile s'il n'est accompagné d'un bouton à bois.

« 16°. Toute branche à fruits, de pêcher, lorsqu'elle a donné son fruit n'en donne plus.

« 17°. Les feuilles servent à la respiration des végétaux. Tout arbre qui en est dépouillé en partie, est altéré dans sa santé ; s'il en est dépouillé en totalité, il risque de périr.

« 18°. Toute branche ou rameau autour duquel l'air, la lumière et la chaleur ne peuvent circuler librement, s'étiole, s'allonge, devient maigre et fluet, et ne produit plus ni fruit ni bois.

« 19°. Le vieux bois ne produit des bourgeons que lorsqu'il y est forcé par la taille ou par l'altération du jeune bois qui termine la branche.

« 20°. Tout bourgeon développé hors du temps des deux sèves, reste le plus souvent stérile, maigre et incapable de produire ni bois ni fruit. »

Il est certain que tout cultivateur qui portera la serpette sur un arbre sans avoir ces vingt préceptes présens à la mémoire, et sans en faire l'application, ne pourra jamais réussir à obtenir de cette opération les résultats que l'on en attend.

## DE LA TRANSPIRATION.

On a donné à ce phénomène les noms de transpiration insensible, émanation aqueuse, etc. La transpiration des plantes n'est point, comme on l'a cru, une excrétion, mais bien un excrément analogue à celui des animaux. Si l'on place dans un ballon de verre une branche coupée, munie de ses feuilles, elle perd de son poids, et l'on voit des gouttelettes d'eau s'attacher aux parois du vase. Si l'on pèse ces gouttelettes, résultat de la transpiration, on trouve qu'elles égalent à peu près le poids que la branche a perdu. Haler a fait avec beaucoup d'exactitude une expérience pour conserver la transpiration d'une plante de soleil qui avait alors trois pieds de hauteur. Il la plaça dans un vase dont l'orifice était fermé par une plaque de plomb percée de deux trous; l'un d'eux donnait passage à la tige, l'autre servait à l'arrosement. Pendant quinze jours il a pesé exactement l'appareil, et il a trouvé que la transpiration moyenne de la plante était de vingt onces par jour. En général les plantes transpirent davantage dans un lieu sec et chaud que dans un endroit humide et frais, beaucoup plus lorsqu'elles sont exposées à la lumière, et surtout aux rayons du soleil.

C'est par les pores corticaux des feuilles, des stipules, des calices, des tiges herbacées et des jeunes pousses, que s'opère la transpiration insensible, et c'est pour la maintenir dans toute son énergie que les jardiniers ont l'habitude de laver de temps à autre les tiges de leurs arbrisseaux de serre, afin d'empêcher que ces pores ne se bouchent par la malpropreté. Elle est plus grande dans les herbes que dans les arbres; dans les herbes à feuilles minces que dans celles à feuilles charnues; dans les arbres à feuilles caduques que dans ceux à feuilles persistantes.

Ces gouttes d'eau que l'on aperçoit le matin sur les feuilles de certains végétaux, et que l'on attribue ordinairement à la rosée, proviennent très souvent de la transpiration des plantes. Cette eau n'est pas pure, selon Sennebier; elle contient $\frac{1}{11520}$ de son poids de matières étrangères, pour l'ordinaire, et celles de la vigne $\frac{1}{25000}$; cette matière est dissoluble partie à l'eau et partie à l'alcool, et le résidu est un mélange de chaux et de sulfate de chaux.

Une transition subite du chaud au froid peut arrêter la transpiration insensible des plantes renfermées dans une serre chaude, et leur occasionner une maladie mortelle à laquelle les jardiniers donnent le nom de *coup-d'air*.

## DES SÉCRÉTIONS.

Ce sont tous les produits immédiats des végétaux qui résultent des phénomènes de la végétation, et que le végétal sécrète accidentellement au-dehors, ou que l'on en extrait par divers procédés; tels sont la plus grande partie des produits dont nous avons donné le tableau, page 31. On ignore de quel usage les sécrétions sont pour la végétation; ainsi nous ne devons pas nous en occuper ici. Nous ferons seulement remarquer que leur formation, due à la nutrition, paraît être le résultat de la lumière et de la chaleur; car toute plante étiolée ne contient presque point de sucs propres.

Il existe des sécrétions fort singulières; telle est celle du dictame fraxinelle. A la fin des beaux jours de l'été il émet une vapeur invisible, insensible au poids, et qui s'enflamme lorsqu'on en approche une chandelle. Les odeurs sont au nombre des sécrétions.

Tels sont les phénomènes de la nutrition. Nous allons les étudier dans leurs effets, c'est-à-dire dans le développement de la plante, depuis le moment où elle sort de l'œuf végétal, ou de la graine, jusqu'à celui où elle a rempli le vœu de la nature, c'est-à-dire où elle a produit des semences capables de propager l'espèce.

## DE LA GERMINATION.

On appelle ainsi le phénomène du développement de l'embryon qui se gonfle, déchire ses enveloppes, et parvient à tirer sa nourriture du dehors; dès-lors la germination cesse et la végétation commence. Pour que l'embryon soit en état de germer, il faut qu'il soit vivant et muni de ses parties essentielles. Il est mort lorsqu'il n'a pas été fécondé. Lorsque la graine n'est pas parvenue à sa maturité, l'embryon n'ayant pas pris tout son développement, périt sans germination. Enfin, quelques graines cessent d'être propres à la germination quand on les a gardées trop long-temps sans les semer. Par exemple, celles d'angélique, de fraxinelle, etc., perdent leurs qualités germinatives dans la seconde année de leur maturité; d'autres, au contraire, se conservent intactes pendant un grand nombre d'années, et l'on a vu des haricots germer et vigoureusement végéter après être restés engourdis dans un herbier pendant plus de cent ans.

Il est assez difficile à un agriculteur de reconnaître quand les graines sont bonnes, surtout s'il ne les a pas recueillies lui-même. Cependant, avec de l'habitude, on finit par ne guère s'y tromper. Quand elles sont pleines, lourdes, sans rides, qu'elles ont conservé leur forme ordinaire après la dessiccation, il est à peu près certain qu'elles ont été fécondées. Toutes les graines dont le périsperme est farineux, et par conséquent facile à recevoir les impressions de l'humidité, à être délayé dans l'eau, germeront aussi vite vieilles que nouvelles, mais elles conserveront moins long-temps leur vertu germinative: la raison en est que l'humidité et les gaz atmosphériques auront plus de facilité à se combiner avec leur périsperme, et par conséquent à le détériorer. Au contraire, celles dont le périsperme est sec, corné, dur, germeront aisément si on les sème aussitôt après leur maturité, avant qu'il ne se soit desséché, mais si on attend plus tard, il faudra un ou deux ans, quelquefois plus longtemps, pour que l'embryon se développe. Ces graines ont cet avantage qu'elles conservent fort long-temps leur vertu germinative. Cependant cette règle souffre quelques exceptions. Quant aux graines qui manquent ou paraissent manquer de périsperme, elles lèvent d'autant plus vite que leur enveloppe est plus molle ; un pepin de poire ou de pomme, par exemple, levera beaucoup plus vite qu'une graine de rosier.

On croit généralement, et l'expérience le prouve tous les jours, que l'âge des graines influe sur le sujet qu'elles produisent. Par exemple, les vieilles semences donnent des individus plus faibles, mais qui, par cette raison, donnent des fleurs plus doubles et des fruits meilleurs. Les graines nouvelles fournissent une végétation beaucoup plus vigoureuse en tiges, branches et feuilles. Il est certain que la nature a destiné les graines à être semées au moment même où elles se détachent de l'arbre qui les a produites ; ainsi nous contrarions donc ces lois toutes les fois que nous les conservons plus d'une année avant de les confier à la terre ; il doit nécessairement en résulter une altération plus ou moins grande, et il n'est pas étonnant qu'un embryon altéré produise un sujet altéré. On sait que la nature tient peu à l'existence de l'individu, mais beaucoup à la conservation de l'espèce, et c'est pour cette raison que l'on voit les sujets altérés, concentrer sur les organes de la fructification toutes les forces vitales qui leur restent.

Lorsque l'on recueille des graines, il faut avoir la plus grande attention à saisir le moment de leur parfaite maturité, et on le reconnaîtra aisément. Celles dont l'enveloppe, ou péricarpe, est sèche, se récoltent lorsqu'elles se détachent elles-mêmes de leur support pour se disséminer ; les baies deviennent molles et transparentes par la maturité ; les fruits charnus conservent quelquefois une certaine fermeté, mais ils changent toujours de couleur, et on les voit assez subitement passer du vert au jaune, au rouge, au violet ; enfin, il en est qui décèlent leur maturité par l'émission d'une odeur particulière. Les graines les mieux conformées doivent toujours avoir la préférence, mais c'est une erreur de croire qu'elles auront plus ou moins de qualité, en raison de la partie de la plante sur laquelle on les recueillera. C'est ainsi que des jardiniers peu instruits pensent que les semences cueillies sur la tige principale et sur la fleur terminale d'une reine-marguerite, donneront des sujets à fleurs plus grandes et plus doubles.

Les agens extérieurs de la germination sont l'eau, la chaleur et l'air. Si on place une graine dans les circonstances favorables, l'humidité pénètre dans l'intérieur par l'ombilic, gonfle la plantule, délaie le périsperme, et rend plus facile la rupture des enveloppes de l'embryon en les amollissant. Outre cela, elle fournit des élémens à la nutrition, comme nous le dirons plus loin. La chaleur agit sur la jeune plante en qualité de stimulant. Il en faut plus ou moins, selon l'espèce de plante, mais jamais moins de cinq degrés et jamais plus de quarante. Le terme moyen le plus favorable à la germination, m'a paru être de quinze à vingt degrés, du moins c'est celui que j'ai vu chercher dans l'établissement de M. Noisette.

Les graines ne germent pas dans le vide de la machine pneumatique, ce fait est prouvé par les expériences de M. de Saussure. L'air est aussi nécessaire à ce premier développement des végétaux, qu'il l'est ensuite à leur existence et à l'entretien de la vie dans les animaux. On a voulu savoir si l'air atmosphérique est le plus convenable à la germination, en conséquence, on a multiplié les expériences, et l'on a vu : 1°. que la germination n'a pas lieu dans l'azote pur, ni dans l'acide carbonique pur ; 2°. qu'elle a lieu dans l'oxigène pur, mais que la plantule, en se développant rapidement, s'épuisait aussi très vite, et périssait aussi très vite ; 3°. que le chlore avait encore plus d'action sur la germination que l'oxigène, mais qu'il présentait les mêmes résultats ; 4°. que les proportions les plus convenables à la germination, sont une partie d'oxigène mêlée à deux parties d'hydrogène ou d'azote ; 5°. qu'un excès d'acide carbonique nuit beaucoup à cette première évolution de la graine ; 6°. que l'oxigène hâte et favorise le développement des semences en s'emparant de leur carbone surabondant ; 7°. enfin, que l'atmosphère où s'opère la germination n'est pas diminuée, car ce que l'acide carbonique produit est égal à l'oxigène absorbé.

Nous allons étudier le phénomène chimique qui a lieu dans le premier degré de la germination. L'oxigène de l'air s'insinue avec l'humidité dans l'embryon ; l'eau commence une fermentation putride qui détruirait bientôt la graine si elle y était entièrement plongée, mais qui se trouve bientôt métamorphosée en fermentation spiritueuse dès que l'air a pu y pénétrer. En voici la raison aussi facile à prouver par l'expérience, qu'elle a dû paraître d'abord singulière.

Le périsperme farineux d'une plante est élémentairement composé de quantités déterminées d'oxigène, d'hydrogène et de carbone, et toutes les fécules contiennent les mêmes principes. En cet état, elles sont insolubles dans l'eau. L'oxigène de l'air s'empare du carbone, l'équilibre se trouve détruit, la quantité d'oxigène contenue dans la fécule se combine de nouveau, et le périsperme cesse d'être farineux pour passer à l'état de sucre soluble dans l'eau. La nature agit ici comme le chimiste, qui oxide une fécule avec l'acide sulfurique pour en faire du sucre : seulement les moyens sont différens.

Ce sucre, ou plutôt cette liqueur sucrée renfermée dans les cotylédons, s'en échappe par des vaisseaux qui la portent au blastème, ou, si l'on aime mieux, au rudiment de la plante, le pénètre, le stimule et lui donne la vie, ou plutôt le réveille. Dès ce moment, tous les phénomènes de la germination annoncent une fermentation spiritueuse, et la graine ne peut pourrir qu'autant qu'une surabondance d'eau viendrait arrêter cette première évolution.

Ceci fera concevoir aux cultivateurs comment il peut être utile, pour avancer la germination, de faire tremper quelque temps les graines dans l'eau; mais comment aussi ce procédé deviendrait nuisible si on les y laissait trop long-temps. Ils en tireront aussi cette conséquence, qu'ils doivent mettre stratifier les noyaux dans du sable et non dans une terre compacte, afin que l'air puisse plus aisément pénétrer jusqu'à eux et se combiner avec l'humidité, qui sans cela les ferait pourrir.

L'embryon, dans cet état de germination, prend le nom de *plantule*. Il est composé de deux parties, le caudex ascendant, rudiment de la plumule, et le caudex descendant, rudiment de la radicule. Quelle est la loi qui détermine constamment la radicule à s'enfoncer dans la terre et la plumule à en sortir ? C'est un de ces secrets de la nature que l'intelligence des hommes n'a pas encore pu dévoiler.

Tant que la radicule n'a pas assez de force pour nourrir la plantule, les cotylédons fournissent à l'une et à l'autre la nourriture nécessaire à leur premier développement; mais bientôt la petite racine se divise, pousse des ramifications munies de suçoirs, et devient capable de tirer de l'humidité de la terre (et non pas de la terre), les sucs alimentaires qui s'assimileront à la substance de la plante, et lui feront changer de nature; car, de mucilagineuse qu'elle était, elle deviendra ligneuse, ou dure quoique herbacée. Les cotylédons épuisés et devenus inutiles, se dessèchent et tombent. Jusque-là on voit qu'il est extrêmement utile de les conserver, et de ne pas imiter ces jardiniers ignorans qui sont dans l'usage d'en enlever un, ou quelquefois même tous les deux à leurs melons.

Mais ce ne sont pas seulement les sucs nourriciers qui opéreront dans la plantule ces changemens remarquables. La plumule se trouvant hors de terre et en contact avec la lumière, les phénomènes sont absolument différens. La fermentation spiritueuse s'arrête, parce que le gaz acide et l'eau se décomposent et ne fournissent plus de matière sucrée; le carbone, jusque-là rejeté, se combine avec les élémens de l'eau, et avec ceux contenus dans l'eau et circulant avec elle dans le tissu vasculaire; il en résulte la formation des substances ligneuses, résineuses, huileuses, etc., enfin de tous les sucs propres. Les phénomènes de la végétation commencent dans cet instant, et continuent les mêmes jusqu'à la mort du végétal.

Tels sont les effets de la lumière, sans que l'on ait pu deviner par quelles lois chimiques elle agit sur les végétaux, sans doute parce qu'on ne connaît pas encore suffisamment sa nature. Ce qu'il y a de bien certain, c'est que les plantes ne doivent qu'à elle la solidité de leurs tissus, la coloration de leurs parties, et leurs sucs propres. Toute plante croissant dans les ténèbres sera privée de ces trois choses, et sera, par conséquent, étiolée. Si l'on a suivi avec attention l'enchaînement de ces divers phénomènes, on concevra aisément pourquoi la lumière nuit à la germination, tandis qu'elle est indispensable à la végétation. En effet, l'embryon, pour germer, a besoin d'être dans un état de mollesse, et il ne peut acquérir cet état qu'en se dépouillant de son carbone dont l'oxigène s'empare pour former de l'acide carbonique; un des effets de la lumière est de décomposer le gaz acide carbonique, d'expulser l'oxigène, et de fixer le carbone, d'où résulte l'endurcissement des parties qui rend la germination impossible, et qui, au contraire, est indispensable à la végétation.

Toutes les graines germent selon les lois physiques que nous venons d'expliquer, mais toutes ne suivent pas les mêmes évolutions, et chacune, sous ce rapport, présente en particulier des phénomènes que l'on devrait étudier. Nous allons en citer un exemple pris parmi les plus singuliers. L'embryon du manglier, arbre qui croît dans les marais des pays chauds, germe pendant que le fruit est encore sur l'arbre. La radicule perce l'enveloppe du fruit, et s'allonge de sept à huit pouces du côté de la terre; alors la plantule, qui ne tient au fruit que par son cotylédon, se détache de celui-ci, tombe, et dans sa chute implante verticalement sa radicule dans la vase, où elle ne tarde pas à émettre des racines.

On voit qu'il faut aux graines beaucoup de circonstances favorables pour se développer, que ces circonstances ne peuvent se rencontrer que fortuitement dans la nature, et l'on conçoit pourquoi cette mère commune a donné aux plantes la faculté de produire un nombre prodigieux de semences, dont peut-être la dix-millième partie seulement est destinée à reproduire des individus, tandis que le reste périt avant ou pendant la germination. Si, par une faveur spéciale de la Providence, une seule plante avait le privilége de développer toutes ses graines, à la dixième génération il en est que la terre entière ne pourrait contenir. La surface de notre globe est couverte d'autant de végétaux qu'elle en peut nourrir, ou à peu près; leur nombre ne peut donc plus s'accroître tant que la surface de terre végétale ne s'accroîtra pas; or, pour entretenir cet équilibre, chaque végétal hermaphrodite et monoïque, ne doit fournir, pendant le cours de sa vie, qu'un individu; les plantes dioïques deux. S'ils en fournissaient davantage, la population des plantes irait toujours croissant; les espèces les plus grandes, les plus robustes, étoufferaient les autres, et les chênes s'empareraient du nord, tandis que les baobabs régneraient sur le midi; tout le reste disparaîtrait de dessus le globe. Toutes les fois que l'on multiplie une espèce, c'est toujours au détriment des autres dont on lui fait usurper la place. Qui sait si ce n'est pas pour empêcher cet envahissement de certaines espèces, que la nature a donné à chacune une organisation particulière, qui l'attache à jamais à sa patrie, sans pouvoir en sortir pour aller s'emparer du territoire des autres ?

La culture est un art, parce qu'elle a pour but de multiplier les espèces utiles aux dépens de celles qui ne le sont pas. Le premier pas à faire dans cet art, est de forcer à la germination les graines qui, sans des soins particuliers, ou le hasard des circonstances, seraient restées stériles. Parcourons rapidement les moyens que l'on emploie pour atteindre ce but, moyens qui doivent être fondés sur la connaissance que nous venons d'acquérir des phénomènes de la germination.

De certaines graines, avant d'être confiées à la terre, doivent subir une préparation. Si elles sont munies de membranes, d'aigrettes, de poils ou autres appendices susceptibles de les faire pelotonner, on les frotte dans les mains avec du sable fin ou de la cendre, jusqu'à ce qu'on les en ait dépouillées, mais avec précaution, afin de ne pas les blesser. Quelquefois, il est utile de les mélanger avec du sable ou de la poussière, pour que le semis soit plus égal. On chaule quelques espèces; d'autres se mettent tremper pendant vingt-quatre ou quarante-huit heures. Les valves de quelques graines, comme par exemple celles des semences de nélombium et autres sortes analogues, sont tellement adhérentes, que si on ne les use pas sur un grès avant de les semer ou faire stratifier, l'embryon n'a pas la force de les séparer, et beaucoup ne lèvent pas.

La *stratification* est un procédé que l'on emploie beaucoup aujourd'hui pour faire germer et lever, dans le cours d'une année, des graines qui, sans cela, eussent mis deux ou trois ans à se développer. Elle consiste à les mettre par lits avec du sable que l'on entretient humide dans une caisse ou un pot à fleur, et de leur faire passer ainsi l'hiver dans un lieu obscur, une cave, par exemple, où la température se soutienne constamment entre 8 et 14 degrés du thermomètre de Réaumur. Il est nécessaire qu'il y ait un air pur et quelquefois renouvelé, parce que, comme nous l'avons dit, l'oxigène est indispensable à la végétation. Au printemps, lorsqu'on n'a plus à craindre de gelées, on les sort de la caisse, où on les trouve avec une radicule et une plumule développée, et on les met en pleine terre avec beaucoup de précaution, pour ne pas les froisser.

Les semis de graines n'ayant subi aucune préparation, doivent se faire dans une terre bien ameublie par des labours, afin de laisser pénétrer les influences de l'air d'abord sur les semences, puis ensuite sur les racines. Toutes les graines doivent être recouvertes de terre sans exception, mais plus ou moins, selon leur espèce et la nature du terrain. Par exemple, dans les sols argileux ou humides, les graines doivent s'enterrer moins profondément que dans les sols secs et légers, et cela pour qu'elles soient moins exposées à une humidité stagnante d'autant plus dangereuse que la terre étant plus compacte, se laisse pénétrer plus difficilement par les météores atmosphériques. On peut enterrer les noyaux à deux ou trois pouces de profondeur, tandis que les graines très fines ne veulent l'être que d'une demi-ligne, et moins s'il est possible.

L'époque à laquelle doivent se faire les semis est aussi une chose fort essentielle. Il semblerait qu'en suivant les indications de la nature on devrait semer toutes les graines aussitôt qu'elles sont en maturité, et qu'elles se détachent elles-mêmes de leur mère; mais on se tromperait; car, comme je l'ai dit plus haut, l'art du cultivateur consiste à faire germer toutes les graines, tandis qu'il est nécessaire, dans le plan de la nature, qu'il s'en perde les neuf cent quatre-vingt-dix millièmes et peut-être davantage. La différence des climats et des sols doit faire varier l'époque des semis. Dans ceux où l'hiver se fait peu sentir, il est avantageux de semer certaines plantes en automne, tandis que dans ceux où les froids sont rigoureux, on trouvera plus d'avantage à ne semer qu'au printemps. Plus une contrée se rapproche du nord, plus les semis sont tardifs; mais la nature, par une sorte de compensation fort extraordinaire, et qui n'a pas été assez étudiée par les physiologistes, a doué les régions froides d'une force et d'une rapidité de végétation inconnues dans les climats tempérés. Telle plante qui, chez nous, demande six ou huit mois pour parcourir toutes les périodes de la végétation, se sème, croît, fructifie et se récolte dans l'espace de trois mois en Sibérie. La plus grande partie des graines peut être semée avantageusement au printemps, et cette saison convient surtout à celles dont les enveloppes sont molles, le périsperme farineux ou charnu; à celles dont la germination est prompte, et enfin à celles qui craignent le froid. L'automne est plus convenable pour les graines robustes, grosses, à enveloppe osseuse ou coriace; à celles dont la germination est lente, ou à celles dont la plantule rustique ne craint pas les gelées. Beaucoup de graines demandent à être semées aussitôt la maturité, sans quoi elles mettent plusieurs années à lever; telles sont, par exemple, celles de rosier. On remédie à cet inconvénient par la stratification.

Nous avons vu comment s'opère la germination. L'étude de la nutrition nous montre comment cette plantule s'empare des substances étrangères pour se les approprier, et comment, lorsqu'elle est à la lumière, il y a végétation; voyons donc à présent quels sont les résultats de la végétation, en étudiant les parties produites par elle.

## DE LA VÉGÉTATION.

Les résultats de la nutrition sont le développement, 1°. de la racine; 2°. de la tige; 3°. des boutons, des branches et des rameaux; 4°. des bulbes, bulbilles et tubercules; 5°. des feuilles; 6°. de quelques organes accessoires; 7°. de l'appareil de la fructification.

1°. DE LA RACINE. On appelle ainsi cette partie du végétal qui ne devient jamais verte dans son tissu quand elle est exposée à l'air, qui cherche l'obscurité et l'humidité, qui croît toujours dans un sens opposé à la tige. A l'exception de quelques trémelles, nostocs, etc., toutes les plantes ont des racines.

Les racines ne sont pas d'une nature tellement homogène qu'elles ne puissent jamais changer de place ni de nature. On les trouve au sommet des feuilles de quelques plantes, sur toute la longueur des tiges de quelques végétaux grimpans, aux articulations des graminées, sous l'aisselle ou dans l'aisselle des feuilles de certaines plantes aquatiques. Dans une renoncule assez commune dans nos ruisseaux, les pétioles des feuilles portent un limbe avec son parenchyme lorsque le hasard les fait se développer hors de l'eau; si, au contraire, elles croissent dans son sein, le parenchyme disparaît, et les nervures de la feuille se changent en véritables racines. Enfin, toutes les parties d'un végétal susceptibles de produire des rameaux sont susceptibles de produire des racines, ce qui est évidemment prouvé par la reprise des boutures. Elles-mêmes peuvent se métamorphoser en rameaux si elles se trouvent dans les circonstances favorables. Que l'on plante, par exemple, un jeune saule sens dessus dessous, c'est-à-dire les rameaux dans la terre; les branches se changeront en racines, et celles-ci émettront des bourgeons et des feuilles; cependant ce phénomène ne paraît pas avoir lieu pour toutes les espèces de plantes.

Toutes les racines ne croissent pas dans la terre; les unes flottent dans les eaux sans jamais s'implanter dans le fond; les autres s'appliquent et serpentent sur la surface des troncs d'arbres, des rochers, et de plusieurs autres corps durs dont elles pompent l'humidité : ce sont celles des plantes nommées fausses-parasites; d'autres enfin pénètrent dans la substance des écorces d'arbres, et se nourrissent de leur sève : ce sont celles des plantes parasites, comme, par exemple, celles du gui. En raison de la force, de la direction et de la longueur des racines, il faut une terre plus ou moins légère et plus ou moins profonde. Il est aisé à concevoir que celles qui sont minces, grêles, capillaires, s'implanteront avec plus de facilité dans une terre légère que dans une terre compacte. Il faudra que le sol soit défoncé plus profondément pour des racines pivotantes que pour celles qui courent presque à la surface, etc.

Les fonctions des racines consistent autant à fixer le végétal sur le sol qui l'a vu naître qu'à lui transmettre de la nourriture; cependant il n'y a que rarement équilibre dans ces deux fonctions. Les plantes grasses, c'est-à-dire celles dont les tiges et les feuilles sont épaisses et charnues, prennent la plus grande partie de leur nourriture dans l'air, et leurs racines ne paraissent guère destinées qu'à les fixer; elles sont minces, fibreuses, coriaces, et elles paraissent peu propres à la transmission des fluides; aussi voit-on ces plantes végéter vigoureusement sur les murailles, les rochers, et sur les sols les plus secs et les plus stériles. Dans les plantes d'un tissu sec et mince, les racines paraissent avoir la nutrition pour fonction principale.

Les racines n'absorbent pas, comme on le croit généralement, les sucs nourriciers par toute leur surface, comme les autres parties des plantes, mais seulement par de petites bouches aspirantes ayant la forme d'un petit mamelon ovale plus ou moins allongé, percé d'un pore, et placé à l'extrémité de chaque fibre ou chevelu. Il en résulte que plus une plante a de chevelu, plus elle a de bouches absorbantes, et plus elle peut transmettre de nourriture à la tige. Quant à leurs tissus, ils sont les mêmes que ceux de la tige, et cependant ils diffèrent beaucoup, par leurs propriétés, des autres parties du végétal.

C'est donc une habitude très vicieuse, et que malheureusement on trouve assez répandue parmi les cultivateurs, que de couper l'extrémité des racines d'un arbre que l'on transplante, et cela sous le prétexte inexplicable de les *rafraîchir*. Un suçoir une fois enlevé, il faut que la fibrille qui le portait périsse, et qu'une autre fibre sorte de la racine pour la remplacer. Si on en coupe beaucoup, l'arbre souffre en proportion : il faut un effort plus grand de la nature pour opérer sa reprise, qui devient d'autant plus chanceuse. Un arbre auquel on aurait enlevé l'extrémité de toutes les fibrilles périrait ou reprendrait à la manière des boutures.

2°. La TIGE est cette partie d'un végétal qui part du même point que la racine, mais qui s'élève ordinairement en sens opposé, et qui cherche l'air et la lumière. On appelle *collet* ou *nœud vital* le point de jonction de ces deux parties. Quelques plantes manquent absolument de tige, par exemple la jacinthe, car la hampe qui porte sa fleur est une espèce de pédoncule qui part du milieu d'un bouton écailleux nommé *ognon*, et qui naît sur le collet ou nœud vital.

On trouve dans le tronc d'un arbre trois parties distinctes, qui sont, 1°. l'enveloppe extérieure ou *écorce*, 2°. Le corps moyen ou *ligneux*, 3°. le centre ou la *médullaire*.

L'*écorce* se compose de l'épiderme, de l'enveloppe herbacée, des couches corticales et du liber.

L'épiderme est une membrane sèche, mince, transparente, nullement élastique, dont toute la surface des plantes ligneuses est recouverte. Elle est formée par la réunion des parois les plus extérieures du tissu cellulaire, auquel elle adhère fortement, et sa dureté est attribuée à l'air et à l'évaporation. Dans les plantes parfaites, l'épiderme est enduit d'une matière analogue à la cire, et qui lui aide à défendre l'écorce de la pluie et du contact précis de l'air. En vieillissant, il s'épaissit par de nouvelles couches intérieures, se détache et tombe tantôt en très petits fragmens, tantôt en très grandes lames.

L'enveloppe herbacée ou cellulaire est cette couche parenchymateuse qui se trouve en dehors des couches corticales; ce tissu est plus ou moins régulier, et ses cellules sont remplies d'une matière résineuse presque toujours verte, qui, dans les feuilles, remplit les intervalles des nervures, et porte plus particulièrement le nom de *parenchyme*. Cette couche est destinée à séparer des autres fluides la matière de la transpiration, et c'est dans son tissu soumis à l'action de la lumière que s'opère la décomposition de l'acide carbonique.

Les couches corticales sont placées sous l'enveloppe herbacée; elles sont composées de plusieurs réseaux de cellules allongées, superposés les uns sur les autres; elles sont peu apparentes dans beaucoup de végétaux, mais dans le lagetto ou bois-dentelle, on les déroule facilement, et elles imitent assez bien un ouvrage fait à l'aiguille; elles sont produites par les couches les plus extérieures du liber. On en ignore l'usage.

Le liber ou livret est cette couche immédiatement placée entre le bois et les autres couches corticales. Elle consiste en un réseau vasculaire, dont les aréoles allongées sont remplies par du tissu cellulaire. Par la macération, on parvient à le séparer facilement en feuillets distincts comme ceux d'un livre, d'où lui est venu son nom. Cette partie du végétal est la plus importante de toutes, puisque c'est par elle que s'expliquent tous les phénomènes de la végétation. « Le liber est, pour nous servir de la comparaison de Mirbel, une herbe vivace qui revêt la superficie du corps ligneux des arbres et des arbrisseaux dicotylédons; qui produit, par son développement, les nouvelles racines, les nouvelles branches, les fleurs et les fruits; qui s'endurcit en vieillissant, et qui, au lieu de se détruire par la fructification, comme les herbes ordinaires, se change en bois, et augmente la masse du corps ligneux. » Dans le temps de la végétation, si on enlève l'écorce d'un arbre, on voit bientôt suinter sur les bords de la plaie une liqueur épaisse et gélatineuse, qui se durcit, s'organise, devient verte, et forme une couche de nouvelle écorce. Cette liqueur est ce que nous avons appelé *le cambium*, principe organique de tout le végétal. Comme nous l'avons dit, le cambium s'étend entre le bois et l'écorce, et forme de nouvelles couches d'aubier et de liber; mais si on en arrête la circulation, ou seulement qu'on l'entrave par un étranglement ou autre moyen, il s'amoncèle au-dessus et au-dessous de la ligature, forme un bourrelet en soulevant l'écorce, et s'organise en gemmes ou en boutons dans tous les points où il réussit à se faire jour au-dehors. J'ai suivi une expérience dans les serres à boutures de l'établissement de M. Noisette, qui peut jeter un grand jour sur cette matière. Au mois de juin 1825, en passant devant l'étalage d'une bouquetière, j'aperçus une rose que je crus être une variété nouvelle; j'achetai le bouquet dans lequel elle était mêlée à d'autres fleurs, et je m'informai en vain à la marchande pour savoir de quel jardin elle sortait : la bouquetière ne put me le dire. Je portai cette rose chez M. Noisette, qui pensa, comme moi, qu'elle était nouvelle. Il ne nous restait plus qu'à tenter quelque moyen pour obtenir d'une de ses parties le développement d'un individu de son espèce; mais la chose ne paraissait pas facile, car nous vîmes, en déliant le bouquet, qu'on ne lui avait laissé que quinze lignes de pédoncule à partir de la base de l'ovaire. Néanmoins nous ne désespérâmes point du succès, et nous commençâmes cette expérience que j'ai suivie très exactement. On coupa net ce pédoncule à trois lignes au-dessous de l'ovaire, on tailla sa base en lame de couteau, et on le greffa sur un pied de rosier, à deux pouces de terre; on plaça le pot dans lequel était le sujet dans la tannée d'une couche chaude, et l'on recouvrit le tout d'une cloche de verre dépoli, afin d'obstruer la lumière. Il est à remarquer qu'il n'existait pas sur le pédoncule la moindre apparence de gemme. Quatre ou cinq jours après, nous aperçûmes au sommet de la greffe, sur l'aire de la coupe, des gouttelettes de cambium suinter entre le bois et le liber, et former comme un chapelet circulaire autour de la plaie. En très peu de temps, ces gouttelettes s'épaissirent, devinrent d'un blanc opaque, de limpide qu'elles étaient, et se couvrirent d'une légère pubescence, visible seulement à la loupe. Les jours suivans, deux gouttelettes, opposées sur la coupe, s'élevèrent en petits cônes, et les autres, au contraire, s'affaissèrent et commencèrent à s'étendre d'un côté sur les couches corticales, de l'autre sur le bois. Du blanc, elles avaient passé au roussâtre. Les deux petits cônes se gonflèrent dans le milieu de leur longueur; leur substance devint ferme, leur superficie écailleuse, et nous pûmes bientôt après les reconnaître pour de véritables gemmes. En effet, on commença à rendre à la greffe de l'air et de la lumière; les gemmes se développèrent, fournirent une végétation vigoureuse, sur laquelle on prit d'autres greffes, et M. Noisette put, un an après, livrer au commerce plus de vingt rosiers sortant tous de ce pédoncule. C'est un fait aujourd'hui que toute partie d'un végétal peut reproduire de la même manière un individu de son espèce, pourvu qu'elle contienne du cambium. On est parvenu à faire développer des gemmes sur le pétiole des feuilles, et même sur leurs nervures, par le moyen de la simple bouture.

Le liber se métamorphose chaque année en bois et en écorce. La partie joignant le bois se lignifie et forme l'aubier; celle qui touche à l'écorce devient une couche corticale. Lors de la végétation, le cambium suinte de l'écorce, et plus abondamment de l'aubier, s'étend entre deux, et forme une nouvelle couche de liber qui se renouvelle ainsi tous les ans. Dans les tiges herbacées le cambium, au lieu de former un liber, se porte dans toutes les parties de la plante pour développer les organes de la végétation et de la fructification. Il s'épuise en peu de temps, et à la fin de l'année se trouve entièrement converti en une substance sèche, aride, ligniforme, qui ne pouvant produire de nouveau cambium, comme font l'écorce et l'aubier des arbres, se dessèche et meurt faute de principes organiques qui entretiennent la végétation. Telle est la cause qui produit une si grande différence dans la durée des végétaux ligneux et herbacés.

Le corps ligneux d'un tronc d'arbre se compose de l'aubier et du bois. L'aubier n'est, comme nous l'avons dit, qu'une couche de liber endurcie; aussi son organisation est-elle analogue; seulement les mailles de son tissu sont plus allongées et plus roides. De même que le liber se change en aubier, de même celui-ci se change en bois : mais il lui faut un laps de temps beaucoup plus long, et il ne se lignifie que peu à peu. Aussi les couches intérieures sont-elles beaucoup plus dures et plus compactes que celles extérieures.

Le bois occupe toute la partie de la tige entre l'aubier et l'étui médullaire. Suivant le même principe que nous avons posé plus haut, ses couches concentriques sont d'autant plus dures, qu'elles sont plus près du centre. Chacune de ces couches en ayant une d'aubier pour origine, et par conséquent une de liber, et le cambium ne formant qu'une nouvelle couche de liber par an, il en résulte qu'en les comptant toutes on doit avoir l'âge d'un arbre. Le bois diffère de l'aubier par sa couleur ordinairement plus foncée, par des vaisseaux qui manquent toujours à l'autre, et par sa dureté.

C'est par le moyen de vaisseaux poreux que la sève circule dans l'épaisseur du bois ; mais avec l'âge ces canaux s'obstruent par l'épaississement de leurs parois et la diminution de leurs cavités. Ils finissent par disparaître, et le cours des liquides est à jamais interrompu.

L'étui médullaire est un canal toujours placé au centre de la tige, et contenant la moelle. Ses parois sont composées de longs vaisseaux disposés parallèlement et longitudinalement. C'est seulement dans le tissu de cette partie que les tiges des dicotylédones offrent de véritables trachées. L'étui médullaire est très large dans les jeunes végétaux ; mais à mesure qu'ils vieillissent, ils se resserre sur lui-même, et finit par disparaître entièrement.

La moelle est cette substance sèche et légère, entièrement composée de tissu cellulaire, à mailles très régulières communiquant toutes les unes avec les autres, et remplissant l'étui médullaire. Dans quelques parties de son épaisseur on aperçoit des vaisseaux qui semblent la parcourir longitudinalement. Elle communique avec le tissu cellulaire et avec l'enveloppe herbacée de l'écorce, au moyen de prolongemens qui s'étendent transversalement du centre à la circonférence, et auxquels on a donné le nom de rayons ou insertions médullaires. L'utilité de la moelle dans la végétation est encore inconnue, et jusqu'à présent toutes les expériences que l'on a faites à ce sujet n'ont abouti qu'à faire rejeter les hypothèses anciennes sans avoir donné lieu à en faire de plus spécieuses. Linnée a dit que la force vitale résidait dans la moelle, sans faire attention que les saules, les châtaigniers, etc., ne cessent pas de croître vigoureusement pendant un grand nombre d'années, quand même leur tronc est entièrement creux. Hales, voulant toujours trouver des causes mécaniques dans le développement des végétaux, pense que la moelle, par son élasticité, forme une espèce de ressort qui, pressant sans cesse toutes les parties d'une plante, les force ainsi à prendre constamment de la longueur et de l'épaisseur. On ne trouve pas, dans toutes les tiges des dicotylédones, une organisation absolument semblable; quelques plantes manquent de moelle; dans d'autres l'aubier est tellement semblable au bois, que l'on croirait qu'il n'existe pas.

Examinons à présent les tiges monocotylédones; celles des palmiers, par exemple. On ne leur trouve pas de liber, et par conséquent ni couches concentriques ligneuses, ni couches corticales. Si quelques unes sont revêtues d'une sorte d'écorce, elle ne consiste qu'en une pellicule très mince, et entièrement réunie à la substance de la tige. La moelle, au lieu d'être resserrée dans un étui médullaire, s'étend presque jusqu'à la circonférence; et le bois est composé de longs faisceaux de fibres dispersées dans la moelle, la parcourant dans toute sa longueur, et s'anastomosant les unes avec les autres à de longs intervalles, de manière à former un réseau à mailles très lâches. Le bois des dicotylédones augmente d'épaisseur du centre à la circonférence; ici, au contraire, il augmente de la circonférence au centre, en remplissant de plus en plus le canal médullaire. Aussi, les parties ligneuses les plus anciennes étant toujours les plus dures, il en résulte que dans les dicotylédones le centre de la tige est la partie la plus dure, tandis que dans les monocotylédones c'est la circonférence. Les filets ligneux sont accompagnés de vaisseaux poreux, de trachées, de fausses trachées destinées à la circulation de la sève. Si nous comparons le développement de la tige des monocotylédones avec celui de la tige des dicotylédones, nous y trouvons ces différences frappantes, qui nous expliquent parfaitement leurs deux organisations. Lorsque la plantule de ces derniers végétaux commence à croître, on aperçoit d'abord le canal médullaire se former par la réunion des vaisseaux qui paraissent les premiers. Une liqueur fluide recouvre ensuite ce canal ; elle se condense, et déjà on peut la reconnaître pour le cambium, qui se convertit en une couche de liber et en une couche corticale. Le liber se changera bientôt en aubier ; il sera remplacé par un autre fourni par un nouveau cambium ; et dès-lors la tige aura toutes ses parties. Chaque année sa grosseur augmentera de toute l'épaisseur de la couche d'aubier que le cambium produira ; et ces nouvelles couches augmenteront aussi la hauteur du végétal en s'allongeant en recouvrement les unes sur les autres.

Dans les monocotylédones, « les feuilles, dit Mirbel, d'abord plissées sur elles-mêmes, et engaînées les unes dans les autres, se déploient, se multiplient, se groupent en gerbe à la surface de la terre ; les anciennes, repoussées à la circonférence par les nouvelles, se détachent ; mais leurs bases se soutiennent et forment un anneau solide qui est l'origine du stipe. Les nouvelles vieillissent à leur tour ; elles cèdent la place à de plus jeunes ; elles tombent comme les précédentes, et laissent un second anneau au-dessus du premier. Une suite d'anneaux semblables se produit par les évolutions successives du bourgeon terminal. Le stipe couronné de ses feuilles s'élève en colonne, sans que sa base grossisse, parce que tous les développemens se font au centre, et que la circonférence, composée de filets nombreux et endurcis, retient les parties intérieures. » De manière que, si l'on peut juger de l'âge d'un arbre dicotylédon par le nombre de ses couches concentriques, on peut juger de celui d'un arbre monocotylédon par celui des anneaux que les feuilles laissent empreints sur son stipe. Du reste, les tiges des monocotylédones sont beaucoup plus variables que les autres, et peut-être faudrait-il en étudier un très grand nombre avant de pouvoir expliquer clairement les phénomènes généraux qu'offrent leur organisation et leur végétation. Il en est qui sont couvertes d'écorce, et qui ont un mode double de végétation, celui des palmiers et des dicotylédones.

3°. Des BOUTONS, DES BRANCHES ET DES RAMEAUX. Les boutons, ou gemmes, sont le berceau qui renferme les rudimens des feuilles, des fleurs et des branches, n'attendant, pour se développer, que le retour du cambium qui les a formés l'année précédente en perçant l'enveloppe corticale. Ils naissent ordinairement aux aisselles des feuilles, sur un rayon médullaire, à moins qu'un accident n'ait fait dévier le cambium dans un autre endroit, et dans ce cas, leur étui médullaire, au lieu de correspondre avec celui de la tige, se trouve posé sur la couche d'aubier formée à la même époque qu'eux. Il est par conséquent séparé de la moelle du tronc par toutes les couches concentriques ligneuses, de même que celui d'une branche qui a été greffée en écusson.

La nature, pour garantir le gemme des intempéries des saisons jusqu'au moment marqué pour son développement, l'a entouré d'écailles sèches et scarieuses, d'une substance laineuse, ou d'un enduit glutineux, qui le défendent contre le froid et l'humidité. On trouve ces enveloppes sur toutes les plantes dans les pays où l'hiver a quelque rigueur ; elles manquent à la plus grande partie des plantes qui croissent dans les climats chauds, et cette seule particularité est déjà une grande prévention contre l'acclimatation. Lorsqu'un bouton est développé, il devient ce qu'on appelle un bourgeon, dont la forme varie selon l'espèce d'arbre. Il est plat dans les érythroxilons, triangulaire dans le laurier-rose, et quadrangulaire dans le peuplier de Virginie, à cinq angles dans le pêcher, et cylindrique dans le plus grand nombre des plantes. Tous prennent cette dernière forme en vieillissant. Une fois développé et devenu ligneux, un bourgeon prend le nom de branche ou de rameau, et sa contexture est absolument la même que celle des tiges.

Un phénomène très remarquable, c'est que toutes les jeunes tiges des végétaux ont une tendance singulière à se porter du côté de la lumière. Si on place une plante dans un lieu obscur, faiblement éclairé par une seule ouverture, les rameaux tendront tous de ce côté, et s'allongeront outre mesure. Mustel a fait à ce sujet une expérience qui prouve combien ce penchant est irrésistible dans les végétaux. Il fixa sur une planche horizontale une planche verticale, percée de trous à différentes hauteurs. Il mit sur la planche horizontale un pot dans lequel était planté un jasmin des Açores, dans une place telle que la planche verticale lui masquait la lumière. La tige se dirigea vers le trou le plus voisin, et passa de l'autre côté. Il retourna tout l'appareil, de manière que l'extrémité de la tige se retrouva dans l'ombre : elle gagna le second trou, et repassa de l'autre côté ; il la changea encore de position, et continua cette manœuvre jusqu'à ce qu'elle eût passé dans tous les trous.

Plusieurs physiologistes ont cité ce phénomène pour prouver une espèce d'instinct dans les plantes ; mais ce témoignage n'est pas d'un grand poids, parce qu'on explique très facilement cela par les lois connues de la physique végétale. Nous avons dit à l'article de *la lumière*, qu'elle agissait sur les plantes en décomposant l'acide carbonique, et en fixant le carbone, ce qui donne aux parties de la solidité : si, par conséquent, le côté de la plante tourné vers les rayons de lumière, se durcit par la fixation du carbone, sa croissance sera plus lente, et l'autre côté, en s'allongeant davantage, le fera nécessairement courber.

On a dit qu'il existe une telle relation entre les racines et les branches d'un arbre, que si l'on coupe quelques branches, les racines correspondantes en souffrent, *et vice versâ*. Le fait est que, lorsqu'on altère un organe essentiel d'un végétal, tout le reste de l'individu en souffre ; mais, quant à cette prétendue correspondance de branche à racine et de racine à branche, l'expérience m'a prouvé cent fois que c'est une véritable chimère.

4°. Des BULBES, BULBILLES ET TUBERCULES. Les bulbes ou ognons, et les tubercules, ont été fort long-temps confondus avec les racines par les botanistes, et le sont encore aujourd'hui par un grand nombre de cultivateurs, quoique ce soit de véritables bourgeons. La bulbe consiste en un plateau large, plat, assez mince, horizontal, émettant les racines à sa partie inférieure, et portant au milieu de sa partie supérieure les rudimens des feuilles, de la hampe et des fleurs. Le tout est enveloppé de plusieurs rangs d'écailles très larges et circulaires, ou étroites et imbriquées, formées par des feuilles avortées. Quand les écailles sont d'une seule pièce, et embrassent toute la circonférence de l'ognon en s'emboîtant les unes dans les autres, comme dans l'ognon, on dit la bulbe *tuniquée* ; si elles sont étroites et libres par leurs côtés, comme dans le lis, la bulbe est *écailleuse* ; elle est *solide*, lorsque les écailles sont tellement confondues, qu'elles ne paraissent former qu'une seule masse charnue ;

par exemple, l'ognon de safran, de tulipe. Les bulbilles ne diffèrent des bulbes que parce qu'elles naissent sur différentes parties de la plante; par exemple, aux aisselles des feuilles, à la bifurcation des rameaux, etc. Les végétaux qui les produisent sont *vivipares*.

Les *tubercules* sont des réceptacles charnus, des collets très développés qui émettent des bourgeons et des racines. Ce qui les distingue particulièrement des bulbes solides, c'est qu'ils peuvent porter plusieurs gemmes placés à différentes parties de leur surface; comme, par exemple, la pomme de terre, le topinambour, etc. Toutes ces parties servent très bien à la reproduction de l'espèce.

5°. Les FEUILLES, avant leur entier développement, sont renfermées dans le bouton, où elles sont pliées d'une manière déterminée par l'espèce de plante, et toujours invariable; par exemple, on les trouve roulées en crosse dans les fougères, en cornets dans les arums, plissées en éventail dans la vigne, etc. Elles sont ordinairement composées de trois parties, le limbe, les nervures et le pétiole. On distingue dans les feuilles la face supérieure, ordinairement plus lisse, plus verte, couverte d'un épiderme plus adhérent et moins criblé de pores; la face inférieure, souvent couverte de poils ou de duvet, percée d'un grand nombre de petits trous qui sont les orifices des vaisseaux intérieurs du végétal, par où il absorbe la nourriture qu'il doit aux fluides répandus dans l'air. Ces deux surfaces forment le limbe, qui n'est rien autre chose qu'un réseau résultant de différentes ramifications du pétiole anastomosées, et dont les interstices ou mailles sont remplies par du tissu cellulaire ou parenchyme. Le pétiole lui-même n'est qu'un prolongement d'un faisceau de fibres caulinaires qui s'étend hors de la tige avant de s'épanouir. Les feuilles sont recouvertes d'un épiderme extrêmement mince, ayant la plus grande analogie avec celui qui enveloppe toutes les autres parties d'une plante; mais il est beaucoup plus poreux. Les faisceaux de fibres des nervures du pétiole sont composés de trachées, de fausses-trachées et de vaisseaux poreux, entourés par une couche de substance herbacée qui se prolonge sur eux au moment où ils sortent de la tige.

C'est dans le parenchyme des feuilles que s'opère principalement la décomposition de l'acide carbonique répandu dans l'atmosphère. L'air s'introduit avec les gaz qu'il contient dans les pores de la surface inférieure ; le contact de la lumière le décompose, fixe le carbone et dégage l'oxigène. Pendant l'obscurité, le phénomène est différent : les feuilles, au lieu de s'emparer de l'acide carbonique, le dégagent et retiennent l'oxigène. C'est particulièrement dans cet organe de la plante que l'irritabilité des végétaux est prouvée par des faits nombreux. Les folioles d'un grand nombre de plantes légumineuses se ferment aux approches de la nuit, et s'ouvrent le lendemain matin comme si elles s'étaient livrées au sommeil ; celles de l'*hédysarum gyrans* offrent un mouvement d'autant plus remarquable qu'il est continuel, et qu'il s'exécute spontanément sans l'intervention d'aucune cause extérieure apparente. Les feuilles étant des organes très importans, puisqu'elles concourent puissamment à la nutrition et à la transpiration, doivent donc être ménagées dans tous les cas possibles.

6°. Les ORGANES ACCESSOIRES ne paraissent pas remplir des fonctions essentielles à la végétation et à la reproduction. Tels sont les stipules, les vrilles, les épines, les aiguillons, les glandes et les poils. Les stipules sont de petits appendices foliacés ou écailleux qui accompagnent l'origine des feuilles et qui sont organisés de la même manière : peut-être ce ne sont que des feuilles avortées. On ignore leur utilité. Il n'en est pas de même des vrilles qui accompagnent presque toujours les tiges grimpantes et sarmenteuses, et leur servent à se maintenir contre les corps qui les soutiennent. Les unes s'attachent aux corps étrangers en s'entortillant autour, les autres en y implantant des racines nommées *griffes*. Il en est dont l'extrémité est armée de trois à quatre petits doigts coriaces, très forts, crochus, qui se cramponnent sur les plus petites inégalités d'une surface plane, et s'y attachent si fortement qu'on les briserait plutôt que de les en arracher. Les plus singulières sont terminées par une petite masse charnue, espèce de bouche qui s'attache contre les corps les plus unis, à la manière des sangsues. Les épines sont de la même substance que le bois, et les aiguillons sont plus analogues à celle de l'écorce. Les amateurs des causes finales les regardent comme des armes que la nature a données aux végétaux pour repousser les attaques des animaux, et quelques physiologistes ont avancé que la nature avait muni quelques plantes de ces sortes de pointes, afin d'absorber le fluide électrique répandu dans l'atmosphère. Avant d'émettre cette opinion, il me semble qu'ils auraient dû prouver par des expériences bien faites que le fluide électrique est nécessaire à la végétation, ce qui n'est pas démontré rigoureusement malgré le grand nombre de Mémoires qu'on a publiés sur cette matière. Les glandes sont de petites masses de tissu cellulaire très fin, dans lequel se ramifient un grand nombre de vaisseaux. Comme dans les animaux, elles sont destinées à extraire de la masse générale des fluides une liqueur particulière, pour la transsuder au-dehors.

Les poils sont des organes qui servent à l'absorption et à l'exhalation. On croit que la nature en a couvert certaines plantes pour augmenter l'étendue de leur surface absorbante; aussi a-t-on remarqué que les végétaux qui croissent dans les pays secs où l'air est moins chargé de gaz nutritifs, en sont plus abondamment pourvus que les autres. Dans beaucoup de cas, ce sont les canaux excréteurs des glandes, comme cela est bien prouvé par ceux de l'ortie. Dans cette plante, ils sont posés sur une petite vessie pleine d'un liquide vénéneux, ayant beaucoup d'analogie avec le virus de la vipère. Ils sont creusés en canal dans toute leur longueur, par où s'écoule le poison quand ils appuient sur la vésicule.

7°. L'APPAREIL DE LA FÉCONDATION se compose de la fleur, de ses enveloppes et du fruit.

La *fleur* (1) renferme le plus ordinairement les organes des

(1) M. Dupetit-Thouars ne considère la fleur que comme la transformation d'une feuille et du bourgeon qui en dépend. Il pense que la feuille donne les étamines et en outre le calice, et la corolle quand il y en a; que le bourgeon devient le pistil, ensuite le fruit et la graine. Il regarde le pistil comme étant la concentration d'une ou plusieurs feuilles devant donner naissance à une réunion successive de bourgeons dont les feuilles deviennent les ovules destinés à recevoir l'embryon; il ajoute, de plus, que l'embryon est formé par la réunion de deux molécules détachées, une ligneuse, probablement fournie par l'étamine, l'autre parenchymateuse, née probablement du pistil, etc. Cette assertion, qui s'éloigne de toutes les analogies anatomiques, me paraît très difficile à prouver.

deux sexes; elle jouit d'un hermaphroditisme très rare dans les animaux, excepté chez quelques mollusques. Étant privée de la faculté locomotive, la nature devait modifier son organisation, de manière à ce que le mâle fût toujours à portée de féconder la femelle. Cependant elle ne s'est pas fait une loi invariable de ce rapprochement des sexes, car il existe beaucoup de plantes dioïques dont un individu porte des étamines seulement, et un autre des pistils. Quoique éloignés l'un de l'autre, ils n'en sont pas moins fertiles toutes les fois que le vent peut porter sur les stigmates de la femelle le pollen contenu dans les anthères du mâle. En botanique, on définit rigoureusement la fleur, en disant que c'est l'appareil des organes de la génération. Ainsi, toutes les fois que ces organes sont apparens, quand même nous ne pourrions pas nous rendre un compte exact du jeu de leurs fonctions, la plante qui en sera pourvue aura des fleurs. Les fougères, par exemple (1), lorsqu'on ne peut distinguer les organes de la fructification, comme dans la plupart des champignons, on nomme la plante *agame* ou *cryptogame*, c'est-à-dire sans fleurs ou à fleurs indistinctes.

Le pistil, ou organe femelle de la plante, est composé, comme nous l'avons vu, d'un stigmate, d'un style et de l'ovaire. Nous allons considérer l'organisation de ces trois parties.

Le stigmate est proprement l'orifice de l'organe femelle; il affecte différentes formes, mais on aperçoit toujours une espèce de petite cicatrice, souvent entourée de papilles ou de petits mamelons sans doute destinés à retenir la poussière fécondante. On remarque aussi qu'il est couvert d'humidité, et l'on en conçoit facilement les causes quand on sait que les vésicules qui constituent le pollen ont la singulière propriété

---

(1) M. de Beauvois crut découvrir, en 1811, que la poussière des lycopodes renfermait deux sortes de grains; les uns opaques et jaunes, et les autres ronds et transparens comme des bulles d'eau. Wildenow les avait regardés comme des espèces de bulbes, et M. de Beauvois crut y trouver tous les caractères d'organisation qui sont propres aux semences. On sait qu'Edwich a obtenu des jeunes plantes en semant de la poussière de lycopode et de mousse, de sorte qu'on est aussi bien fondé à regarder ces grains comme des bulbes ou des semences.

d'éclater au moindre contact avec l'eau, et de laisser écouler la liqueur spermatique qui y est contenue. Quand le stigmate n'est pas sessile, le style qui le porte est une espèce de conduit percé dans le centre par un ou plusieurs canaux très déliés, chargés de transmettre à l'ovaire la liqueur séminale versée par le pollen, et reçue par le stigmate.

L'ovaire est le plus souvent placé sous le style; il a la plus grande analogie avec l'ovaire des animaux, et, comme lui, renferme des ovules qui y sont attachées par un cordon ombilical; aussitôt après la fécondation, il remplit l'office de la matrice. La paroi de sa cavité intérieure élabore les sucs nutritifs destinés à développer les embryons, et les leur transmet par les vaisseaux du cordon ombilical. Linnée croyait que le pistil n'était que le prolongement de la moelle; mais nos physiologistes modernes ont reconnu qu'il était composé de trachées, de fausses-trachées, de vaisseaux poreux et de tissus cellulaires allongés. Les vaisseaux de la plante-mère pénètrent dans toutes ces parties, et y portent les sucs nutritifs. Il arrive assez fréquemment que, par surabondance de nourriture, un pistil se métamorphose en lame pétaloïde, et devient stérile; et telle est une des causes qui font doubler les fleurs de nos jardins, cultivées dans un sol très riche en sucs nutritifs.

L'étamine est dans les plantes ce que les testicules sont dans les animaux; c'est elle qui constitue l'organe mâle. Nous avons dit qu'elle était composée d'une anthère et d'un filet ou androphore.

L'anthère est un sachet dans lequel le pollen est renfermé jusqu'au moment de la fécondation, époque à laquelle il s'ouvre naturellement pour le laisser échapper. Le pollen se compose d'une petite membrane formant une espèce d'outre ou de vessie remplie par la liqueur spermatique. Ces vessies sont tellement petites, qu'elles donnent au pollen l'apparence d'une poussière ordinairement jaunâtre. Si l'on place sur de l'eau un des corpuscules, il s'enfle, se dilate, crève et laisse échapper un jet de matière liquide, qui paraît être analogue à de l'huile, puisqu'elle surnage: ce qui se confirmerait encore par la nature de la cire, qui n'est, comme on sait, que du pollen ramassé sur les fleurs par les abeilles. Dire comment un embryon de graine ne reçoit la vie et la faculté de se développer que lorsqu'il a été en contact avec la liqueur séminale, soit dans les animaux, soit dans les plantes, est une chose impossible. Jusqu'à ce jour, ce phénomène admirable de la nature a été couvert d'un voile mystérieux que l'intelligence humaine n'a pas pu soulever (1). Le filet de l'étamine est de la même substance que la corolle, quelquefois il est creux; d'autres fois le centre est rempli par un faisceau de trachées.

C'est sur la connaissance du sexe des plantes et de la manière dont s'opère la fécondation, que des cultivateurs ingénieux se sont imaginé d'obtenir des métis, analogues à ces êtres ambigus, nommés mulets, parce qu'ils sont ordinairement stériles, nés de père et de mère d'espèces différentes,

---

(1) M. Adolphe Brongniart ayant étudié avec le plus grand soin les granules du pollen, a remarqué que les jeunes anthères sont d'abord remplies par une masse celluleuse, unique et libre, tout-à-fait différente de la loge elle-même, puisque chaque cellule se sépare bientôt de sa voisine, et s'isole entièrement pour se transformer en un grain de pollen. Parfois il arrive que les vésicules polléniques sont renfermées dans d'autres plus grandes, qui se déchirent lorsque le pollen est parvenu à son point de perfection. Les granules que renferme chaque grain de pollen sont d'une telle petitesse qu'il est fort difficile de savoir quelle peut être leur origine. M. Brongniart suppose qu'ils arrivent tout formés dans la cavité de l'anthère, transportés qu'ils sont par les vaisseaux nourriciers, et qu'ils sont absorbés par le grain de pollen, dont la superficie est criblée de pores bien distincts. La structure intime de chaque grain de pollen paraît être formée d'une membrane celluleuse externe assez épaisse, pourvue de pores et quelquefois d'appendices particuliers, et d'une membrane interne très mince, qui paraît ne point avoir d'adhérence avec la précédente. Pour que la fécondation des plantes puisse s'opérer, les granules sont répandues par les anthères sur le stigmate, dont la substance interne est formée d'utricules allongés, minces, très lâchement unis entre eux, dont l'intervalle est rempli par une matière mucilagineuse. Les grains du pollen lancent leurs appendices membraneux, qui s'insinuent entre les cellules du stigmate en pénétrant dans la matière mucilagineuse qui remplit l'intervalle des cellules, parviennent à l'ovule et fécondent l'embryon. On voit, dit-on, parfaitement ce phénomène dans le stigmate du potiron (*cucurbita maxima*). Or, ce fait des graines polléniques est, jusqu'à un certain point, le complément de la théorie des animaux spermatiques.

tel, par exemple, que l'enfant produit par l'âne et la jument, le serin et le chardonneret, etc. Pour opérer sur les plantes, il ne s'agit que d'enlever avec des ciseaux les anthères d'une fleur au moment où elle s'épanouit, et d'apporter avec un pinceau sec et très fin, sur ses stigmates, le pollen d'une autre plante. Quelques cultivateurs se contentent, au moment de la floraison, de secouer les fleurs des unes sur les fleurs des autres, à différentes reprises; ou tout simplement ils plantent en massif, près les unes des autres, de manière à ce que leurs rameaux soient entrecroisés, les plantes qu'ils veulent féconder, l'une par l'autre, et ils réussissent très souvent. Les enfans qui en résultent prennent le nom d'*hybrides*.

On n'a pas encore pu calculer quels sont les degrés d'analogie qui doivent exister entre deux plantes, pour qu'une fécondation croisée pût réussir. J'ai fait sur ce sujet important quelques expériences qui m'ont donné des résultats assez variés. Par exemple, j'ai croisé la digitale à grande fleur avec la digitale pourpre, et les enfans, ne ressemblant presque nullement à leur père ni à leur mère, ont produit des graines fertiles. J'ai croisé un crinum et une amaryllis, dont l'enfant avait conservé les traits caractéristiques du père et de la mère, et je n'ai jamais pu lui faire produire de graines. On obtient aisément des hybrides de rosier dont les semences sont fertiles; dans d'autres elles ne le sont pas; et enfin je n'ai jamais pu réussir à féconder une rose jaune, même avec les espèces qui, par le faciès, me paraissaient les plus analogues. Il serait à désirer, pour les progrès de la science et de l'agriculture, qu'un amateur voulût prendre la tâche de faire, sur ce sujet, des expériences qui seraient toujours fort intéressantes, quelques résultats qu'il en obtînt.

*L'enveloppe florale* est double ou simple; dans le premier cas, il y a un calice et une corolle, et c'est ce que beaucoup de botanistes appellent un périanthe double; dans le second, il n'y a qu'une enveloppe que les uns appellent périanthe simple, les autres calice, ou corolle, ou périgone. Le calice est un prolongement de l'écorce, dont il a ordinairement la couleur et la fermeté. Comme elle, il contient le plus ordinairement des trachées, et son épiderme est couvert de glandes miliaires comme celui des feuilles. Exposé à la lumière directe du soleil, il s'empare du gaz acide carbonique, le décompose, en retient le carbone, et rejette l'oxigène; à l'ombre, il expire de l'acide carbonique. L'usage du calice consiste à protéger les autres organes de la fleur, pendant la perfloraison, contre les intempéries des saisons.

La corolle est, dit-on, un prolongement du tissu ligneux situé sous l'écorce; elle est, en grande partie, formée de tissu cellulaire et de quelques trachées: rarement son épiderme offre des glandes miliaires. A la lumière comme dans l'obscurité, elle exhale du gaz acide carbonique, et jamais de l'oxigène, raison qui explique pourquoi son odeur est quelquefois dangereuse. Elle protége directement les organes de la fécondation.

Le périanthe simple ou périgone est, dans quelques plantes, surtout lorsqu'il est d'une couleur verte et herbacée, un prolongement de l'écorce, un véritable calice. Il paraît que, dans quelques autres, il consiste en une corolle et un calice soudés l'un sur l'autre. Quoi qu'il en soit, lorsqu'il est coloré, on le trouve organisé comme la corolle; et lorsqu'il est vert, il a la même organisation que le calice. Dans plusieurs plantes, on croit reconnaître un calice et une corolle, quoiqu'il n'y ait réellement qu'une enveloppe, dont trois divisions inférieures sont de couleur herbacée, et trois divisions intérieures colorées; mais, si on observe de plus près, on voit que les six divisions ne forment, sur le pédoncule qui les supporte, qu'un seul et même cercle; qu'elles ne sont que le prolongement de la même partie de ce pédoncule, c'est-à-dire de son écorce, et qu'elles ne peuvent, par conséquent, constituer qu'un seul organe. Comme le calice et la corolle, le périanthe simple sert à garantir les organes de la fructification des accidens résultant de causes extérieures.

La nature, en donnant aux organes de la fécondation une enveloppe qui les garantit avant leur parfaite organisation, a suivi le même plan qu'elle s'est tracé pour les animaux. La fleur ressemble absolument au sein de la mère, et remplit la même fonction, celle de garantir l'embryon des injures de l'air et des accidens qui le détruiraient avant sa naissance. Voilà sa première utilité et la mieux établie.

Si nous venons au but que cette mère commune s'est proposé en variant de mille différentes manières les formes élégantes des corolles, je ne puis donner que le résultat de mes propres observations, et seulement comme des hypothèses qui me paraissent spécieuses. Nous savons que la moindre goutte d'eau a la nuisible faculté de faire rompre la pellicule légère qui renferme la liqueur fécondante du pollen, et qui lui donne l'apparence d'une poussière fine et jaune. Je pars de cette loi, et je pose en principe que la nature a varié les formes des fleurs pour garantir les organes de la fructification de l'humidité, qui empêcherait ou rendrait nul l'acte de la fécondation.

Pour arriver à ce but, il a fallu abriter les étamines des pluies continuelles du printemps et de l'automne; sans quoi plus de fécondation, et, par suite, plus de moyen de reproduction, surtout dans les plantes annuelles qui ne se multiplient que de graines. Deux ou trois années pluvieuses qui se succéderaient auraient anéanti plusieurs espèces. La nature, pour prévenir ce désordre, a varié les formes des fleurs selon les circonstances où elles se trouvent, les saisons qui les voient naître, et les climats qu'elles habitent.

On distingue les corolles en régulières et irrégulières. Occupons-nous d'abord de ces dernières. Nous remarquerons que toutes les fleurs réunies en grappes allongées, telles que la plupart des labiées, les personnées, les orchidées, quelques solanées, etc., fleurissent pendant un très long laps de temps. Les boutons qui couvrent dans toute sa longueur la tige de la digitale pourpre, sont tous tournés du même côté; le coup de vent qui accompagne l'orage leur fait nécessairement tourner le dos à la pluie. Ils commencent à éclore par ceux d'en-bas; demain d'autres leur succéderont; après-demain d'autres remplaceront ceux-ci, et ainsi de suite pendant l'espace d'un mois, et quelquefois davantage. Toutes les plantes qui appartiennent aux familles que je viens de citer, et généralement toutes les fleurs irrégulières, affectent ordinairement cette manière d'étaler leur parure, et fleurissent de même, c'est-à-dire les unes après les autres, et pendant un assez long espace de temps. Il est rare que, pendant cette longue floraison, il n'y ait pas quelques jours nébuleux, et si cela n'était prévu, toutes les fleurs écloses pendant ces jours humides avorteraient et ne donneraient point de graine; la nature les aurait fait naître inutilement: elle a donc dû parer à cet inconvénient, et elle l'a fait d'une manière aussi simple qu'ingénieuse. Elle a donné, en outre, un toit aux étamines pour les abriter, et ce toit est formé par la corolle.

La partie principalement chargée de garantir les anthères est la lèvre supérieure, contre laquelle les étamines sont généralement appliquées; aussi la voit-on toujours s'avancer en dehors plus qu'aucune autre partie, et cela dans toutes les corolles irrégulières, de quelques familles qu'elles soient : elles devaient être ainsi pour remplir avec plus de facilité les fonctions dont elles sont chargées. Dans les orchidées, plantes qui offrent les fleurs les plus bizarres, les lobes supérieurs de la corolle sont rapprochés, souvent appliqués les uns sur les autres, et forment une espèce de petite voûte ou de casque, sous lequel les anthères sont à couvert. Dans beaucoup de fleurs monopétales, telles que les viperines, la division supérieure s'avance presque au double de celles inférieures. Dans les mollènes ou bouillons-blancs, cette division est partagée en deux lobes qui, quoique plus petits, s'inclinent sur les étamines fort courtes, et ne cessent de protéger les organes de la fécondation que lorsque l'acte en est consommé.

Quoique la plupart des labiées aient une lèvre supérieure, il en est cependant quelques unes qui n'en ont pas du tout; tels sont, par exemple, les basilics; mais cette plante, ainsi que la plupart de celles qui sont dans le même cas, est originaire de régions où les pluies sont extrêmement rares, et même où il ne pleut jamais. Celles qui, dans nos climats, naissent sans lèvre supérieure, sont très rarement en grappes allongées; elles fleurissent toutes ensemble spontanément, ordinairement l'été, saison pendant laquelle les beaux jours se succèdent sans interruption, et leur fécondation a lieu pendant le seul jour de chaleur qui a vu naître toutes les fleurs à la fois.

Dans les légumineuses, l'étendard, ou pétale supérieur, est creusé en voûte en-dedans, et forme le dos d'âne à l'extérieur. Les pétales de côté forment les ailes, et les étamines sont couchées avec l'embryon dans la nacelle. Il est certain que quelques gouttes de pluie qui seraient portées par le vent dans la carène y séjourneraient faute d'une issue pour s'écouler, et gâteraient non seulement les anthères, mais encore l'ovaire délicat. Aussi la fleur est-elle attachée à la plante par un pédoncule assez long, qui lui laisse la faculté de changer de direction lorsqu'un vent léger annonce la pluie; les ailes font l'office de voiles, et la fleur, tournant sur son pied comme une girouette, présente toujours à l'orage le dos de l'étendard. Quelques papilionacées, telles que le mélilot, ont leurs fleurs attachées sur un pédicelle assez court, trop roide pour permettre à la fleur de changer de direction, et placées sur la tige en grand nombre et en grappes serrées. Les ailes, dans ce cas, ont changé d'emploi; elles sont appliquées exactement contre l'étendard, qui lui-même est très allongé, incliné parallèlement à la carène, et soutenu par les ailes; il la couvre et devient un toit impénétrable qui protége les organes contre l'humidité.

Si nous examinons les fleurs régulières, nous verrons la nature changer de marche pour arriver au même but; celles en cloche, par exemple, n'offrent pas aussi souvent leurs fleurs en grappes ou en panicule, et cependant la plupart fleurissent les unes après les autres; tels sont les liserons. Aussi la nature a-t-elle employé un autre moyen. Dans celles dont la corolle n'offre pas une clochette profonde ou pendante, au fond de laquelle sont cachés le pistil et les étamines, les pétales ont reçu une espèce de sentiment qui les fait se fermer spontanément à l'approche de l'orage. Beaucoup d'autres plantes jouissent de la même faculté, comme nous le verrons plus loin.

Les campanules sont presque toujours arrangées en longs panicules très lâches, lorsque les fleurs sont nombreuses, et, dans ce cas, le pédoncule qui les porte est faible, grêle, placé de façon que la fleur pendante présente l'ouverture de son limbe à la terre : de cette manière, l'eau glissant sur les parois extérieures de ce petit dôme, ne peut atteindre ni endommager les anthères. La campanule agglomérée fait seule exception à cette règle générale; ses fleurs sont sessiles, rassemblées au sommet de la tige en un paquet serré, et l'ouverture de leur corolle est tournée vers le ciel; aussi est-elle la seule dont les fleurs éclosent et sont fécondées dans le même jour.

La plus grande partie des plantes à fleurs composées sont hygrométriques, c'est-à-dire que, lorsque le ciel menace de la pluie ou d'un orage, les fleurons se serrent les uns contre les autres, les demi-fleurons qui les entourent couchent leur languette sur les organes des fleurs du centre, et l'involucre se fermant sur tout cela presse et serre la fleur de manière à intercepter le plus petit passage à l'eau. Beaucoup de plantes, outre les composées, agissent de la même manière; d'autres encore, telles que l'ornithogale en ombelle, n'ouvrent leur corolle que pendant la chaleur du soleil, et à des heures réglées. Enfin, celles qui ne jouissent d'aucune de ces facultés fleurissent toutes ensemble, quoique souvent à des expositions différentes, dans un jour annoncé par une aurore sans nuage. On observe dans celles-ci que chaque plante a des fleurs peu nombreuses; que la plus grande partie ne fleurit que sur la fin du printemps et dans le courant de l'été, époque à laquelle les beaux jours sont stables. Si l'on jette les yeux sur un vaste champ de blé, sur un vignoble, etc., on verra que l'immense quantité de ces végétaux fleurit dans le même jour, quelquefois pendant un seul jour et qui est assurément le plus beau de la saison. Mais je n'ai pas besoin de pousser plus loin ces raisonnemens, et, pour peu que le lecteur ait observé les plantes, il est sur la voie pour faire beaucoup d'autres rapprochemens tout aussi frappans, et qui prouveront que si la nature a varié les formes des fleurs, ce n'est pas dans le but de jeter de la diversité dans son ouvrage, mais dans celui de tout rapporter à l'utilité.

Les ORGANES DE LA FRUCTIFICATION consistent dans le fruit, ou ovaire fécondé ayant atteint son dernier degré de développement. On y trouve le *péricarpe* et la *graine*.

Le *péricarpe* est l'enveloppe des graines formée par les parois de l'ovaire. Autrefois on croyait qu'il pouvait y avoir des graines nues, c'est-à-dire sans péricarpe; mais on a reconnu qu'il existe dans toutes, seulement, il est quelquefois si mince, qu'à peine peut-on le distinguer, par exemple, dans les labiées. Dans tous les fruits le péricarpe est composé 1°. de l'épicarpe, membrane mince qui forme l'enveloppe la plus extérieure d'un fruit; 2°. de l'endocarpe, membrane intérieure qui revêt la cavité séminifère; 3°. enfin, du sarcocarpe, partie parenchymateuse et charnue qui se trouve interposée entre l'épicarpe et l'endocarpe. C'est dans le sarcocarpe que circulent tous les vaisseaux chargés de porter de la nourriture au fruit, et s'il paraît manquer dans quelques espèces, c'est qu'il est desséché. Dans les fruits à plusieurs loges, les cloisons qui les séparent consistent en un prolongement de l'endocarpe dans l'intérieur de la cavité péricarpienne, en deux lames adossées l'une à l'autre et réunies par un autre prolongement plus ou moins mince du sarcocarpe. Puisque le péricarpe est l'organe nourricier de la graine, il a fallu nécessairement qu'il communiquât avec elle par un point de sa surface, et ce point est ce qu'on appelle le hile ou cicatricule, ou ombilic. Le corps charnu au moyen duquel les graines sont attachées au péricarpe, porte le nom de placenta, placentaire, trophosperme. Lorsque le placenta se prolonge d'une manière manifeste, on appelle ce prolongement funicule, podosperme, cordon ombilical. L'arille est une enveloppe accessoire, formée par un prolongement du funicule qui entoure la graine, mais qui n'a aucune adhérence avec elle.

La GRAINE est cette partie du fruit renfermée dans le péricarpe, mais qui n'est pas lui. Ainsi, dans une pêche, par exemple, nous la trouverons renfermée dans un noyau osseux, dont la partie ligneuse est formée par l'endurcissement de l'endocarpe et d'une partie du sarcocarpe. Dans un haricot, nous la trouverons renfermée dans une gousse. Dans quelques autres plantes, elle est si intimement unie au péricarpe, qu'il est difficile de les distinguer l'un de l'autre. On trouve dans la graine deux parties principales, l'épisperme et l'amande. L'épisperme est le tégument propre de la graine; c'est une espèce de sac sans valve ni suture, quelquefois composé de deux membranes appliquées l'une sur l'autre, le plus souvent simple. Lorsqu'il y a deux membranes, l'extérieure, souvent coriace ou crustacée, prend le nom de lorique, la seconde est le tegmen (qu'il ne faut pas confondre avec le tegmen de Beauvois, ce naturaliste donnant ce nom à l'épisperme entier des graminées). Mirbel, n'adoptant pas l'épisperme de Richard, nomme *tegmen* l'enveloppe appliquée immédiatement sur l'amande, soit qu'on la trouve seule, soit qu'on la trouve recouverte d'une lorique. C'est sur l'épisperme que le hile est toujours placé; ce dernier est percé, vers sa partie centrale, d'une ouverture fort petite, nommée *micropyle*, livrant passage aux vaisseaux du funicule qui doivent nourrir la graine. Ces vaisseaux se prolongent quelquefois dans l'épaisseur des tuniques avant de se ramifier; ils forment une ligne saillante à laquelle on donne le nom de *prostype funiculaire* ou *vasiducte*. Dans ce prostype on distingue la raphe, partie qui part immédiatement du hile, et a souvent l'apparence d'un ou plusieurs filets en relief; la chalaze, extrémité plus ou moins épaissie et dilatée de la raphe. Lorsqu'on remarque à la surface d'une graine un renflement en forme de calotte, situé à une distance quelconque du hile, et qui se détache et livre passage à l'embryon lors de la germination, on nomme ce renflement *embryotège* ou *opercule*. L'amande est toute la partie d'une graine contenue dans l'épisperme. Elle se compose quelquefois de l'embryon seul; d'autres fois de l'embryon et du périsperme.

Le périsperme, ou endosperme de Richard, albumen de Goërtner, est une partie accessoire placée à côté de l'embryon, et n'ayant avec lui aucune continuité de vaisseaux ou de tissu. C'est un tissu cellulaire dont les mailles sont remplies d'une fécule amilacée ou d'un mucilage épais, insoluble dans l'eau avant la germination, mais qui le devient dans cette circonstance, et paraît servir de nourriture à l'embryon lors de son premier développement. L'embryon à lui seul constitue la graine : partout où il est il y a graine, quand même toutes les autres parties manqueraient, ce qui arrive très rarement; partout où il manque il n'y a pas de graine, quand même toutes les autres parties de la fructification pourraient s'y rencontrer.

## DE LA REPRODUCTION.

Les plantes ont deux modes généraux de reproduction, 1°. les graines (nous en avons parlé à l'article de *la Germination*), 2°. les boutures.

Une *graine* est un *nouvel* être, formé sur la mère, recevant la vie par l'acte de la fécondation, et se séparant naturellement de la plante qui l'a produit et nourri, quand il n'a plus besoin d'elle.

La *bouture* est une partie de la plante, qui s'en sépare pour former un être distinct, mais animé par la même force vitale, et ne formant, pour ainsi dire, qu'une continuation du végétal qui l'a produite. Les boutures, au nombre desquelles se trouvent naturellement placées la greffe et la marcotte, n'étant qu'une continuation du même être, le reproduisent avec toutes les particularités qui lui sont propres, c'est-à-dire qu'elles redonnent jusqu'aux moindres variétés. La graine étant un nouvel être, ne reproduit la plante qui l'a formée que dans les parties essentielles de l'espèce. Voilà pourquoi la Société d'Horticulture de Paris propage une erreur manifeste quand elle dit, dans ses Annales, qu'on produit des variétés par la greffe.

Ceci nous indique que c'est par le semis seulement qu'il faut chercher de nouvelles variétés, et que c'est par la bouture que l'on pourra les propager et les multiplier.

La reproduction par boutures a de nombreuses variations, qui néanmoins peuvent se réduire à deux principales, savoir, 1°. boutures qui se séparent d'elles-mêmes de la plante-mère; 2°. boutures qui ne s'en séparent qu'artificiellement ou accidentellement. Nous appellerons les premières *naturelles*, et les secondes *artificielles*.

## DES BOUTURES NATURELLES.

Nous comprenons, sous ce titre, les ognons, caïeux, bulbilles ou soboles, et tubercules.

Les *ognons* ou *bulbes* sont de trois sortes, les tuniqués, les écailleux et les solides (*voyez* page 331). Tous aiment une terre substantielle, légère, chaude, d'une humidité légère; ils pourrissent s'ils se trouvent en contact avec des engrais non consommés. Quand ils sont dans un terrain convenable, on trouve autour de leur couronne, ou collet, plusieurs petits ognons nommés *caïeux*, qui s'en détachent naturellement, et servent à multiplier la plante. Ces caïeux se plantent et se cultivent absolument comme leur mère; mais cependant on a remarqué qu'ils exigent une exposition plus chaude et un terrain plus léger.

Les ognons étant pendant une partie de l'année sans végétation, peuvent, dans cet intervalle, se conserver hors de terre, pourvu qu'on les mette à l'abri des intempéries atmosphériques.

Les ognons écailleux, comme, par exemple, celui du lis, offrent un moyen de multiplication assez singulier. Chaque écaille contient du cambium, et peut, par conséquent, produire une nouvelle plante. Pour faire cette expérience, on enlève une écaille, on la plante dans un pot rempli de terre de bruyère sablonneuse, et on l'enfonce dans une couche tiède, afin d'éviter la pourriture. On place une cloche de verre sur l'appareil, on entretient une légère humidité, et, au bout d'un certain laps de temps, on obtient une feuille et un petit caïeu qui n'exigent plus que les soins ordinaires.

On nomme *bulbilles* ou *soboles* de certains tubercules reproducteurs qui naissent sur les ramifications de la racine dans la saxifrage granulée, aux aisselles des feuilles de l'ixia bulbifère et de quelques autres liliacées, sur les feuilles mêmes de la cardamine des prés, lorsqu'elle croît à l'ombre des bois, entre les pédicelles des fleurs de plusieurs aulx, et à la place même des graines dans la capsule de quelques amaryllis. Ces gemmes se développent sans fécondation, se séparent seuls de la plante-mère, et reproduisent une nouvelle plante qui conserve de l'ancien individu jusqu'à la moindre variété. On détache ces bulbilles de leur mère quand les fanes sont sèches, et on les plante et cultive comme les caïeux. On peut obtenir artificiellement des bulbilles de beaucoup de liliacées : il ne s'agit que de couper les tiges aussitôt après la floraison, et de les placer entre deux feuilles de papier gris, dans une serre d'une température moyenne, et où l'hygromètre ne soit pas au-dessous de 15 à 20 degrés. Beaucoup de petites bulbilles sortiront des aisselles des feuilles, et on pourra les en détacher pour les planter aussitôt qu'elles seront suffisamment formées.

Les *tubercules* sont aussi des espèces de gemmes qui ne diffèrent de l'ognon solide que parce qu'ils développent des bourgeons ou des racines sur plusieurs points de leur surface, comme, par exemple, dans la pomme de terre. Cependant la plupart des cultivateurs donnent improprement ce nom à des bulbes, comme, par exemple, celles de dahlia, de reconcules, qui ne sont munies que d'un œil, et qui ne peuvent en émettre à d'autre place qu'à l'insertion de la tige ou du collet. Le véritable tubercule peut fournir autant de nouvelles plantes qu'il a d'yeux, et c'est pour cette raison que l'on coupe les pommes de terre en tronçons (chacun portant un œil) pour les multiplier.

Cette pratique, généralement répandue aujourd'hui, a eu beaucoup de contradicteurs. On a dit que le gemme développé par un tronçon devait éprouver la réaction de cette altération du tubercule; mais on n'avait pas réfléchi que la partie charnue de la pomme de terre n'a d'utilité que pour nourrir les jeunes racines du bourgeon, qu'elle pourrit constamment dans la terre, et que les différentes plantes qu'elle développe, en même nombre que ses yeux, n'ont aucune adhérence entre elles. Par conséquent, chacune s'empare de la portion de nourriture qui lui est dévolue, et, que cette portion ait été séparée avant la végétation par le tranchant d'un instrument, ou pendant la végétation par les racines de chaque bourgeon, cela revient absolument au même. Il y a plus, c'est qu'en plantant des fragmens ne portant qu'un œil, on isole les plants et on les met dans le cas de jouir chacun séparément d'un plus grand espace de terrain, ce qui favorise beaucoup la nutrition.

## DES BOUTURES ARTIFICIELLES.

Nous distinguerons plusieurs genres de ces boutures : 1°. celles que l'on ne sépare du sujet que lorsqu'elles sont enracinées, les marcottes; 2°. celles que l'on sépare du sujet pour leur faire prendre des racines dans la terre, les boutures proprement dites; 3°. celles que l'on place sur d'autres sujets pour y vivre en parasite, les greffes.

### *Des marcottes.*

On appelle marcotter l'opération par laquelle on force un végétal à émettre des racines sur une partie aérienne que la nature semblait n'avoir destinée qu'à produire des bourgeons. Cette opération consiste à placer une branche dans la terre, à l'endroit où on veut qu'elle s'enracine, sans la détacher de la mère. Quelquefois on se contente simplement de la coucher dans une petite fosse que l'on a creusée auprès de la souche, en laissant, comme dans tous les cas, sortir l'extrémité supérieure du rameau qui doit se prolonger et former la tige; cette méthode, très pratiquée pour la vigne, s'appelle provigner. D'autres fois, lorsque le rameau n'est pas assez flexible pour pouvoir se courber sans se rompre, on fait passer le rameau dans un vase que l'on remplit de terre, et que l'on assujettit dans l'endroit où l'on veut faire naître des racines, etc.

Pour hâter la reprise d'une marcotte, c'est-à-dire pour

déterminer plus promptement la sortie des racines, on force le cambium à se ramasser dans une partie, au moyen d'une entaille, d'une fente, de la torsion, d'un étranglement occasionné par une ligature, etc. C'est l'obscurité et une humidité soutenue qui contraignent le cambium à émettre des racines au lieu de bourgeons.

Pour sevrer une marcotte de sa mère il faut user de quelque précaution, et ne le faire que peu à peu. On commence à faire une entaille peu profonde entre la souche et la nouvelle racine, on agrandit l'entaille de temps à autre, et l'on finit par sevrer tout-à-fait la marcotte. Les stolons, rejetons, drageons, etc., sont des marcottes naturelles.

*De la bouture proprement dite.*

On fait cette bouture en coupant un rameau et le plantant dans la terre, où il s'enracine en plus ou moins de temps. Nous ne pouvons mieux faire ici que de rapporter littéralement ce que dit M. Noisette de ce genre de multiplication. « Quoi que l'on en ait dit, toutes les plantes vivaces et ligneuses, sans exception, peuvent se reproduire par bouture; mais, il est vrai, avec plus ou moins de difficulté. On peut poser comme principes généraux que, 1°. les végétaux les plus faciles à multiplier par ce procédé sont ceux qui offrent dans leur organisation une plus grande portion de tissu cellulaire parenchymateux; par exemple, les plantes charnues, d'un tissu mou, les arbres moelleux, etc. Les végétaux d'un tissu sec, cassant, tout-à-fait ligneux, se montrent les plus rebelles, et exigent de beaucoup plus grandes précautions; 2°. la température doit être calculée de manière à ce que la bouture ait toujours vingt à vingt-cinq degrés de chaleur, c'est-à-dire beaucoup plus qu'il n'en faut à la plante-mère en santé. Cependant ceci n'est rigoureusement nécessaire que pour les plantes exotiques et rebelles. Il en est même, surtout celles des arbres aquatiques, qui reprennent très bien dans les endroits frais, au-dessous de leur température ordinaire, mais sans néanmoins déroger au principe; car cette fraîcheur n'est favorable que parce qu'elle empêche l'évaporation des fluides organisateurs; 3°. le degré de chaleur convenable étant connu pour chaque plante, doit être maintenu également le plus possible. Ceci est positivement le contraire de ce qu'il faut à l'entretien de la santé dans un végétal formé. Dans ce dernier, l'expérience nous a prouvé que la chaleur devait descendre de cinq ou six degrés pendant la nuit, et peut-être est-ce cette variation régulière de température qui est la cause première du phénomène de la circulation; 4°. l'humidité doit, comme la chaleur, se maintenir au même degré; le terme moyen le plus généralement favorable est de quinze à vingt de l'hygromètre de Réaumur. Cependant on conçoit qu'il doit y avoir un très grand nombre d'exceptions. Par exemple, plus une plante sera charnue, plus elle aura de propension à pourrir, et par conséquent moins il lui faudra d'humidité, et le contraire arrivera pour un végétal d'une nature ligneuse et sèche. Comme toute bouture doit rester un certain espace de temps sans recevoir une quantité de nourriture suffisante à la végétation, il est donc utile de la placer dans une circonstance telle qu'elle fasse le moins possible de perdition de substance. C'est pour parvenir à cette fin qu'on la recouvre d'une cloche de verre, d'un bocal, etc.; en un mot, qu'on l'*étouffe*, pour nous servir de l'expression technique en jardinage. Par la même raison on doit ménager les organes aériens propres à absorber ces gaz nutritifs, les feuilles, les stipules, etc.; 6°. comme les organes absorbent principalement l'acide carbonique, on préparera un terreau léger, propre à la fermentation, et à fournir une plus grande quantité de ce gaz par la décomposition. On sait que les terreaux formés par des détritus animaux d'abord, végétaux ensuite, jouissent de cette propriété au plus haut degré; 7°. l'acide carbonique étant fixé par la lumière, durcit les parties, et peut, par cette raison, empêcher le développement des gemmes dans un végétal languissant dont la force de végétation est presque à zéro. Il est donc essentiel de priver les boutures d'une lumière vive jusqu'à ce que la végétation ait acquis une véritable force; un degré de lumière égale au crépuscule nous a paru le terme favorable; 8°. comme tout être vivant peut être fatigué, ou même désorganisé par la transition subite d'une manière d'être à une autre, on devra accoutumer peu à peu, avec prudence, une bouture à se retrouver dans les circonstances ordinaires d'une plante en bonne santé, c'est-à-dire qu'on ne lui rendra que peu à peu, et que selon que ses besoins l'annonceront, l'air, la température ordinaire et la lumière. Voici le phénomène physiologique qui se passe à la reprise d'une bouture. Un fragment de végétal se trouvant tout à coup séparé de la plante-mère, éprouve subitement une contraction dans son système vasculaire qui empêche ses fluides de s'écouler entièrement. Il en résulte le dessèchement de la plaie, et la concentration des sucs vers le centre du tronçon. On conçoit que s'il n'y avait pas de contraction dans les vaisseaux, la sève d'une branche nouvellement coupée et plantée s'échapperait dans la terre par la plaie, et cependant c'est ce qui n'arrive pas. Jusqu'à ce que la bouture se soit, pour ainsi dire, accoutumée à son nouvel état, elle reste dans un repos parfait sans donner d'autres signes de vie que celui de ne pas se dessécher. Il m'est arrivé parfois d'en conserver ainsi pendant une année entière, sans aucune marque de végétation, et de les voir ensuite se développer avec la même vigueur que les autres; mais ceci n'arrive guère que pour les boutures faites en plein air. Placée dans une circonstance favorable, la chaleur vient stimuler les organes d'une bouture et donner de l'activité à sa force vitale. Par les pores dont son écorce et ses feuilles sont criblées, elle absorbe le gaz acide carbonique, l'assimile à sa nature, et forme un nouveau cambium qui augmente l'énergie de celui qui existait déjà. Il se porte aux gemmes, les gonfle, les développe. Ceux qui se trouvent dans la terre, exposés à une plus grande somme d'humidité et à une privation totale de lumière, émettent des racines, les autres des bourgeons, et la reprise est opérée. Jusque-là c'est la partie aérienne qui a nourri la souterraine, puis il y a eu équilibre, et enfin la nouvelle racine, devenue vigoureuse, transmet à son tour de la nourriture aux bourgeons qui s'allongent et commencent à montrer une certaine force de végétation. C'est cet instant que l'on doit choisir pour rendre peu à peu à la jeune plante les habitudes ordinaires.

« C'est le cambium seul qui opère la reprise; et dès qu'il existe dans une partie quelconque d'un végétal, tige, rameau, pédoncule, feuille, etc., on peut en obtenir un individu complet par le moyen de la bouture. Il n'est pas nécessaire pour cela qu'il y ait des gemmes, le cambium se fera jour dans quelques parties, s'organisera en bouton, et bientôt après se développera en bourgeon; seulement cette opération de la nature aura besoin d'être aidée par plus de soins, et demandera un espace de temps plus long que pour une reprise ordinaire. Si on suit attentivement le phénomène, on apercevra d'abord avec la loupe, une goutelette de cambium très petite se faire jour à travers l'écorce, augmenter de volume, puis s'organiser en gemme. »

### *De la greffe.*

A l'aisselle de toutes les feuilles, le cambium se trouve un peu retardé dans sa marche, et il s'y développe naturellement un bouton, lequel se change en branche; une branche, sous ce point de vue, peut être considérée comme un être distinct, né sur un autre individu, et on réalise cette métaphore par la greffe. « La greffe, dit M. Thouin, est une partie végétale vivante, qui, unie à une autre ou insérée dedans, s'identifie avec elle, et y croît comme sur son pied naturel lorsque l'analogie entre les individus est suffisante. » Cette définition, extrêmement juste, nous montre que l'art de greffer a pour but de changer à volonté le tronc, ou seulement les branches d'un végétal, en tronc ou branches d'un autre végétal. C'est par son moyen que l'on conserve et multiplie les variétés ou sous-variétés obtenues par le semis ou par un heureux accident. Cette opération offre encore cet avantage qu'elle hâte de plusieurs années la fructification des arbres sur lesquels on la pratique.

On explique assez aisément le phénomène de la reprise des greffes. Les gemmes ou rudimens des bourgeons ont la faculté de se rendre propres et d'assimiler à leur nature les liquides nourriciers qui leur sont fournis par des racines étrangères. La reprise aura lieu toutes les fois que les vaisseaux destinés à charrier ces liquides de la racine aux branches ne se trouveront pas oblitérés et engorgés dans une de leurs parties, et que les sucs nourriciers pourront facilement circuler du sujet à la greffe. Pour cela, il faut que la partie tronquée des vaisseaux de la greffe se trouve en contact précis avec la partie tronquée des vaisseaux du sujet; que les orifices de ces vaisseaux soient appliqués positivement les uns sur les autres, de manière à ce que la sève puisse passer des uns aux autres sans rencontrer d'obstacles. Les liqueurs nourricières déposent, en passant sur la blessure, une quantité de matière organique suffisante pour souder les bords de la plaie; la surabondance passe dans le bourgeon qu'elle développe, et la reprise est opérée.

On croyait autrefois, et beaucoup de personnes pensent encore aujourd'hui, que, pour toutes les espèces de greffes, il faut, comme condition essentielle de la reprise, unir le liber de la greffe au liber du sujet. S'il en était ainsi, on ne verrait jamais reprendre les greffes de fruits, de feuilles ou de tiges herbacées; et cependant, on sait qu'elles réussissent avec autant de facilité que les autres, quoique ces parties n'aient ni liber ni écorce. D'ailleurs, voici une expérience que j'ai faite cette année, et qui a parfaitement réussi. Au mois d'août dernier, j'ai fait à l'écorce d'un églantier deux incisions transversales à un pouce l'une de l'autre; j'ai fait une troisième incision, longitudinale, partant du milieu de la première et descendant sur le milieu de la seconde, à peu près comme un H couché. J'ai soulevé les écorces de côté; mais, au lieu d'y insérer un écusson carré, j'y ai simplement fait passer une bande d'écorce longue de trois pouces, ayant un œil au milieu, et dépassant, par conséquent, la plaie d'un pouce en haut et autant en bas. J'ai fait la ligature, et j'ai laissé les choses ainsi. Les pluies continuelles de cette année ont fait développer ma greffe au bout de vingt à vingt-cinq jours; les deux extrémités de la bande d'écorce se sont desséchées jusque sur les bords de la plaie, et aujourd'hui, j'ai un bourgeon long de sept à huit pouces. Cependant, les deux aubiers n'ont pu être mis en contact en aucune manière. Le cambium a suinté entre l'aubier et la greffe, il a opéré la soudure, puis il a établi des vaisseaux séveux dans le bouton à mesure qu'il l'a développé.

On doit admettre, comme principe, que partout où il y a du cambium la soudure d'une greffe peut s'opérer, et qu'elle est impossible partout où manque cette liqueur organisatrice.

Mais il ne suffit pas de mettre ce précepte en application pour espérer le succès de cette opération, il faut encore que les sujets que l'on greffe aient un certain degré d'analogie qui n'a pas encore été calculé. Les auteurs se contentent de dire que, pour que la greffe reprenne, il faut que les deux sujets *soient congénères*; mais qu'entendent-ils par *sujets congénères*, c'est ce que je ne puis deviner; car, s'ils ont prétendu dire du *même genre*, ils ont avancé une erreur. Établissons une suite de faits prouvés par des expériences réitérées, et nous verrons les conséquences que l'on peut en tirer :

1°. La greffe du poirier reprend très bien sur le cognassier, et ne réussit que très mal sur le pommier (1); cependant celui-ci paraît avoir avec lui au moins autant d'analogie que l'autre.

2°. Le poirier, qui reprend mal sur pommier, réussit jusqu'à un certain point si on le greffe sur le néflier, l'azérolier, et même sur l'épine blanche, toutes espèces qui paraissent avoir moins d'analogies avec lui.

3°. Les cerisiers ne peuvent s'unir aux pruniers, avec lesquels ils ont cependant des rapports nombreux, ni aux pêchers, abricotiers et amandiers.

4°. Et cependant le chionanthe de Virginie, dont le fruit consiste en une baie, réussit très bien sur le frêne, dont le fruit est une capsule.

M. Thouin disait que la théorie de l'art consiste « à ne greffer les unes sur les autres que des variétés de la même espèce, des espèces du même genre et des genres de la même famille. » Il ajoutait qu'il faut encore « observer l'analogie des arbres dans les époques du mouvement de leur sève, dans la permanence ou la chute de leurs feuilles, et dans la qualité de leurs sucs propres, afin de mettre toutes ces choses en rapport entre les sujets et les greffes. » M. Thouin était dans l'erreur relativement à ces faits.

5°. Dans quelques circonstances, un arbre à feuilles persistantes reprend sur une autre dont les feuilles tombent chaque année; beaucoup de chèvrefeuilles, de jasmins sont dans ce cas; l'olivier, à feuilles persistantes, reprend très bien sur le troëne, avec lequel il ne semble avoir aucune analogie, et dont les feuilles sont caduques.

6°. Les sucs propres du cognassier n'ont aucune analogie

(1) La greffe paraît reprendre; elle végète misérablement pendant trois ou quatre ans, puis elle périt sans avoir donné ni fleur ni fruit.

avec ceux du poirier; ceux du cassis, du groseillier doré, en ont encore moins avec ceux du groseillier à grappes, et cependant ces espèces se greffent les unes sur les autres. J'ai vu un genêt d'Espagne réussir sur un cytise; et M. Hardy possède depuis trois ans un rosier qu'il a greffé sur un prunier, et qui a fleuri en 1828.

Que conclure de tout cela ? que les analogies nécessaires ne peuvent se trouver dans un système de botanique, mais *peut-être* dans la nature du cambium des végétaux, dans leur système vasculaire, dans la forme des étuis médullaires, etc.

Nos pères, loin de connaître les affinités que nous cherchons, n'en soupçonnaient ni l'utilité ni l'existence. Aussi leurs ouvrages fourmillent de greffes hétérogènes qu'ils croyaient possibles, comme, par exemple, celles du pêcher sur le saule, de la vigne sur le noyer, de la rose sur le cassis, de l'oranger sur le houx, et beaucoup d'autres.

Une autre question, tout aussi difficile à résoudre, est celle de savoir quels sont les résultats de la greffe. Il est reconnu qu'elle ne peut altérer aucun des caractères spécifiques, ni même les plus légères nuances qui constituent une variété; mais aussi il est bien prouvé qu'elle modifie considérablement le développement des végétaux et qu'elle perfectionne leur fruit.

Nous voyons que les pommiers greffés sur paradis atteignent à peine quatre pieds de hauteur, tandis que ceux greffés sur franc en dépassent quelquefois quarante ? Est-ce parce que le paradis fournit moins de sève que le franc ? Mais le sorbier des oiseaux, greffé sur aubépine, s'élève, en peu d'années, à vingt-cinq ou trente pieds de hauteur; et venu de semence, il reste fort long-temps un arbrisseau médiocre : cependant, l'aubépine n'est aussi qu'un arbrisseau. Lorsque le ragouminier est produit de semence, il rampe sur la terre et atteint rarement plus de deux pieds; si on le greffe sur prunier, ses tiges se redressent, se réunissent en faisceaux, et s'élèvent à quatre ou cinq pieds.

Plusieurs espèces d'arbres qui ne peuvent supporter le froid de nos hivers lorsqu'elles sont franches de pied, cessent d'y être sensibles quand elles sont greffées. C'est ainsi que le vrai pistachier, greffé sur térébinthe, n'est pas sensible à un froid de 10°; et que, s'il provient de semence, il est tué par une gelée de 6°.

Il y a plusieurs sortes de greffes, qui ont été classées par M. Thouin d'une manière très méthodique. Nous terminerons par l'analyse de cette classification.

« Nous restreignons à trois sections, dit M. Thouin, le genre des greffes, et nous les nommons, savoir : la première, *greffes en approche ;* la deuxième, *greffes par scion ;* et la troisième, *greffes par gemmes.*

« La première réunit toutes les sortes de greffes qui s'effectuent au moyen de quelques unes des parties des végétaux qui tiennent à leurs pieds enracinés.

« La deuxième rassemble toutes celles qui se pratiquent avec des parties ligneuses séparées d'un individu, et transportées sur un autre.

« La troisième et dernière comprend toutes celles qui s'opèrent au moyen de gemmes ou yeux, levés avec la portion d'écorce qui les environne sur un végétal, et posés sur un autre.

« Ces trois sections sont elles-mêmes divisées en séries, lesquelles ont aussi des caractères secondaires qui servent à les faire distinguer entre elles.

« Celles-ci se divisent en sortes avec des caractères particuliers qui les différencient les unes des autres.

« Enfin, les diverses variétés et sous-variétés qu'offrent quelques unes de ces sortes, sont distinguées par des définitions particulières, et sont rangées à la suite de leurs sortes principales.

« Les *greffes par approche* présentent cinq séries, ou cinq groupes différens, en raison des diverses parties des végétaux avec lesquelles on les effectue; savoir :

« *Première série.* Greffes par approche sur tige.

« *Deuxième série.* Greffes par approche sur branches.

« *Troisième série.* Greffes par approche sur racines.

« *Quatrième série.* Greffes par approche de fruits.

« *Cinquième série.* Greffes par approche de feuilles et de fleurs.

« Les *greffes par scions* s'effectuent avec de jeunes pousses boiseuses, telles que bourgeons, ramilles, rameaux, petites branches et racines qu'on sépare de leurs individus pour les placer sur un autre, afin d'y vivre et d'y croître à ses dépens.

« Les sortes de greffes appartenant à cette section étant

nombreuses, on les a divisées en cinq séries, en raison des parties des arbres avec lesquelles on les effectue, et des opérations qu'elles nécessitent.

La première réunit celles connues sous la dénomination de *greffes en fente*, et qui se pratiquent ordinairement au moyen de jeunes pousses produites par la dernière sève.

« La seconde rassemble celles nommées habituellement *greffes en couronne*, qu'on pratique presque toujours avec de jeunes rameaux produits par l'avant-dernière sève, et dont l'âge est de douze à dix-huit mois.

« La troisième comprend les greffes en bouts de branches, ou celles formées de rameaux garnis de leurs ramilles, de leurs feuilles, souvent de leurs boutons à fleurs, et quelquefois de leurs jeunes fruits.

La quatrième renferme les greffes que l'on nomme *de côté*, qui s'effectuent sur les tiges, sans exiger l'amputation de la tête des individus sur lesquels on les pratique.

« La cinquième et dernière est composée des greffes de racines sur des parties aériennes des végétaux, et de celle de jeunes scions sur des souches de racines.

Les *greffes par gemmes* consistent en un œil, bouton ou gemme, porté sur une plaque d'écorce plus ou moins grande, et de différentes formes, transportée d'une place à une autre sur le même ou sur d'autres individus.

« Comme cette section offre une assez grande quantité de sortes et de modes de greffes différens, on l'a divisée en deux séries :

« La première comprend toutes les greffes en écusson, qui s'effectuent au moyen d'un gemme isolé, ou de plusieurs réunis en un seul bouton.

« La seconde rassemble toutes les greffes en flûte et par juxta-position, qui peuvent réunir plusieurs gemmes écartés les uns des autres, sur un même tube d'écorce. »

FIN.

# TABLE DES MATIÈRES.

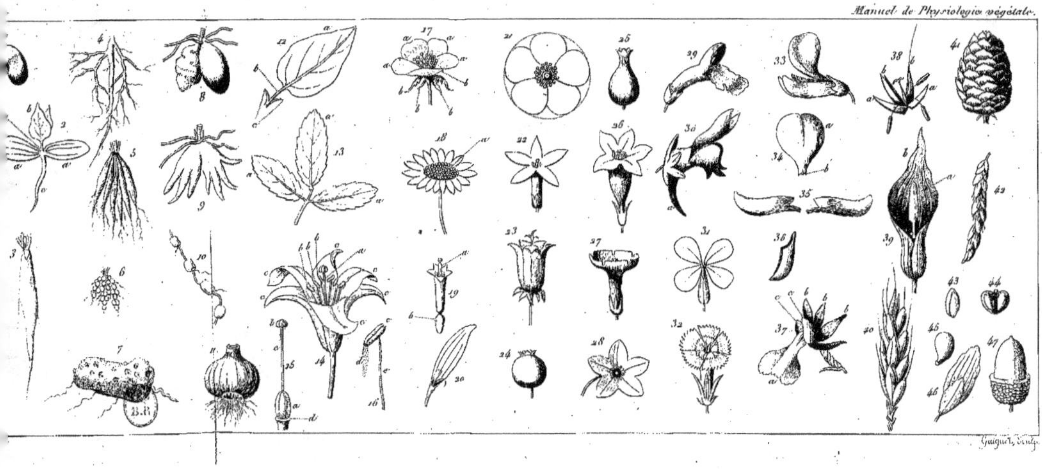

Guiguet, Sculp.

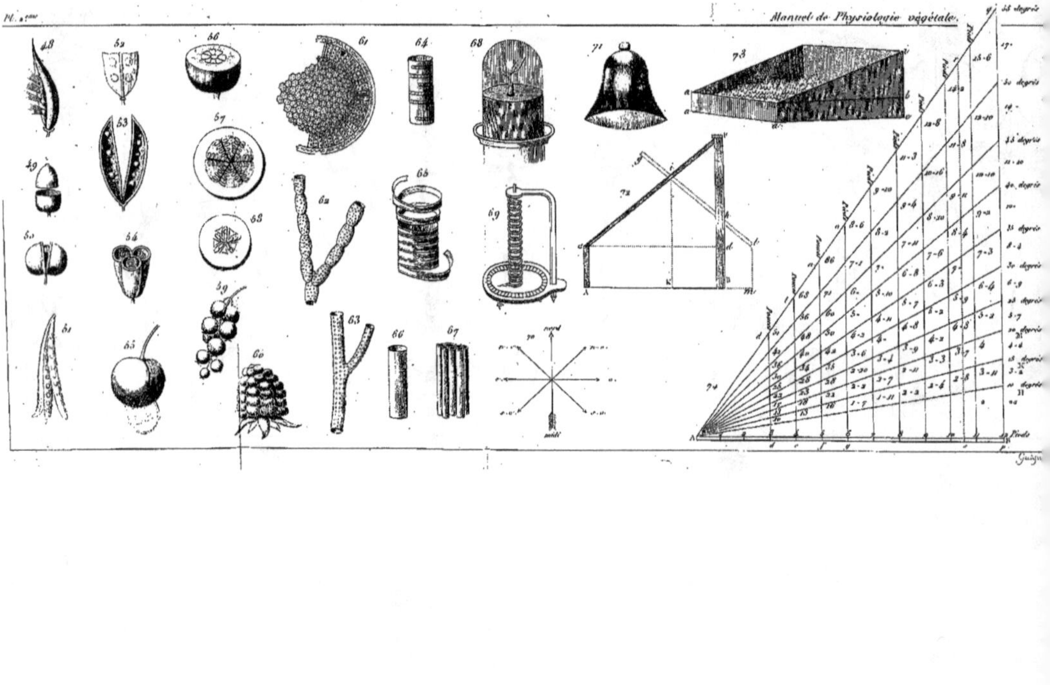
48
49
50
51
52
53
54
55
56
57
58
59
60
61
62
63
64
65
66
67
68
69
70
71
72
73
74
nord
midi

FIN DE LA TABLE.

www.ingramcontent.com/pod-product-compliance
Lightning Source LLC
Chambersburg PA
CBHW061121220326
41599CB00024B/4118
* 9 7 8 2 0 1 2 7 4 8 4 8 4 *